西北工业大学研究生高水平课程体系建设丛书

BOMO JISHU YU YINGYONG

薄膜技术与应用

冯丽萍　刘正堂　编著

西北工业大学出版社

【内容简介】 本书为研究生高水平课程教材。全书主要内容包括真空技术基础、真空蒸发镀膜、分子束外延生长、溅射镀膜、激光脉冲沉积、离子镀和离子束沉积、化学气相沉积、原子层沉积(ALD)镀膜、溶液镀膜法和自组装膜等。

本书既可作为研究生的相关课程教材,也可供其他人员学习参考。

图书在版编目(CIP)数据

薄膜技术与应用/冯丽萍,刘正堂编著 . —西安:西北工业大学出版社,2016.2
(2021.1重印)

ISBN 978 - 7 - 5612 - 4739 - 6

Ⅰ.①薄… Ⅱ.①冯… ②刘… Ⅲ.①薄膜技术 Ⅳ.①TB43

中国版本图书馆 CIP 数据核字(2016)第 029980 号

出版发行:西北工业大学出版社

通信地址:西安市友谊西路 127 号 邮编:710072

电　　话:(029)88493844　88491757

网　　址:www.nwpup.com

印 刷 者:陕西天意印务有限责任公司

开　　本:787 mm×1 092 mm　1/16

印　　张:14.375

字　　数:346 千字

版　　次:2016 年 2 月第 1 版　2021 年 1 月第 2 次印刷

定　　价:39.00 元

前　言

　　薄膜是一种一维线性尺度远小于其他二维尺度的物质形态,在厚度这一特定的方向上尺寸很小,一直可以延伸到单个分子层(或原子层)。正是基于薄膜的这种特殊的形态,在制备和研究薄膜的过程中,需要先进的技术手段作为支撑。随着电子工业和信息产业的高速发展,特别是在电子器件领域的发展,薄膜材料的研究和工业化得到了极大的推进。器件的微型化,使得用于器件的薄膜材料厚度不断减薄,达到了纳米级,甚至出现了单层材料,获得了许多全新的物理性能,这不仅保留了器件原来功能,并使这些功能得到了加强和拓展。薄膜技术作为器件微型化的关键技术,是制备这些新型器件的有效手段。在其他领域薄膜材料也得到了广泛的应用,诸如航天、医药、能源、交通等,薄膜材料与技术已经渗透到了现代科技的各个重要领域。正是由于薄膜材料及技术的飞速发展,要想更好地制备具有优异性能、符合某一领域应用要求的薄膜材料,必须掌握各种成膜技术和薄膜物理的基础知识。特别是近年来发展了一些新的薄膜制备技术,例如原子层沉积镀膜技术、自组装镀膜技术等,是从事薄膜制备和研究的人员需要学习和了解的。基于上述背景,本书系统地介绍了薄膜材料的制备方法及其应用实例。

　　薄膜的研究及制备技术源于17世纪,随后各种制备薄膜的方法相继诞生。薄膜制备技术也由最初简单的物理蒸发、化学反应发展到现如今以物理气相沉积和化学气相沉积为代表的先进成膜技术,其中包括真空蒸镀、溅射、激光脉冲沉积、分子束外延、化学气相沉积、原子层沉积、自组装等等。这些薄膜制备方法都有着各自的原理、设备、优缺点和应用背景。本书的重点在于介绍薄膜制备原理及设备、技术特点与不足、种类、应用实例等方面,使读者能够了解每一种薄膜制备工艺概况,并从一些应用实例上加以体会和分析。

　　在内容编排方面,第1章对真空技术的基础知识做了介绍。第2章到第10章重点介绍和讨论了薄膜的各种制备技术,包括真空蒸发镀膜、分子束外延、溅射镀膜、激光脉冲沉积、离子镀膜、化学气相沉积、原子层沉积、溶液镀膜以及自组装镀膜,并列举了典型的薄膜应用实例。

　　本书由西北工业大学冯丽萍、刘正堂编著。冯丽萍负责本书的编写立项和统稿,并编写了第2章、第3章、第6章、第7章、第9章和第10章。刘正堂教授编写了第1章、第4章、第5章和第8章,并审阅了全部书稿。博士研究生李宁、苏杰、曾为分别参与了第2章、第4章和第10章的撰写,硕士研究生李大鹏、孟勇强分别参与了第6章和第9章的撰写。

　　本书的出版得到了西北工业大学研究生高水平课程建设项目的资助,本书为"西北工业大学研究生高水平课程体系建设丛书"。感谢国家自然科学基金(50902110,61376091)和陕西省自然科学基金(2012JM6012)长期以来对笔者开展相关研究的资助。在编写过程中，西北工业大学教务处、研究生院的有关领导和老师给予了很大的支持和帮助。编写本书曾参阅了相关的文献资料。在此一并表示衷心感谢！

　　由于水平有限，书中难免存在疏漏、不妥甚至谬误之处，敬请读者指正！

编　者
2015 年 6 月

目　　录

第1章　真空技术基础 ……………………………………………………………… 1

　1.1　真空的基本知识 ……………………………………………………………… 1

　1.2　稀薄气体的性质 ……………………………………………………………… 4

　1.3　真空的获得 …………………………………………………………………… 9

　1.4　真空的测量 …………………………………………………………………… 21

　习题 ……………………………………………………………………………… 30

第2章　真空蒸发镀膜 …………………………………………………………… 32

　2.1　真空蒸镀原理 ………………………………………………………………… 32

　2.2　蒸发加热方式及蒸发源 ……………………………………………………… 37

　2.3　真空蒸镀工艺 ………………………………………………………………… 42

　2.4　真空蒸镀应用举例 …………………………………………………………… 42

　习题 ……………………………………………………………………………… 48

第3章　分子束外延生长 ………………………………………………………… 49

　3.1　分子束外延的原理及特点 …………………………………………………… 49

　3.2　分子束外延设备 ……………………………………………………………… 50

　3.3　MBE 生长 ……………………………………………………………………… 53

　3.4　MBE 方法制备的材料及其器件应用 ………………………………………… 57

　习题 ……………………………………………………………………………… 59

第4章　溅射镀膜 ………………………………………………………………… 60

　4.1　溅射镀膜的特点 ……………………………………………………………… 60

　4.2　溅射的基本原理 ……………………………………………………………… 61

　4.3　溅射特性 ……………………………………………………………………… 67

　4.4　溅射原子的能量分布和角分布 ……………………………………………… 75

　4.5　溅射过程 ……………………………………………………………………… 79

　4.6　溅射方法 ……………………………………………………………………… 82

　4.7　溅射镀膜的实例 ……………………………………………………………… 98

　习题 ……………………………………………………………………………… 110

第 5 章　激光脉冲沉积 ……………………………………………………… 111

5.1　激光脉冲沉积镀膜原理 ……………………………………………… 111

5.2　工艺参数对 PLD 镀膜质量影响 ……………………………………… 112

5.3　脉冲激光沉积的优缺点 ……………………………………………… 113

5.4　脉冲激光沉积的种类及应用 ………………………………………… 114

习题 ……………………………………………………………………… 120

第 6 章　离子镀和离子束沉积 …………………………………………… 121

6.1　离子镀 ………………………………………………………………… 121

6.2　几种典型的离子镀方式 ……………………………………………… 130

6.3　离子束沉积 …………………………………………………………… 137

6.4　应用实例 ……………………………………………………………… 143

习题 ……………………………………………………………………… 145

第 7 章　化学气相沉积 …………………………………………………… 146

7.1　CVD 沉积基本原理 …………………………………………………… 147

7.2　常用的化学气相沉积方法 …………………………………………… 160

7.3　CVD 应用镀膜实例 …………………………………………………… 173

习题 ……………………………………………………………………… 176

第 8 章　原子层沉积(ALD)镀膜 ………………………………………… 177

8.1　ALD 的原理 …………………………………………………………… 177

8.2　ALD 的技术特征及优点 ……………………………………………… 179

8.3　ALD 的种类 …………………………………………………………… 182

8.4　ALD 的应用举例 ……………………………………………………… 186

习题 ……………………………………………………………………… 190

第 9 章　溶液镀膜法 ……………………………………………………… 192

9.1　电镀技术 ……………………………………………………………… 192

9.2　化学镀 ………………………………………………………………… 193

9.3　溶胶-凝胶(Sol-Gel)法 ……………………………………………… 194

9.4　阳极氧化法 …………………………………………………………… 195

9.5　LB 技术 ………………………………………………………………… 197

9.6　溶液镀膜法应用举例 ………………………………………………… 200

习题 ……………………………………………………………………… 202

第 10 章　自组装膜 ··· 203

10.1　自组装技术 ··· 203

10.2　自组装单分子膜 ··· 205

10.3　层层自组装多层膜 ··· 209

10.4　自组装膜制备的影响因素 ··· 211

10.5　自组装膜的表征 ··· 213

10.6　自组装膜应用 ··· 214

习题 ··· 215

参考文献 ··· 217

第1章　真空技术基础

1643 年,意大利物理学家托里拆利演示了著名的大气压实验,为人类揭示了"真空"这个物理状态的存在。在此后的数世纪里,尤其是在 20 世纪初,真空技术获得了飞速发展,被广泛应用于军事及民用领域。同时真空在制备薄膜材料以及薄膜的后续加工处理和表征过程中都是必不可少的的条件,薄膜制备过程还涉及气相的产生、输运或气相反应。因此,关于气体性质、真空的获得方法和测量技术等方面的基础知识是薄膜技术的基础。本章将简要介绍真空的一些基本知识及真空的获得、真空的测量等基本内容。

1.1　真空的基本知识

1.1.1　真空定义

真空泛指低于一个大气压的气体状态,与普通的大气状态相比,分子密度较为稀薄,从而气体分子与气体分子、气体分子与器壁之间的碰撞概率要低些。人类所接触的真空大体上分为两种:一种是宇宙间所存在的真空,称之为"自然真空";另一种是人们用真空泵抽取容器中的气体所获得的真空,称之为"人为真空"。一般意义上的真空并不是指"什么物质都不存在了",即使利用最先进的真空手段所能达到的极限真空,每立方厘米体积中仍有数百个气体分子。因此,平时所说的真空均指相对真空状态。在真空技术中,常用真空度这个习惯用语和压强这一物理量表示某一空间的真空程度,但是应当严格区别它们的物理意义。某空间的压强越低意味着真空度越高,反之,压强越高则真空度越低。

1.1.2　真空度量单位

"毫米汞柱(mmHg)"是人类使用最早、最广泛的压强单位,通过直接度量的汞柱高度来表征真空度的高低。早年使用托里拆利真空计时,以 mmHg 作为压强测量单位既方便又直观。1958 年为了纪念意大利物理学家托里拆利(Torricelli),用 Torr(托)代替了 mmHg。Torr 是真空技术的独特单位,1Torr 就是指在标准状态下 1mmHg 对单位面积上的压力,1Torr 与 1mmHg 等价。1971 年国际计量会议正式确定"帕斯卡"作为气体压强的国际单位,以纪念法国物理学家帕斯卡创立了帕斯卡原理,$1\ Pa = 1\ N/m^2 \approx 7.5 \times 10^{-3}\ Torr(1\ Torr = 133.32\ Pa)$。

在生活应用和一些文献中几种常见非法定计量单位如 Torr(托)、mmHg(毫米汞柱)、bar(巴)、atm(标准大气压)等仍经常见到。为了了解各种单位之间的关系,需要从标准大气压的定义讲起。标准大气压定义为:在 0℃,水银密度 $\rho = 13.595\ 05\ g/cm^3$,重力加速度 $g = 980.665\ cm/s^2$ 时 760 mm 水银柱所产生的压强为一个标准大气压,用 atm 表示,$1\ atm = 101\ 324.9\ Pa \approx 1.013\ 25 \times 10^5\ Pa$。

在此基础上,可以导出压强的非法定单位与 Pa 之间的关系:

(1)mmHg:1 mmHg=1 mm×13.595 05 g/cm³×980.665 cm/s²=133.322 Pa。

(2)Torr(托):1Torr=1/760 atm=133.322 Pa。

(3)bar(巴):1 bar=10⁶ μbar=10⁵ Pa。

表 1-1 给出了各种真空度量单位间的换算关系。

表 1-1　压强单位换算表

单　位	Pa(帕)	Torr(托)	μbar (微巴)	atm (标准大气压)	at (工程大气压)	inchHg (英寸汞柱)	psi(磅力 每平方英寸)
1Pa	1	$7.500\ 6×10^{-3}$	10	$9.869×10^{-4}$	$1.019\ 7×10^{-5}$	$2.953\ 0×10^{-4}$	$1.450\ 3×10^{-4}$
1Torr	$1.333\ 2×10^{2}$	1	$1.333\ 2×10^{3}$	$1.315\ 8×10^{-3}$	$1.359\ 5×10^{-3}$	$3.937×10^{-2}$	$1.933\ 7×10^{-2}$
1ubar	10^{-1}	$7.500\ 6×10^{-4}$	1	$9.869\ 2×10^{-7}$	$1.019\ 7×10^{-6}$	$29.953\ 0×10^{-4}$	$1.450\ 3×10^{-5}$
1atm	$1.013\ 3×10^{5}$	760.00	$1.013\ 3×10^{6}$	1	$1.033\ 2$	29.921	14.695
1at	$9.806\ 7×10^{4}$	735.56	$9.806\ 7×10^{5}$	$9.678\ 4×10^{-1}$	1	28.959	14.223
1inchHg	$3.386\ 4×10^{3}$	25.400	$3.386\ 4×10^{4}$	$3.842\ 1×10^{-2}$	$3.453\ 2×10^{-2}$	1	0.491 15
1psi	$6.894\ 8×10^{-3}$	51.715	$6.894\ 8×10^{4}$	$6.804\ 6×10^{-2}$	$7.030\ 7×10^{-2}$	2.036 0	1

1.1.3　真空区域划分

为了研究真空和实际使用的方便,常常根据各压强范围内不同的物理特点,把真空划分为低真空、中真空、高真空、超高真空、极高真空五个区域。表 1-2 给出了相应的压力范围、特性参数、气流特点等。

在低真空状态下,气态空间的特性和大气差异不大,气体分子密度大,气体分子数目多,并仍以热运动为主,分子之间碰撞十分频繁,气体分子的平均自由程短。在低真空状态,可以获得压力差而不改变空间的性质。例如,电容器生产中所采用的真空浸渍、吸尘器、液体输运及过滤等所需的真空度就在此区域。

在中真空区域,气体分子密度与大气状态有很大差别,在电场作用下,会产生辉光放电和弧光放电现象,离子镀、溅射镀膜等镀膜技术都在此压力范围内工作的。这时,气体的流动也逐渐从黏滞流状态过渡到分子状态。因此,如果在这种情况下加热金属,可基本上避免与气体的化合作用,因此真空热处理一般都在中真空区域进行。在此真空区域,由于气体分子数减少,分子的平均自由程可以与容器尺寸相比拟,分子间的碰撞次数减少,而分子与容器壁的碰撞次数大大增加。此外,10^{-1} Pa 也是一般机械泵能达到的极限真空度。

在高真空区域,分子在运动过程中相互间的碰撞很少,气体分子的平均自由程已大于一般真空容器的线度,绝大多数的分子与容器相碰撞,因而在高真空状态蒸发的材料,其分子(或微粒)将基本按直线方向飞行。另外,由于容器中的真空度很高,容器空间的任何物体与残余气体分子的化合作用也十分微弱。在这种状态下,气体的热传导和内摩擦已变得与压强无关。拉制单晶、表面镀膜和电子管生产等都需要高真空。另外,$10^{-5} \sim 10^{-6}$ Pa 也是扩散泵所能达到的极限真空度。

表 1-2 五个真空区域的物理特性

区 域	低真空	中真空	高真空	超高真空	极高真空
压力范围/Pa	$10^5 \sim 10^2$	$10^2 \sim 10^{-1}$	$10^{-1} \sim 10^{-5}$	$10^{-5} \sim 10^{-9}$	$< 10^{-9}$
气体分子密度/(个/cm³)	$10^{19} \sim 10^{16}$	$10^{16} \sim 10^{13}$	$10^{13} \sim 10^9$	$10^9 \sim 10^5$	$< 10^5$
平均自由程/cm	$10^{-5} \sim 10^{-2}$	$10^{-2} \sim 10$	$10 \sim 10^5$	$10^5 \sim 10^9$	$> 10^9$
气流特点	1. 以气体分子间的碰撞为主; 2. 黏滞流	过渡区域	1. 以气体分子与器壁的碰撞为主; 2. 分子流; 3. 已不能按连续流体对待	分子间的碰撞极少	气体分子与器壁表面的碰撞频率较低
平均吸附时间	气体分子以空间飞行为主			气体分子以吸附停留为主	

在超高真空区域,此时每立方厘米的气体分子数约为 $10^9 \sim 10^5$ 个。分子间的碰撞极少,分子主要与容器壁相碰撞。超高真空的用途在于得到纯净的气体,同时可获得纯净的固体表面。因此,可以进行分子束外延、表面分析及其他表面物理研究。

在极高真空区域,此时每立方厘米的气体分子数少于 10^5 个,分子的平均自由程大于 10^9 cm,分子与容器壁碰撞频率较低。极高真空的用途主要在于进行空间模拟和纳米分析。

1.1.4 气体与蒸气

对于任何气体来说都有一个特定的温度,高于此温度时气体无论怎么压缩都不会液化,这个温度称为该气体的临界温度。此温度可以用来区分气体与蒸气,温度高于临界温度的气态物质称气体,低于临界温度的气态物质称为蒸气。在实际应用中,通常以室温为标准来区分气体与蒸气。

表 1-3 列出了各种物质的临界温度。可以看出,氮、氢、氦、氧和空气等物质的临界温度远低于室温,所以在常温下它们是"气体"。二氧化碳的临界温度与室温接近,极易液化,而水蒸气、有机物质和气态金属均为蒸气。任何固体和液体放在容器中,无论温度高低都会蒸发,蒸发出来的蒸气形成蒸气压。在一定温度下,单位时间内蒸发出来的物质的量与凝结到容器壁和回到蒸发物质的物质的量相等时的蒸气压,我们称之为饱和蒸气压。表 1-4 是几种常见真空系统所用物质的饱和蒸气压。

实际应用中,构成真空系统所用材料的饱和蒸气压一般要低于所需真空度两个数量级。

表 1-3　几种物质的临界温度

物　质	临界温度/℃	物　质	临界温度/℃
氮（N_2）	−267.8	氩（Ar）	−122.4
氢（H_2）	−241.0	氧（O_2）	−118.0
氖（Ne）	−228.0	氪（Kr）	−62.5
氦（He）	−147.0	氙（Xe）	+14.7
空气	−140.0	二氧化碳（CO_2）	+31.0
乙醚	+194.0	铁（Fe）	+3 700.0
氨（NH_3）	+132.4	甲烷（CH_4）	−82.5
酒精（CH_3CH_2OH）	+243.0	氯（Cl_2）	+144.0
水（H_2O）	+374.2	一氧化碳（CO）	−140.2
汞（Hg）	+1 450.0		

表 1-4　常见真空系统所用物质饱和蒸气压

物质名称	20℃下的饱和蒸气压/Torr	物质名称	20℃下的饱和蒸气压/Torr
水	17.5	密封油脂	$10^{-7} \sim 10^{-3}$
机械泵油	$10^{-5} \sim 10^{-2}$	普通扩散泵油	$10^{-8} \sim 10^{-5}$
汞	1.8×10^{-3}	275 超高真空扩散泵硅油	5×10^{-10}（25℃）

1.2　稀薄气体的性质

稀薄气体的性质主要包括气体分子的速率分布、平均自由程、碰撞次数等，与压强 p、温度 T、体积 V、质量 m 4 个参量密切相关。真空中的气体一般视为理想气体，在平衡状态时满足理想气体状态方程：

$$pV = \frac{m}{M}RT \tag{1-1}$$

式中，p 为气体压强，Pa；V 为气体体积，m^3；m 为气体质量，kg；T 为热力学温度，K；M 为摩尔质量，kg/mol；R 为气体常数（8.314 4 J/(mol·K)）。

1.2.1　理想气体定律

理想气体定律包括以下 3 个基本定律。

（1）波义耳定律。一定质量的气体，在恒定温度下，气体的压强与体积的乘积为常数，即

$$pV = C \ (C \ 为常数) \tag{1-2}$$

（2）盖·吕萨克定律。一定质量的气体，在压强一定时，气体的体积与热力学温度成正比，即

$$V = CT \ (C \ 为常数) \tag{1-3}$$

（3）查理定律。一定质量的气体，如果体积保持不变，则气体的压强与热力学温度成正比，即

$$p = CT \text{（C 为常数）} \tag{1-4}$$

1.2.2　气体分子的速率分布

真空容器中气体分子运动是杂乱无章的，每一个分子运动速度的大小及方向都是无规则的，但在稳定状态下其满足一定的统计分布规律，通常称为麦克斯韦-玻耳兹曼分布。

设有 N 个气体分子的理想气体，在平衡状态速率处在 $v \sim (v+\mathrm{d}v)$ 之间的分子数为

$$\mathrm{d}N = Nf(v)\mathrm{d}v \tag{1-5}$$

$$\mathrm{d}N = N\left(\frac{m}{2\pi kT};\right)^{3/2} \cdot \exp\left(-\frac{mv^2}{2kT}\right) \cdot 4\pi v^2 \mathrm{d}v \tag{1-6}$$

式中，N 为容器中气体分子总数；m 为气体分子质量；T 为气体温度，K；k 为玻耳兹曼常数。$f(v)\mathrm{d}v$ 为速率位于 $v \sim (v+\mathrm{d}v)$ 区间的相对分子数。$f(v)$ 称为速率分布函数，其规律如图 1-1 所示，可反映出速率与温度的关系。

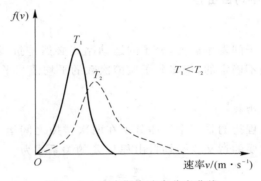

图 1-1　麦克斯韦速率分布曲线

由曲线可知，平衡温度越低，曲线越陡，分子按速率分布越集中；温度越高，曲线平缓，分布按速率分布越分散。

由式（1-6）可以求出以下 3 个非常有用的特征速率。

（1）最可几速率。最可几速率 v_p 表示气体分子运动中具有 v_p 这种速率的分子数最多，它可以通过对速率分布函数 $f(v)$ 求极值得到

$$v_p = \sqrt{\frac{2kT}{m}} = \sqrt{\frac{2RT}{M}} \tag{1-7}$$

（2）平均速率。分子运动速率的算术平均值 $\bar{v}$ 的计算公式为

$$\bar{v} \equiv \sqrt{\frac{8kT}{\pi m}} = \sqrt{\frac{8RT}{M}} \tag{1-8}$$

（3）均方根速率。均方根速率为分子运动速率二次方的平均值再取二次方根 $\sqrt{\overline{v^2}}$，计算公式为

$$\sqrt{\overline{v^2}} = \sqrt{\frac{3kT}{m}} = \sqrt{\frac{3RT}{M}} \tag{1-9}$$

比较 $v, \bar{v}, \sqrt{\overline{v^2}}$ 表达式可知，3 种速度中，均方根速度最大，平均速度次之，最可几速度最小。在讨论速度分布时，要用到最可几速度；在计算分子运动的平均距离时，要用到平均速度；

在计算分子的平均动能时,则要采用均方根速度,三者关系如图 1-2 所示。

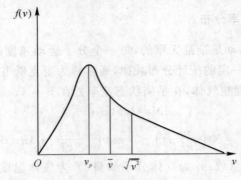

图 1-2 气体分子的特征速率

1.2.3 分子运动的平均自由程

1. 分子的碰撞概率

无规则运动的气体分子间发生碰撞,分子的运动路线必然是折线。某一分子单位时间内与其他分子的碰撞次数是不确定的,很多分子碰撞次数的平均值叫平均碰撞次数 $\overline{Z}$,它与气体压强成正比。

2. 分子运动的平均自由程

气体分子的平均自由程指的是一个气体分子在两次碰撞之间运动的平均距离,它在真空及薄膜技术中有着非常重要的意义。平均自由程与 $\overline{Z}$ 的关系式为

$$\overline{\lambda} = \frac{\overline{v}t}{\overline{Z}t} = \frac{\overline{v}}{\overline{Z}} \tag{1-10}$$

由式(1-10)可知,碰撞次数越多,分子平均自由程越短。

为了求出分子自由程,我们设想对于每一个气体分子来讲,都有着一个有效的分子截面积 πd^2,它被称为碰撞截面 σ,其中 d 相当于分子的有效直径。当一个分子的中心处在另一个分子的有效半径范围内时,两个分子将发生相互碰撞。

因此碰撞频率可以表示为

$$\overline{Z} = \frac{n\sigma\overline{v}t}{t} = n\overline{v}\sigma \tag{1-11}$$

其中,n 为单位体积分子数,考虑到分子相对运动,式(1-11)修改成:

$$\overline{Z} = \sqrt{2}\, n\overline{v}\sigma \tag{1-12}$$

那么将式(1-12)代入式(1-10)中得

$$\overline{\lambda} = \frac{\overline{v}}{\overline{Z}} = \frac{1}{\sqrt{2}\, n\sigma} \tag{1-13}$$

再利用理想气体状态方程 $p = nkT$ 得

$$\overline{\lambda} = \frac{\overline{v}}{\overline{Z}} = \frac{kT}{\sqrt{2}\,\pi d^2 p} \tag{1-14}$$

此式表明,气体分子的平均自由程与压强成反比,与温度成正比。因此,在气体种类和温度一定的情况下有

$$\overline{\lambda}p = C(C \text{ 为常数}) \tag{1-15}$$

例如：在 25℃ 下的空气中 $\bar{\lambda} = \dfrac{0.667}{p(\text{Pa})}$ cm。显然，真空度越高，分子的平均自由程越大。

1.2.4　气体分子与表面的相互作用

气体分子与表面的相互作用，包括气体分子或蒸发出的原子跟容器壁的碰撞、反射和吸附。

1. 气体吸附于表面

所谓的气体吸附就是固体表面捕获气体分子的现象，吸附分为物理吸附和化学吸附。其中物理吸附没有选择性，任何气体在固体表面均可发生，主要靠分子间的相互吸引力引起的。物理吸附的气体容易发生脱附，而且这种吸附只在低温下有效；化学吸附则发生在较高的温度下，与化学反应相似，气体不易脱附，但只有当气体和固体表面原子接触生成化合物时才能产生吸附作用。气体的脱附是气体吸附的逆过程，通常把吸附在固体表面的气体分子从固体表面被释放出来的过程叫作气体的脱附。

2. 碰撞于表面的分子数

单位时间内，碰撞于单位面积上的气体分子数称为入射频率 J，即单位面积上气体分子的通量为表面的碰撞频率，也即单位面积上气体分子的通量。设想有一个薄膜沉积用的衬底，在单位时间内，它的单位表面积上受到气体分子碰撞的次数应该正比于薄膜的沉积速度，其数值等于

$$J = \frac{n\bar{v}}{4} \tag{1-16}$$

式中，n 是气体分子浓度，$1/\text{m}^3$；$\bar{v}$ 是分子运动的平均速率；1/4 是对气体分子的运动方向和速度进行平均之后得出的一个系数。式（1-16）叫赫兹-克努曾（Hertz-Knudsen）公式，将 $p = nkT$ 和式（1-8）代入可得

$$J = \frac{p}{\sqrt{2\pi mkT}} = \frac{pN_A}{\sqrt{2\pi MRT}} \tag{1-17}$$

例如对于 20℃ 的空气来说 $J = 2.86 \times 10^{18} p$（个 /（cm² · s））。

3. 分子从表面的反射

入射到固体表面的气体分子从固体表面反射遵从余弦定律（克努曾定律）：碰撞到固体表面的气体分子，它们飞离表面的方向与原入射方向无关，而按与表面法线方向所成角度的余弦进行分布。当其离开表面时位于立体角 $\mathrm{d}\Omega$ 与表面法线成 θ 角中的概率为

$$\mathrm{d}p = \frac{\mathrm{d}\Omega}{\pi}\cos\theta \tag{1-18}$$

式中系数 $1/\pi$ 是归一化因子，即位于 2π 立体角中的概率为 1，反射分子分布如图 1-3 所示。

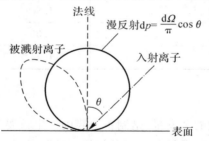

图 1-3　反射分子数按 θ 角余弦分布

克努曾余弦漫反射定律意思是,不管是以分子束还是单分子的形式从任何方向与表面碰撞的气体分子都会被表面吸附,停留之后,进行能量交换,并以新的方向蒸发出去。与气体分子在表面反射不同,被离子溅射的原子在表面不服从余弦定律,而是沿离子正反射方向最多,如图1-3中虚线所示。表1-5和表1-6分别给出几种气体性质及薄膜沉积相关的参数。

表1-5 气体的性质

气 体	化学符号	摩尔质量 $M/10^{-3}$ kg	分子质量 $m_s/10^{-26}$ kg	平均速率 $v/(10^2$ m/s$)(0℃)$	分子直径 $d/10^{-10}$ m$(0℃)$	平均自由程 $\bar{\lambda}/10^{-5}$ m$(25℃,100$Pa$)$
氢	H_2	2.016	0.334 7	16.93	2.75	12.41
氦	He	4.003	0.664 6	12.01	2.18	19.62
水蒸气	H_2O	18.02	2.992	5.665	4.68	4.49
氖	Ne	20.18	3.351	5.335	2.60	13.93
一氧化碳	CO	28.01	4.651	4.543	(3.80)	(6.67)
氮	N_2	28.02	4.652	4.542	(3.78)	(6.68)
空气		(28.98)	(4.811)	4.468	3.74	6.78
氧	O_2	32.00	5.513	4.252	3.64	7.20
氩	Ar	39.94	6.631	3.805	3.67	7.08
二氧化碳	CO_2	44.01	7.308	3.624	4.65	4.45
氪	Kr	83.7	13.9	2.629	4.15	5.41
氙	Xe	131.3	21.8	2.099	4.91	3.97
水银	Hg	200.6	33.31	1.698	(5.11)	3.55

表1-6 气体在 $1.3×10^{-4}$ Pa$(1×10^{-6}$ Torr$)$ 压强下的各种常数

气 体	入射频率 $10^{14}/(cm^2 \cdot s)$	形成单分子层所需要的分子数 $/(10^{14}$ 个 $/cm^2)$	形成单分子层所需时间 $/s$	厚度换算值 nm $\cdot$ min^{-1}	电流换算值 μA $\cdot$ cm^{-2}
氢	15.06	13.2	0.88	18.8	241
水蒸气	5.04	4.6	0.91	30.9	81
一氧化碳	4.04	6.9	1.71	13.3	65
氮	4.04	7.0	1.73	13.1	65
空气	3.97	7.1	1.80	12.5	64
氧	3.78	7.5	2.00	10.9	61
二氧化碳	3.22	4.6	1.44	19.3	52

4.蒸发速率

真空状态,物体受热产生的蒸发量,是制备薄膜的一个重要参数,蒸发量 m 可以根据入射频率 J 求出。在平衡状态下,蒸发量和返回量相等(通常,返回量并非全部附着于受热物体,而

是以某一概率 a 附着。不过,对于制作薄膜来说,在大多数场合下把 a 作为 1 是没有问题的,所以这里设 $a=1$)。因此,单位面积的蒸发速度 m_0 可以表示成入射频率 J 和入射原子的质量 (M/N_A) 之积,即

$$m_0 = (1/4)\overline{n v}(M/N_A) = 4.38 \times 10^{-4} p \sqrt{M/T}\,(\text{g}/(\text{cm}^2 \cdot \text{s})) \tag{1-19}$$

式中,N_A 为阿伏伽德罗常数;p 为蒸气压,Pa。

对于蒸发而言,几乎没有返回量,即等效于从受热物体周围除去了包围物体的蒸气。制备薄膜的过程中,无论是蒸发的原子数还是蒸气压都是很小的,所以往往在即使出去蒸气,蒸发的原子数也不会改变的假设下求蒸发速度。估计实际的蒸发速度时只要根据已知的蒸气压进行计算,这对大多数应用来说就足够了。

5. 真空在薄膜制备中的作用

真空在薄膜制备中的作用主要有两个方面:减少蒸发分子与残余气体分子的碰撞;抑制蒸发分子与残余气体分子之间的反应。提高真空度,有利于获得更好质量的薄膜,蒸发分子在行进的路程中总会受到残余气体分子的碰撞。设 N_0 个蒸发分子行进距离 d 后未受到残余气体分子碰撞的数目为

$$N_d = N_0 \mathrm{e}^{-d/\bar{\lambda}} \tag{1-20}$$

被碰撞的分子百分数

$$f = \frac{N_1}{N_0} = 1 - \frac{N_d}{N_0} = 1 - \mathrm{e}^{-d/\bar{\lambda}} \tag{1-21}$$

由此式可知,当平均自由程等于蒸发源到基片的距离时,有 63% 的分子会受到散射;如果平均自由程增大 10 倍,则碰撞的分子数减少到 9%。可见,只有当平均自由程比蒸发源到基片的距离大得多时,才能很好地减少碰撞现象。

欲抑制残余气体与蒸发材料之间的反应,需要考虑残余气体分子到达基板的速率,由式 (1-17) 得

$$J = \frac{pN_A}{\sqrt{2\pi M_G RT}} \tag{1-22}$$

式中,M_G 为残余气体的摩尔质量。另一方面考虑蒸发分子到达基板的速率

$$F = \rho d N_A / (Mt) \tag{1-23}$$

式中,ρ 为膜层的密度;d 为膜层厚度;M 为膜层摩尔质量;t 为蒸发时间。如果规定 $J/F \leqslant 10^{-1}$,则有

$$p \leqslant 10^{-1} \rho d \sqrt{2\pi M_G RT} / (Mt) \tag{1-24}$$

对常见的材料和适中的蒸发速率,可以计算出 $p \approx 10^{-4} \sim 10^{-5}$ Pa。由此可见,为了有效抑制反应,要求更高的真空度。

1.3　真空的获得

1.3.1　气体的流动状态

为了更好地获得和利用真空环境,需要对气体的流动性质或状态有一个简单的了解。气体的分子无时无刻不处在无规则的热运动之中,但这种无规则的运动本身并不导致气体的宏观流

动。只有在空间存在宏观压力差的情况下，气体作为一个整体才会产生宏观的定向流动。

气体的流动状态根据气体容器的几何形状、气体的压力、温度以及气体的种类不同而存在很大的差别。在高真空环境下，气体的分子除了与容器壁碰撞以外，几乎不发生气体分子间的相互碰撞。这种气体流动状态被称为分子流状态。分子流状态的特点是气体分子的平均自由程超过了气体容器的尺寸或与其相当，高真空薄膜蒸发沉积系统或各种材料表面分析仪器就工作在分子流状态下。

当气压较高时，气体分子的平均自由程很短，气体分子间的相互碰撞极为频繁。我们将这种气体流动状态称为气体的黏滞流状态。工作气压较高的化学气相沉积系统一般工作在黏滞流状态。与分子流状态相比，黏滞流状态的物理性能要相对复杂得多。

在低流速的情况下，黏滞流处于所谓的层流状态，即在与气体流动方向相垂直的方向上，可以设想存在不同气体流动层的明确的层状流线，且各层气体的流动方向总能保持相互平行。比如，当气体在管道中以较慢的速度流动时，在靠近管壁的地方，气体分子感受到管壁的阻力作用，流动的速度接近于零；随着离开管壁距离的增加，气体流动的速度增加，并且在管道的中心处气体流动最快，这种气体流动状态就属于层流状态。

在气体流速较高的情况下，各层气体的流动方向之间将不再能够保持相互平行的状态，而呈现出一种旋涡状的流动形式。流动的气体中出现了一些低气压的旋涡，同时流动路径上的任何微小的阻碍都会对流动产生很大的影响，这种流动状态被称之为湍流状态。可以根据克努曾(Knudsen)Kn 数来划分气体流动状态，有

$$Kn = \frac{D}{\lambda}$$

(1-25)

式中，D 为气体容器尺寸；λ 为气体分子的平均自由程。根据 Kn 的大小，可以将气体的流动状态大概的分为三个不同的状态。

在黏滞流的情况下，流速快时成为湍流态，流速慢时则变为层流态。图1-4示意性地画出了气体分子流动状态的划分情况。

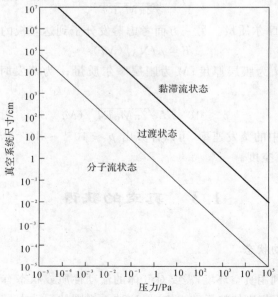

图1-4　分子流动状态与真空系统尺寸和气体压力间的关系

$$\left.\begin{array}{ll}\text{分子流状态} & Kn < 1 \\ \text{中间状态} & Kn = 1 \sim 110 \\ \text{黏滞流状态} & Kn > 110\end{array}\right\} \qquad (1-26)$$

1.3.2　气体管路的流导

真空系统中包括真空管路,而真空管路中气体的通过能力称之为流导 C,其定义为

$$C = \frac{Q}{p_1 - p_2} \qquad (1-27)$$

式中,Q 为单位时间内通过管路的气体流量,即单位时间内流过的气体体积与其压力的乘积;p_1 和 p_2 为管路两端气压。

流导的大小随气流的状态和管道的形状而不同,在黏滞流状态下,气体分子间的碰撞是主要的,气体压强的作用较为有效,气体容易流通,故流导大,一般规律是,当压力升高时,气体通过单位面积的流量有增加的趋势,因而管路流导增加;在分子流状态下,分子间的碰撞基本可以忽略,气体压强的作用很小,所以流导小且基本与气体压力无关,但是,由于分子平均运动速率与温度和气体种类有关,因此即使在压力差相同的情况下,管路流导也不一样。所以,分子流状态下管路的流导不仅受管路的几何形状影响,而且还取决于气体的种类和温度。比如,一个处于两个直径很大的管路间的通孔,若设孔的截面积为 A,则其流导应正比于通孔两侧气体分子向通孔方向流动的流量之差。由式(1-17),得

$$C = \frac{JA}{n} = A\sqrt{\frac{RT}{2\pi M}} \qquad (1-28)$$

当不同的流导 C_1, C_2, C_3 之间相互串联或并联时,形成的总流导 C 可以用式表示为

$$\frac{1}{C} = \frac{1}{C_1} + \frac{1}{C_2} + \frac{1}{C_3} \text{(串联)} \qquad (1-29a)$$

$$C = C_1 + C_2 + C_3 \text{(并联)} \qquad (1-29b)$$

1.3.3　真空系统和真空泵

典型的真空系统应包括以下几个主要部分:待抽空的容器(真空室)、获得真空的设备(真空泵)、测量真空的设备(真空计)以及必要的管道、阀门和其他附属设备。其中,真空泵是真空系统中获得真空环境的主要设备。

衡量真空系统性能的两个重要参数是抽气速率和极限真空(极限压强)。抽气速率是指在规定压强下单位时间所抽出的气体的体积,以表示它抽到预定真空所需的时间。抽气速率定义为

$$S = \frac{Q}{p} \qquad (1-30)$$

式中,p 为真空泵入口处的压强;Q 为单位时间内通过该出口的气体流量。

对于任何一个真空系统而言,都不可能获得绝对真空($p=0$),而是具有一定的压强 p_u,这是该系统所能达到的最低压强,也是真空系统能否满足需要的重要指标之一。

理论上讲,任何一个真空系统所能达到的真空度可由下列方程确定,有

$$p = p_u + \frac{Q}{S} - \frac{V}{S}\frac{\mathrm{d}p_t}{\mathrm{d}t} \qquad (1-31)$$

式中，p_u 是真空泵能达到的极限压强，Pa；S 是泵对气体的抽气速率，L/s；V 是真空室体积，L；p_t 是被抽空间气体分压，Pa；t 是时间，s。

真空泵是获得真空的关键设备。按获得真空的原理的不同，可将真空泵分为两大类，即输运式真空泵和捕获式真空泵。输运式真空泵采用对气体进行压缩的方式将气体分子输运至真空系统外，而捕获式真空泵依靠在真空系统内凝集或吸收气体分子的方式将气体分子捕获，排除于真空系统之外。与输运式真空泵不同，某些捕获式真空泵在工作完毕以后还可能将已捕获的气体分子释放回真空系统。

输运式泵又可细分为机械式气体输运泵和气流式气体输运泵。旋转式机械真空泵，罗茨泵以及涡轮分子泵是机械式气体输运泵的典型例子，而油扩散泵属于气流式气体输运泵。捕获式真空泵包括低温吸附泵、溅射离子泵等。表 1-7 给出了常用真空泵的排气原理，工作压强范围和通常所能获得的最低压强。

表 1-7　主要真空泵的排气原理与工作范围

种　类		原　理	工作压强范围 /Pa
机械泵	油封机械泵（单级）	用机械力压缩和排出气体	$10^5 \sim 10^{-1}$
	油封机械泵（双级）		$10^5 \sim 10^{-2}$
	分子泵		$10^{-1} \sim 10^{-8}$
	罗茨泵		$10^3 \sim 10^{-2}$
蒸汽喷射泵	油喷射泵	用喷射蒸汽的动量把气体带走	$10^{-1} \sim 10^{-7}$
	油扩散泵		$10^{-1} \sim 10^{-6}$
	水银扩散泵		$10^{-1} \sim 10^{-5}$
干式泵	溅射离子泵	利用升华或溅射形成吸气膜，吸附并排出气体	$10^{-1} \sim 10^{-8}$
	钛升华泵		$10^{-1} \sim 10^{-9}$
	吸附泵	利用低温表面对气体进行物理吸附排出气体	$10^6 \sim 10^{-2}$
	冷凝泵		$10^{-2} \sim 10^{-11}$
	冷凝吸附泵		$10^{-2} \sim 10^{-10}$

从这个表中可以看出没有一种真空泵可以在大气压到 10^{-8} Pa 的宽压强范围内工作，所以经常把 2～3 种真空泵组合起来构成排气系统，一直工作到超高真空。其中能使压力从一个大气压开始变小进行排气的泵常称为"前级泵"，只能从较低压强开始抽气从而得到更低压强的真空泵称为"次级泵"。比如机械泵＋扩散泵系统，吸附泵＋溅射离子泵＋钛升华泵系统，前者使用油，故又称为湿式系统，后者为无油系统。

组成排气系统的时候，必须选择合适的抽速的真空泵，而通常只显示抽速的最大值。实际上，当压强变化时，抽速也会发生变化。以最大抽速 100 为例，各种泵的抽速随压强变化情况如图 1-5 所示。

实际应用中，选择真空泵还要考虑价格、振动、噪声、功率、可靠性、体积大小、泵内物质对被抽对象的污染、泵本身向外部辐射的磁场、电场和热量等参数。下面仅从上述各种真空泵中,挑选一些在薄膜制备工艺中常用的泵进行介绍。

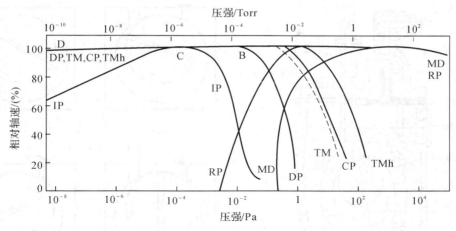

图 1-5　各种泵的抽速比较

MD 泵机械式干式泵;TMh 干涡轮分子泵(混合式);TM 分涡轮分子泵;
RP 分两级式油封机械泵;DP 式油扩散泵;HP 散溅射离子泵;CP 离低温冷凝吸附泵

1. 机械式气体输运泵

(1) 油封机械泵。凡是利用机械运动(转动或滑动)以获得真空的泵,就称为机械泵。它是一种可以从大气压开始工作的典型的真空泵,既可以单独使用,又可作为高真空泵或超高真空泵的前级泵。由于这种泵是用油来进行密封的,因而又属于有油类型的真空泵。这类机械泵常见的有旋片型、定片型和活阀型几种,其中旋片型机械泵噪声小,运行速度快,故在真空镀膜机中广泛应用。图 1-6 是单级旋片泵的结构图,泵体主要由定子、转子、旋片、进气管和排气管等组成。定子两端被密封形成一个密封的泵腔,泵腔内,偏心地装有转子,实际相当于两个内切圆。沿转子的轴线开一个通槽,槽内装有两块旋片,旋片中间用弹簧相连,弹簧使转子旋转时旋片始终沿定子内壁滑动。其工作原理是根据波义耳-马略特定律:

$$pV = K \tag{1-32}$$

式中,K 为与温度有关的常数。此式表明温度不变的情况下,容器体积与压强成反比。图 1-7 示意性地画出了其工作原理及过程,一般旋片将泵腔分为三个部分:从进气口到旋片分隔的吸气空间;由两个旋片和泵腔分隔处的膨胀压缩空间;排气阀到旋片分隔的排气空间。图中(a)表示正在吸气,同时把上一周期吸入的气体逐步压缩;图中(b)表示吸气截止,此时,泵的吸气量达到最大并将开始压缩;图中(c)表示吸气空间另一侧吸气,而排气空间继续压缩;图中(d)表示排气空间内的气体,已被压缩到当压强超过一个大气压时,气体便推开排气阀由排气管排出。如此不断循环,转子按箭头方向不停旋转,不断进行吸气、压缩和排气,于是与机械泵连接的真空容器便获得了真空。

此种机械泵的极限受到以下约束而不能无限提高:

1) 有害空间 V_c 的存在,此空间中的气体受压后漏到吸气空间;

2) 吸气空间与排气空间的气压差导致排气空间的气体向吸气空间逃窜;

3) 吸气和排气空间中的泵油气,也可以在其中循环流动。

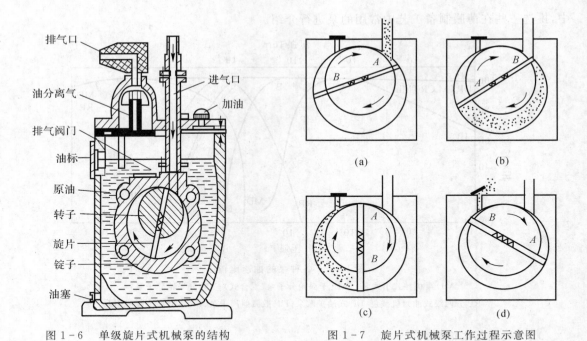

图 1-6　单级旋片式机械泵的结构

图 1-7　旋片式机械泵工作过程示意图

排气口
油分离气
排气阀门
油标
原油
转子
旋片
锭子
油塞
进气口
加油

(a)　(b)　(c)　(d)

　　为了减小有害空间的影响,目前国内外生产的机械泵一般是双级泵,如图 1-8 所示,这样可以将极限真空的单级泵的 1Pa 提高到 10^{-2} Pa。

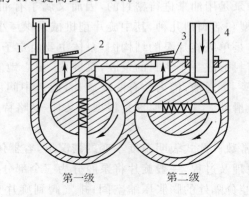

图 1-8　双级泵示意图
1—气镇阀；2—前排气阀；3—后排气阀；4—进气管

　　(2)罗茨泵。机械式气体输运泵的另一种形式是罗茨泵,其结构图如图 1-9 所示。在工作状态下,泵体内的两个呈 8 字形的转子以相反的方向旋转。转子的咬合精度很高,因而转子与转子之间、转子与泵体之间的间隙中不再使用油来作为密封介质。由于转子的每次旋转扫过的空间很大,加上泵的转子对称性好,可以在很高的转速下工作,因而这种泵的抽速可以做得很大(比如 10^3 L/s),且极限真空度可以达到 10^{-3} Pa 以下。但是,这种泵的抽速不仅在压力低于 10^{-1} Pa 时会下降,而且在压力高于 2 000 Pa 时也将迅速降低,因此这种泵一般是与旋转式机械泵串联后使用。

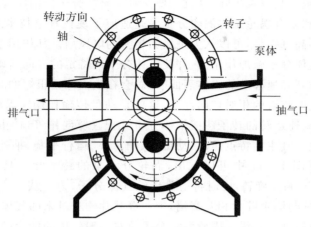

图 1-9　罗茨泵结构示意图

　　图 1-10 所示为罗茨真空泵转子由 0°转到 180°的抽气过程。工作时,被抽气体由进气口进入转子与泵体之间,这时一个转子和泵体把气体与进气口隔开,被隔开的气体(如图 1-10 上影线一部分所示)在转子连续不断地旋转过程中,被送到排气口。图 1-10(a)中,V_0 空间处在封闭状态,因此,没有压缩和膨胀。但当转子的峰部转到排气口边缘时,由于 V_0 部分的压力较之排气口处的压力低,为了使相连体积内压力均匀,气体就会从排气口处扩散到 V_0 区域,其扩散方向与转子旋转方向相反。当转子再转动时,把 V_0 处的气体压缩到排气口将其排出。这时转子的另一面与进气口相连部分则吸入气体,当转子不断旋转时,重复上述抽气过程不断排出流进来的气体。这种工作过程相当于转子空间由某一最小值增大到最大值,然后再由最大值减小到最小值,这就是罗茨真空泵的容积作用原理。

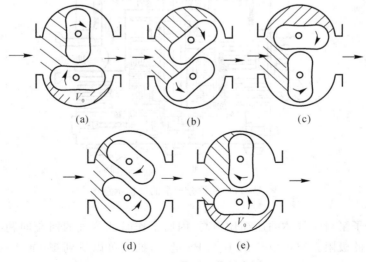

图 1-10　罗茨泵工作示意图

　　罗茨真空泵在入口压力很低的情况下工作时,由于转子转速很高(1 000～3 000 r/min),转子表面的线速度接近于分子的热运动速度,这时碰撞在转子上的气体分子被转子携带到压力较高的排气口,再被预真空泵排除,这就是罗茨真空泵的分子作用原理。

(3)涡轮分子泵和复合涡轮泵。涡轮分子泵是适应了现代真空技术对于无油高真空环境的要求而产生的一种高真空泵,可以认为是极为精密的电风扇。其作用不仅仅是送风,而是靠高速旋转的叶片对气体分子施加作用力,并使气体分子向特定的方向运动而实现高真空。

当气体分子碰撞到高速移动的固体表面时,总会在表面停留很短的时间,并且在离开表面时得到与固体表面速率相近的相对切向速率,这就是动量传输作用。涡轮分子泵就是利用这一现象而工作的:靠高速运转的转子碰撞气体分子并把它驱向排气口,由前级泵抽走,而使被抽容器获得超高真空。其主要特点是:启动迅速、噪声小、运行平稳、抽速大,不需要任何工作液体。从其结构示意图 1-11 中可以看出,涡轮分子泵的转子叶片具有特定的形状,它以20 000~30 000 r/min高速旋转,同时将动量传给气体分子,为了获得高真空,涡轮分子泵装有多级叶片,转动叶片与固定叶片相互交错,上一级叶片输送过来的气体分子又会受到下一级叶片的作用继续被压缩到下一级。因此涡轮分子泵对一般气体的抽除极为有效。例如对于氮气,其压缩比可以达到10^9。但是涡轮分子泵抽取相对原子质量较小的气体的能力较差,例如对氢气,其压缩比仅为10^3左右。

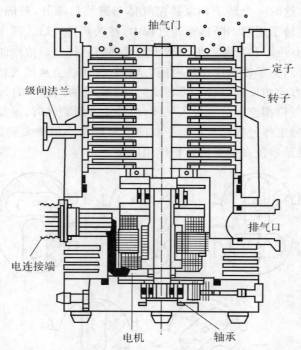

图 1-11　涡轮分子泵的结构示意图

由于涡轮分子泵对于气体的压缩比很高,因而工作时油蒸气的回流问题完全可以忽略不计。涡轮分子泵的极限真空可以达到10^{-8} Pa 量级,抽速可以达到 1 000 L/s,而达到最大抽速的压力区间是在$1\sim10^{-8}$ Pa 之间,因而在使用时需要以旋片机械泵作为前级泵。

复合分子泵是在简单涡轮分子泵基础上,为了获得更高排气量而研制出来的,其在涡轮分子泵的高压侧添加了一个牵引分子泵,牵引分子泵在结构上简单,转速较小,但压缩比大,所以这种结构将涡轮分子泵抽气能力高的优点和牵引分子泵压缩比大的优点结合在一起,利用高速旋转的转子携带气体分子而获得超真空、高真空。图 1 - 12 为其结构示意图,该泵转速 24 000 r/ min,第一部分是一个只有几级敞开叶片的涡轮分子泵,第二部分是一个多槽的牵引分子泵,抽速 460 L/s,转速为零时的压缩比为 150。

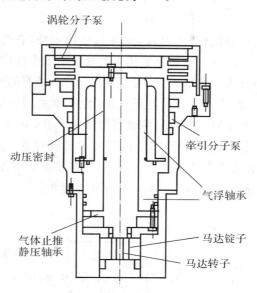

图 1 - 12　复合分子泵结构示意图

2.气流式气体输运泵

扩散泵是利用被抽气体向蒸气流扩散的现象来实现排气的,在扩散泵中没有转动或压缩部件。用油形成蒸气的叫油扩散泵,用水银形成蒸气的叫水银扩散泵。

(1)扩散泵的结构和原理。扩散泵的结构示意及工作原理如图 1 - 13 所示。在前级泵不断抽气的情况下,油被加热蒸发,沿导管上升至喷嘴处;由于喷嘴处的环形截面突然变小而受到压缩形成密集的蒸气流并以接近声速的速度(200～300 m/s)从喷嘴向下喷出。在蒸气流上部空间被抽气体的压强大于蒸气流中该气体的分压强,气体分子便迅速向蒸气流中扩散;由于蒸气分子量为 450～550,比空气分子量大 15～18 倍,故动能较大,与气体分子碰撞时,本身的运动方向基本不受影响,气体分子则被约束于蒸气射流内,而且速度越来越高地沿蒸气流喷射方向飞行。这样,被抽气体分子就被蒸气流不断压缩至扩散泵出气口,密度变大,压强变高,而喷嘴上部空间即扩散泵进气口的被抽气体压强则不断降低。完成传输任务的蒸气分子受到泵壁的冷却,又重新凝为液体返回蒸发器中。如此循环不已,由于扩散作用一直存在,因而被抽容器真空度得以不断提高。

油扩散泵的工作原理决定了它只能被用在 $1～10^{-8}$ Pa 之间分子流状态的真空状态下,而不能直接与大气相连。因而,在使用油扩散泵之前需要采用各种形式的机械泵预抽真空至 1 Pa 左右。根据口径大小不同,油扩散泵的抽速可以从每秒几升到每秒上万升不等。

(2)扩散泵油。通过上述对扩散泵的工作过程的介绍,可以看出泵油起着关键作用。选择泵油时有以下几个要求:

1)理论上讲,扩散泵的极限真空取决于泵油的饱和蒸气压。在室温下,一般要求扩散泵油

的饱和蒸气压应低于 10^{-4} Pa;

2)提高泵的最大反压强,使泵能在较高的出口压强下工作,在蒸发温度下,泵油应具有尽可能大的蒸气压。对石油类扩散泵油一般为 1×10^{-2} Pa,硅油略高些。该压强可用调整加热功率的方法调整;

3)油应具有较好的化学稳定性(无腐蚀,无毒)、热稳定性(在高温下不分解)和抗氧化性(泵油在高温下突然接触大气时,不会过分氧化而改变泵油工作性质)。

扩散泵油中不但含有挥发性大的成分(饱和蒸气压高),还有的挥发性小的成分(饱和蒸气压低),为了使两者分别在低真空和高真空下工作,为此常采用分馏式扩散泵。其结构如图1-13下方所示,分馏式扩散泵是在各蒸气导管下部设一小孔,泵油在底部从边缘经过曲折迂回的路径流向中心,即先流经外蒸气导管,然后流经中蒸气导管。最后才到内蒸气导管。这样,相当于挥发性大的成分首先在外蒸发管中蒸发,并在较低真空度的第三喷嘴喷出,而挥发性最小的成分在内蒸气导管中蒸发,最后从较高真空度的第一喷嘴喷出,从而达到分馏的目的。

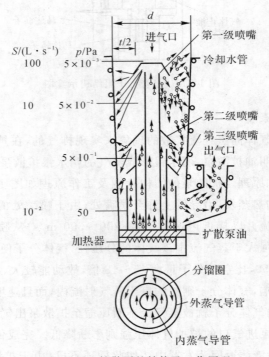

图1-13 扩散泵的结构及工作原理

(3)挡板和冷阱。油扩散泵的一个缺点是泵内油蒸气的回流会直接造成真空系统的污染。由于这个原因,在精密分析仪器和其他超高真空系统中一般不采用油扩散泵。为了防止扩散泵油的回流,通常在泵和被抽气体之间加入挡板和冷阱,使从泵回流而来的油蒸气至少与挡板碰撞一次。这样,污染仅取决于油在挡板温度下的饱和蒸气压。为了进一步减少油的回流,可以在挡板和气体之间设置液氮和氟利昂等冷却的冷阱,原理跟挡板一样,两者结构如图1-14所示。

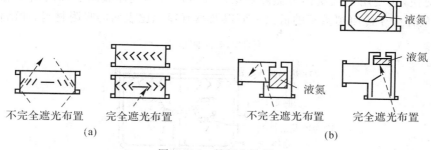

不完全遮光布置　完全遮光布置
(a)

不完全遮光布置　完全遮光布置
(b)

图 1-14　挡板和冷阱

(a)挡板；　(b)冷阱

3.捕获式真空泵

(1)溅射离子泵。溅射离子泵(以下简称离子泵)有如下优点：①离子泵是一种完全不用油的清洁泵；②一旦封离,跟大气空间的通道就全部截断,即使由于停电等原因而中断能量的供给也无关紧要,如果再通电又会再启动；③所需的只是电力。其排气原理同前面提及的各种泵大不相同。如图 1-15 所示,它通常分 3 个阶段进行工作：用磁控放电生成离子；用化学活性金属(通常是钛)制作的阴极在离子轰击下发生溅射；被溅射的金属形成的薄膜对气体进行吸附,空间中的气体和被溅射的阴极材料形成化合物等从空间中除去(离子泵与油封机械泵、油扩散泵是完全不同的,后两种泵是把气体压缩之后排向大气空间)。因此,离子泵对排除反应性气体(如 O_2,N_2 等)十分有效,而只能排除惰性气体(He,Ne 和 Ar 等)中的极小部分。为了克服这一缺点,曾想过种种办法,例如：像图 1-15(c)的上面那个图一样把阴极做成格子状时,氩(用◦表示)被埋入溅射到真空容器上的原子层内而被排除,这种泵称为惰性气体离子泵。

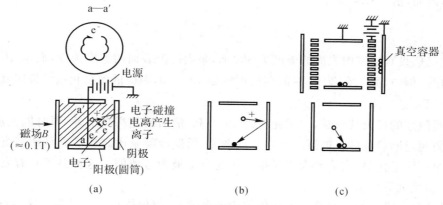

a—a'

电源

磁场B
(≈ 0.1T)

电子碰撞
电离产生
离子

电子

阴极

阳极(圆筒)

真空容器

(a)　　(b)　　(c)

图 1-15　溅射离子泵的工作原理

(a)电磁控放电产生离子；　(b)溅射；　(c)气体吸附

(2)低温吸附泵。依靠气体分子在低温条件下自发凝结或被其他物体表面吸附实现对气体分子的去除,进而获得高真空的真空泵称为低温吸附泵,其极限真空度一般 $10^{-1}\sim10^{-8}$ Pa 之间。这种泵一般有三类：装入式,设计成贮罐状,在其中装入液氦形成超低温；循环式,设计成盘管形,使液氦在其中循环；带有独立冷冻机的低温吸附泵。近年来最后一种发展较快,用得比较多。图 1-16 是利用循环制冷机带动的低温吸附泵的示意图,其中为了减少低温室与外界的热交换,还使用了液氮作为热隔离层。经常用来作气体吸附表面的物质包括:金属表面、高沸点气体分子冷凝覆盖了的低温表面以及具有很大比表面的吸附材料,如活性炭等。

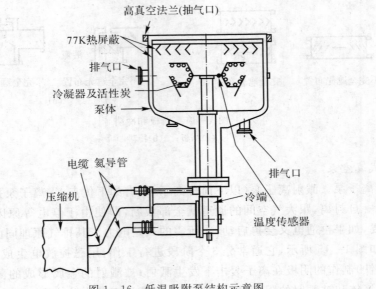

图 1-16 低温吸附泵结构示意图

低温吸附泵工作所需要的预真空应达到 10^{-1} Pa 以下,以减少泵的热负荷并避免在泵体内积聚过厚的气体冷凝产物。低温吸附泵的极限真空度 p_m 与所抽除的气体种类有关。在达到平衡的情况下,由于泵内冷凝表面上接受气体分子的速率与真空室内表面气体分子蒸发的速率相等,因而,由下式可得

$$p_m = p_s(T) \sqrt{\frac{300}{T}} \qquad\qquad (1-32)$$

式中,我们已假设真空室内表面的温度为 300 K,泵内冷凝表面的温度为 T,而 p_s 为被抽除气体的蒸气压。例如,氮气在 20 K 时的蒸气压约为 10^{-9} Pa,因而低温泵相应的极限真空度大致为 5×10^{-9} Pa 左右。

低温吸附泵的最大特征是,除了能获得 10^{-11} Pa 清洁的超高真空外,同时能大流量排气,其排气能力超过同口径的扩散泵。从这一点来说,低温冷凝泵比之仅能满足超高真空要求的溅射离子泵有明显优势,在需要大流量排气的场合是极为有效的。这种泵还具有安装操作方便,设计自由度大等优点。

(3)升华泵。溅射离子泵是一种便于使用的干式泵,但价格高。为了弥补这一点而开发的价廉而又清洁无油的泵就是升华泵。升华泵有多种形式,如钛丝升华泵是把钛丝编起来,在其上通电加热使钛升华;而薄壳钛球升华泵则是在钛球内部的灯丝上通电使钛加热升华(见图1-17)。钛升华泵是一种吸气泵,其工作过程是将钛加热到足够高的温度,钛不断升华而沉积在泵壁上,形成一层层新鲜钛膜。气体分子与新鲜钛膜相碰而化合成固相化合物,即相当于气体被抽走。钛升华泵结构原理图如图1-18所示。泵中必须要有一个钛升华器2来连续升华钛,根据不同升华方式而带有不同升华器电源5,为了降低吸气泵壁的温度,往往在泵壁上附有水冷装置3。钛升华泵具有理想的抽气速率,极限真空可达 10^{-10} Pa。但由于不能吸收惰性

气体,因此常与低温吸附泵联用。

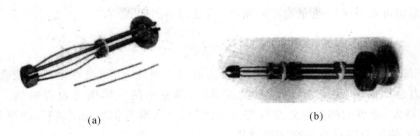

(a)　　　　　　　　　　　(b)

图 1-17　钛丝升华泵和薄壳钛球升华泵

(a)钛丝升华泵;　(b)薄壳钛球升华泵

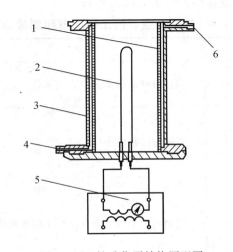

图 1-18　钛升华泵结构原理图

1—吸气泵壁;　2—钛升华器;　3—水冷夹套;　4—冷却水入口;　5—升华器电源;　6—冷却水出口

1.4　真空的测量

　　测量真空度的仪器称为真空计或真空规,一般有控制单元和规管两部分组成,而真空计按照测量性质分为绝对真空计和相对真空计两大类。能够从本身测出的物理量值换算出气压大小的真空计称为绝对真空计,例如 U 形压力计、压缩式真空计等。通过本身相关的物理量间接测出气体压力大小的真空计的称为相对真空计,例如热阴极电离真空规、热传导真空规等。在实际工作中,一般是用相对真空计测量真空度,而绝对真空计一般作为标准器具校准相对真空计。另外,任何具体的物理量,都是在某一压强范围内的变化比较显著。因此,任何方法都有其一定的测量范围,这个范围就是该真空计的"量程"。同时由仪器测出的真空度与真空室实际的真空度之间可能会由于温度不同而存在误差。目前,还没有一种真空计能够测量从大气压到 10^{-10} Pa 的整个范围的真空度。真空计按照不同的原理和结构可分成许多类型,表 1-8 给出了几种常用真空计的主要特性。在介绍真空计之前,需要首先指出一点,即由仪器测出的真空度与真空室的实际真空度之间可能会由于温度不同而存在误差。在气体流动状态处于分子流状态，而且真空室与测量点之间存在较细的管道连接时，测量压力 p_m，和实际压力 p_c 之间的关系将可由分子净通量为零的条件，写成如下的形式，有

$$\frac{p_c}{p_m} = \sqrt{\frac{T_c}{T_m}} \qquad (1-33)$$

其中 T_c 和 T_m，分别为真空室和测量点处气体的温度。因此，当测量点处温度较高时，相应测出的气体压力也将偏高，相反，当测量点温度低时，测量出的气体压力也将偏低。显然，T_c 与 T_m 间的差别越大，造成的测量误差也将越大。比如，当真空室温度为 600℃，而测量点温度为 25℃ 时，测量出的压力将只有真空室实际压力的 58%。

在气体压力升高，气体的流动状态接近甚至达到黏滞流状态的情况下，上述温度差别造成的测量误差将趋近于零。这时，任何气体压力的梯度都将由于气体的迅速扩散和流动而趋于消失。现在介绍一些在薄膜制备中较为重要的真空计。

表 1-8 常见真空计的工作原理和测量范围

名　　称	工作原理	测量范围/Pa
U 形管压强计（水银）	根据液柱高度差测量大气压强	$10^4 \sim 10^{-2}$
U 形管压强计（油）		$10^5 \sim 10^2$
皮喇尼真空计	气体分子热传导	$10^2 \sim 10^{-2}$
电阻真空计		$10^4 \sim 10^{-2}$
热偶真空计		
热阴极电离真空计	利用热电子与残余气体分子的电离作用	$10^{-1} \sim 10^{-5}$
舒茨真空计		$10^2 \sim 10^{-2}$
B—A 型真空计		$10^{-1} \sim 10^{-8}$
Extract 真空计		$10^{-1} \sim 10^{-10}$
潘宁放电真空计	磁场中气体电离与压强的关系	$1 \sim 10^{-5}$
磁控管真空计		$10^{-4} \sim 10^{-10}$
α射线电离真空计	利用α射线与残余气体分子的电离作用	$10^5 \sim 10^{-2}$
气体放电管	气体放电与压强有关的性质	$10^3 \sim 1$
克努曾真空计	利用热量所产生气体分子的动量差	$10^{-1} \sim 10^{-5}$
黏滞性真空计	利用气体的黏滞性	$10^1 \sim 10^{-3}$
麦克劳真空计	由压缩操作的液柱高度差测量压强	$10^2 \sim 10^{-2}$
布尔登真空计	利用电气或机械方式测定压力差所造成的弹性形变来测量压强	$10^5 \sim 10^3$
隔膜真空计（机械式）		$10^5 \sim 10^{-2}$
隔膜真空计（电气式）		$10^5 \sim 10^{-2}$

1.4.1　弹性变形真空计

常用弹性变形真空计主要包括真空压力表、压阻应变规和电容薄膜规等。它是利用弹性元件随气体压力变化所产生的变形来测量压力的一种真空计。它的特点是规管的灵敏度与气体的种类无关,对被测气体干扰小,可测腐蚀性气体和可凝蒸气的压力,主要问题是金属弹性元件的蠕变现象和弹性系数的温度效应。

1. 弹性式真空表

最常见的为弹簧管式真空表,其结构如图 1-19 所示。它由连通真空系统的接头、单圈弹簧管以及连杆与齿轮传动机构等构成。测量原理:测量时管外面受到大气压力,管内为被测压力,由于管内外压力差的作用,弹簧管产生变形,使它的末端发生位移,借助连杆带动齿轮传动机构,使仪表的指针回转,在表面上指示被测压力。簧管式真空表除了弹簧管式真空表之外,还根据所用弹性元件结构形式的不同有膜片式真空表和膜盒式真空表两种。膜片式真空表适应于含有腐蚀性气体场合的测量;膜盒式真空表的灵敏度比较高,适用于较低压差的测量。

常用的弹性材料有磷青铜、被青铜、黄铜以及不锈钢等。有时为了测量含有腐蚀性气体,也有采用石英作为弹性材料,如薄的石英多圈弹簧管具有较高的灵敏度,利用光学测量仪器,能够测量 1 Pa 左右的低真空。

由于工业上应用的习惯,一般簧管式真空表的刻度采用负压式,即整个表盘的示值范围为 0～100 kPa 或 0～0.1MPa。当真空表的指示值为零时,说明真空系统中的压力和外界压力相等。当真空表的指示值为某一数值时,表示被测压力比外界大气压力低所示的值,称为"负压",实际绝对压力为大气压减去读数。由于外界大气压力随海拔高度变化,因而真空表的同一示值在不同的环境大气压力下,表示的绝对压力也不相同,要想知道绝对压力的值,必须知道当时当地的大气压力。

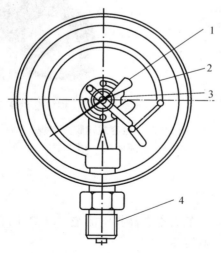

图 1-19　弹簧管式真空表结构
1—指针；　2—弹簧管；　3—齿轮传动机构；　4—接头

2. 压阻式真空规

压阻式真空规是利用集成电路的扩散工艺将 4 个等值电阻固定在一块圆形硅薄膜片上,

组成平衡电桥。测量原理:当膜片受到压力时,由于硅的压阻效应使电桥四个臂上的电阻发生变化,电桥失去平衡,就有电信号输出,通过测量电信号的方法,达到测量压力的目的。

压阻式真空规的测量范围为 110~0.01 kPa,满量程的精度为 0.5%,它的优点是线性测量,量程自动转换,测量结果与被测气体成分种类无关。其适用于真空冶炼,真空干燥以及充气电真空器件制造工艺的真空测量。

使用时应该注意在大气下调满度,在真空下调零点,而零点调节只要真空度抽到仪器的最小分辨率以下,随时可以进行调节。满度由计量部门在校准时确定,在使用的过程中不能随意调节,一旦满度调乱必须重新校准。

3.电容式薄膜真空规

对于干法刻蚀及 CVD 等应用,由于涉及 F,Cl 及其化合物等,不仅处于高温的灯丝等难以承受,其他部件在如此苛刻的环境中也难免受到腐蚀。因此需要开发在常温下对任何气体都能测量的真空规。隔膜真空电容式薄膜真空计就是其中一种。电容薄膜规特点是测量结果与气体的成分、种类无关,测量准确度高、线性好,能够测量气体和蒸气的全压力,测量结果与气,并可作为低真空的参考标准和量值传递过程中的传递标准。

电容式薄膜真空计是由电容薄膜规管和测量电路两部分组成,其实物图如图 1-20(b)所示,电容薄膜真空计工作原理如图 1-20(a)所示。其工作原理是弹性薄膜在压差的作用下膜片产生位移,引起电极和膜片之间距离的变化,导致电容量发生改变,通过测量电容的变化,达到测量压力的目的。

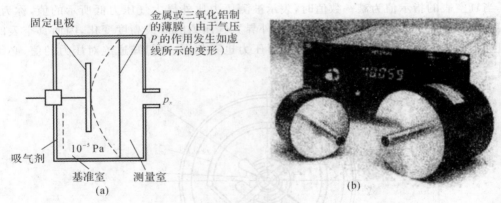

图 1-20 电容式薄膜真空规
(a)工作原理; (b)实物图

1.4.2 麦克劳真空计

麦克劳真空计是能同时测最低真空和高真空的绝对真空计,它是基于波义耳定律的原理,用开管和闭管之间的压力差来测定压力的。

麦克劳真空计基本结构如图 1-21 所示。A 是一根开管,接在真空系统上,B 为玻璃泡,C,D 为两根相同直径的毛细管。A,B 的交叉口在 N,下端接在橡皮管上,与汞储存器 R 相连。T 是一个气阱,使橡皮管内可能存在的气泡不至于进入 A,B 中而破坏真空。

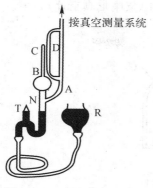

图 1-21　麦克劳真空计图

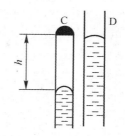

图 1-22　水银高度差 h

其工作原理:把 R 向上提升,水银面就顺着 N 上升。如果覆没交叉口 N,则 A,D 和 B,C 内的空气明显被水银分割成两个区域。R 继续向上提升,B,C 内的空气将被压缩,压力将按波义耳定律改变,但 A,D 内的空气可自由通向真空系统。若真空系统的体积比 A 及 D 大得多,那么 A,D 之空气压力基本上是不变的,水银面的上升使两个区域的气体压力有差别。当 R 升到某个高度时,C,D 将产生水银面高度差。

当 D 管内的汞柱上升到 C 管顶端时,C 管内水银面尚在顶端以下 h mm 处,如图 1-22 所示。设左边体积为 V,毛细管截面积 a,则左边区域内的压力变化可以按照波义耳定律得

$$pV = p_1 ah \qquad (1-34)$$

式中,p_1 为压缩后左边气压;p 为压缩前左边气压。p_1 就是 h(毫米汞柱,用 Torr 表示),则得到真空系统内的气压 p 为

$$p = \frac{ah^2}{V} = \left(\frac{a}{V}\right)h^2 \qquad (1-35)$$

式中,a,V 为定值,所以根据 h 计算出 p,故得

$$p_{\min} = 1.33 \times 10^{-5} \text{ Pa}$$

实际上,麦克劳真空计可靠测量范围为 $5.32 \times 10^{-1} \sim 1.33 \times 10^{-5}$ Pa。

1.4.3　热传导真空计

热传导真空计是利用气体的热传导随压强而变化的现象来测定压强的相对真空规。如图 1-23 所示。一根置于真空容器内的加热丝,设其总发热量为 Q,则 Q 会消耗于热辐射(Q_R)、加热丝支持架的热传导(Q_L)及由于气体分子与热丝碰撞而带走的热量(Q_g),即

$$Q = Q_R + Q_L + Q_g \qquad (1-36)$$

式中,Q_R 和 Q_L 在灯丝温度 T 一定时为恒量,而 Q_g 与真空容器中的气压 p 相关,则

$$Q_g = K_1 + f(p) \qquad (1-37)$$

式中,K_1 是常数;$f(p)$ 是气压 p 的函数。在低气压下,气体的导热系数与 p 成正比,即

$$f(p) = K_2 p \qquad (1-38)$$

式中,K_2 为常数。由式(1-37)(1-38)得

$$Q_g = K_1 + K_2 p \qquad (1-39)$$

利用这一原理工作的真空计统称为热传导真空计,其中有两种主要的方法:直接测量加热

电阻丝的温度(热偶真空计);测量电阻随温度的变化(皮喇尼真空计)。

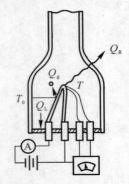

图 1-23 热传导真空计

Q_g— 气体分子带走的热量; Q_R— 热辐射热量; Q_L— 加热丝支架传导的热量;

T— 灯丝的温度; T_0— 器壁温度

1.热偶真空计

直接用热电偶测量热丝温度的真空计叫作热偶真空计(见图 1-24)。热电偶有镍铬-铝镍、铁-康铜或铜-康铜等。热偶真空计应用十分广泛,热丝表面温度的高低与热丝所处的真空状态有关。真空度越高,则热丝表面温度越高(和热丝碰撞的气体分子少),热电偶输出的热电势也高;真空越低,则热丝表面温度低(和热丝碰撞的气体分子多,带走的热量较多),热电偶输出的电动势也低。图 1-25 为热偶真空计测量电路原理图。

热偶真空计的测量范围大致是 $10^2 \sim 10^{-1}$ Pa,测量压强不允许过低,这是由于当压强更低时,气体分子热传导逸去的热量很少,而以热丝、热偶丝的热传导和热辐射所引起的热损失为主,则热电偶电动势的变化将不是由于压强的变化引起的。

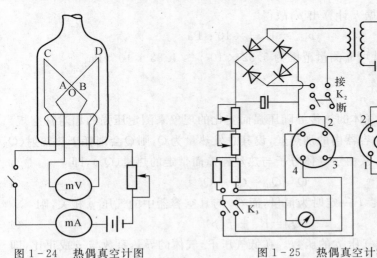

图 1-24 热偶真空计图   图 1-25 热偶真空计测量电路原理图

热偶真空计具有热惯性,压强变化时,热丝温度的改变常滞后一段时间,所以数据的读取也应随之滞后一些时间;另外,和电阻真空计一样,热偶计的加热灯丝也是钨丝或铂丝,长时间使用,热丝会因氧化而发生零点漂移,所以使用时,应经常调整加热电流,并重新校正加热电流值。

2.皮喇尼真空计

利用测定热丝电阻值随温度变化的真空计称为热阻真空计(见图 1-26),又称为皮喇尼(Pirani)真空计。

电阻真空计测量真空的范围是 $10^5 \sim 10^{-2}$ Pa。由于是相对真空计,因而所测压强对气体的种类依赖性较大,其校准曲线都是针对干燥的氮气或空气的,所以如果被测气体成分变化较大,则应对测量结果做一定的修正。另外,电阻真空计长时间使用后,热丝会因氧化而发生零点漂移,因此在使用时要避免长时间接触大气或在高压强下工作,而且往往需要调节电流来校准零点位置。

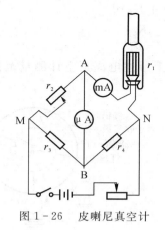

图 1-26　皮喇尼真空计

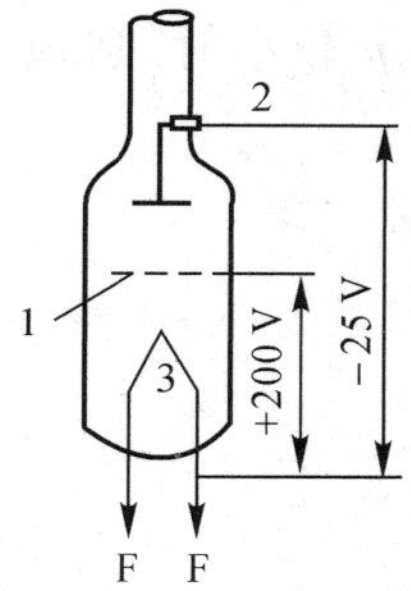

图 1-27　热阴极电离真空计

1.4.4　电离真空计

电离真空计是当前广泛使用的真空计之一,电离真空计是利用气体分子电离的原理来测量真空度。其中尤以能够测量超高真空的 B-A 型电离真空计和能够测量 1 Pa 级真空度的舒茨型电离真空计最为常用。此外,还有能测量极高真空度的屏蔽型电离真空计和冷阴极真空计等。现在先从普通热阴极电离真空规计讲起。

1.热阴极电离真空计

热阴极电离真空计又名热规,普通三极型热规的结构如图 1-27 所示。灯丝 3(F)在通电加热以后发出热电子,热电子向处于正电位的加速极 1 飞去,一部分被其吸收,另一部分穿过加速极栅间空隙继续向离子收集极 2 飞去。由于 2 是负电位,电子在靠近 2 时受到电场的推斥而返回,在加速极栅间来回振荡,直到被 1 吸收为止。电子在飞行路程中不断跟管内气体分子碰撞,使气体电离。正离子被收集极收集,这样在回路中形成离子流。

经实验验证,在压力低于 10^{-1} Pa 时,被加速的电子在飞向加速极(栅极)的途中,同气体分子碰撞所产生的离子数(收集极得到的离子流 i_+)与气体分子密度(即气压 p)和由灯丝发射出的电子流 i_e 的乘积成正比,即

$$p = \frac{1}{S}\frac{i_+}{i_e} \tag{1-40}$$

式中,S 是热规常数,即热规的灵敏度,Pa^{-1}。

如果维持 i_e 不变,则

$$p = K i_+ \qquad\qquad (1-41)$$

式中,K 为常数。这便是普通热阴极电离真空计所依据的离子流正比于气压的关系。

普通三极型热规的定标曲线如图 1-28 所示。从图中看出,p 在 $10^{-1} \sim 10^{-6}$ Pa 之间时是直线,而在此区间以外发生弯曲。当压强大于 10^{-1} Pa 时,i_+ 不再随 p 增加,是由于加热钨丝的化学清除作用而造成吸收气体。当压强小于 10^{-6} Pa 时,i_+ 不再随 p 下降,有人认为是因为电子轰击加速极产生软 X 射线,该射线使收集极产生光电子,这相当于收集极上多了一种"虚假的"离子流,i_x 与 i_e 成正比关系。

$$i_x = K_2 i_e \qquad\qquad (1-42)$$

$$i_+ = S p i_e + K_2 i_e = (S p + K_2) i_e \qquad\qquad (1-43)$$

$$\frac{i_+}{i_e} = S p + K_2 = p\left(S + \frac{K_2}{p}\right) \qquad\qquad (1-44)$$

由上式可知当 p 较小时,造成了曲线发生偏移。综上所述电离真空计测量范围为 $10^{-1} \sim 10^{-6}$ Pa。

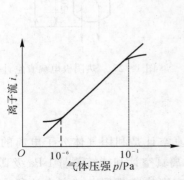

图 1-28　离子流与压强的关系

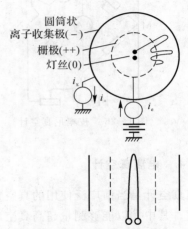

图 1-29　普通三极型热电离真空计

2. B-A 型电离真空计

B-A 型电离真空计是在普通三极型热规基础上扩大高真空端的量程,使其能在 10^{-6} Pa 的气压下能正常使用。根据式(1-43),为了使 $S \gg K_2/p$,必须提高灵敏度系数 S,减小 K_2。所以 Bayard 和 Alpert 开发出了以自己首字母命名的 B-A 型电离真空。图 1-29 和图 1-30 分别为普通热规和 B-A 型真空计的简易图,从图中可以发现几点改变:B-A 型规发射电子的灯丝和离子收集极相互交换了位置;离子收集极改成了针状,使之面积缩小为以前的千分之一。因此"虚假的"离子流降低到千分之一,从而提高了其高真空端的量程。

为了完全排除软 X 射线的影响,人们进一步采取下述方法:

(1) 将离子收集极远离加速极,由离子收集极牵引离子较长的距离。

(2) 在收集极和加速极之间加强屏蔽,使电子轰击加速产生的软 X 射线不能直接投射到离子收集极上,从而不产生光电子。

为此设计出了牵引屏蔽型电离计,如图 1-31 所示。

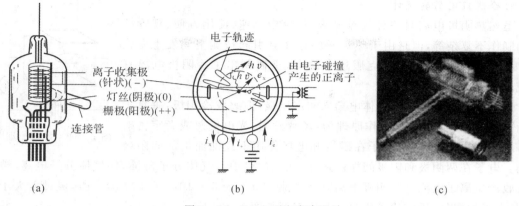

图 1 - 30　B - A 型电离真空计
(a)外观；　(b)工作原理图；　(c)用于真空测量的标准 B - A 型电离真空规

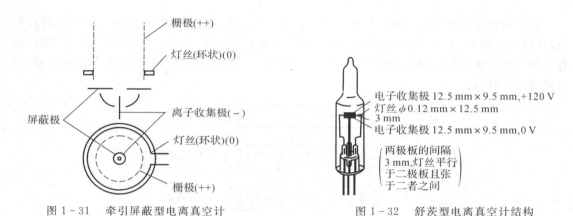

图 1 - 31　牵引屏蔽型电离真空计

图 1 - 32　舒茨型电离真空计结构

3. 舒茨型电离真空计

为了使普通三极型热规能在气体压强大于 10^{-1} Pa 条件下使用,舒茨等研制出了舒茨型电离真空计,其结构如图 1 - 32 所示,缩短了电极间的距离,使 i_+/i_e 与压强 p 的线性关系一直保持到接近 10^2 Pa,如图 1 - 33 所示。

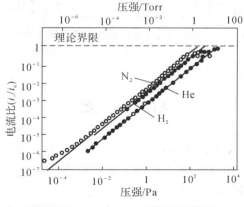

图 1 - 33　i_+/i_e 与压强之间的关系

4.冷阴极电离真空计

虽然热阴极电离真空计优点显著,如反应迅速、使用方便、规管结构和制作不复杂等,但是由于热灯丝的存在会引起被测空间发生变化（温度、压力、成分）。为了克服这一缺点,又研制出了冷阴极电离真空规。

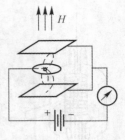

图 1-34　冷规原理图

这种真空计还是利用气体电离来测定压强,但改成冷阴极,垂直于平面方向加上磁场 H,其工作原理为:场致发射、光电发射或者宇宙射线等原因产生一个电子,电子在磁场和电场作用下迂回曲折的向阳极运动。电子在两阴极和阳极间振荡运动,在此过程中与气体分子碰撞,使气体分子电离,被阴极吸收产生离子电流。冷阴极电离真空规测量范围为 $5 \times 10^{-1} \sim 1 \times 10^{-3}$ Pa,灵敏度大于热规,具有不怕漏气,反应快等优势。其原理图如图 1-34 所示。

1.4.5　盖斯勒管

盖斯勒管是通过不同气压下气体放电,会显示不同的形貌和颜色来确定气体压力的真空规,其结构如图 1-35 所示。在玻璃管两端对置放着圆板电极,在氖虹灯上加 6 kV 电压时,随着管中气压变低,其放电形貌及颜色如图 1-35 所示。尽管盖斯勒管精度低,但其使用方便、价格低廉、应用广泛。

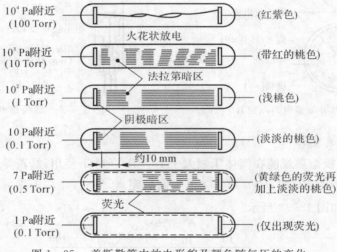

图 1-35　盖斯勒管中放电形貌及颜色随气压的变化
（右边括号表示空气排气过程中的颜色变化）

习　　题

1. 真空区域怎么划分,每个区域的特点?

2. 写出气体分子的 3 个速率的表达式和三者的关系。

3. 标准大气压是如何定义的?

4. 已知一个标准大气压,温度 0℃,1 cm³ 气体中的分子数为 2.69×10^{25},求出玻耳兹曼常数？

5. 机械泵的极限真空受哪些因素限制而不能无限提高？

6. 为什么实用的机械泵多采用双级泵？

7. 请简述扩散泵的工作原理。

8. 请叙述皮喇尼真空规和热偶真空规的工作原理。

9. 请说明冷阴极真空规的工作原理及比之热阴极电离真空规的优点。

10. 为了扩大热阴极电离规的量程，采用了哪两种规？

第 2 章　真空蒸发镀膜

真空蒸发镀膜即真空蒸镀,是制备薄膜常用的方法之一。这种方法是在一定的真空条件下,加热蒸发容器中的原材料,使其原子或分子从表面气化逸出,形成蒸气流后入射到基片表面并沉积成固态薄膜。真空蒸镀是物理气相沉积技术中发展最早,应用较为广泛的镀膜技术,采用这种方法制备薄膜,已有几十年的历史,应用也非常广。尽管其他镀膜技术发展很快,但是真空蒸镀在一些方面同样具有优势。因此,真空蒸发镀膜仍然是当今非常重要的镀膜技术。近年来由于电子轰击蒸发、高频感应蒸发以及激光蒸发等在蒸发镀膜技术中的广泛应用,使这一技术更趋完善。

本章主要从真空蒸镀原理、蒸发方式及蒸发源、蒸镀的应用举例、真空蒸镀工艺等方面进行介绍。

2.1　真空蒸镀原理

2.1.1　真空蒸镀的设备及物理过程

真空蒸镀设备主要由真空室和抽真空系统组成,真空室内有蒸发源(即蒸发加热器)、基片及基片架、基片加热器、排气系统等,如图 2-1 所示。

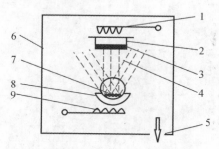

图 2-1　真空蒸镀原理图

1— 基片加热器;　2— 基片架;　3— 基片;　4— 蒸气流;　5— 排气口;　6— 真空室;

7— 镀膜材料;　8— 蒸发舟;　9— 加热电源

如图 2-1 所示,将镀膜材料置于真空室内的蒸发源中,在高真空条件下,通过蒸发源加热使其蒸发,当蒸气分子的平均自由程大于真空室的线性尺寸以后,膜材蒸气的原子和分子从蒸发源表面逸出后,很少受到其他分子或原子的碰撞与阻碍,可直接到达被镀的基片表面上,由于基片温度较低,膜材蒸气粒子凝结其上而成膜。为了提高蒸发分子与基片的附着力,可以对基片进行适当的加热或离子清洗使其活化。真空蒸发镀膜从物料蒸发、运输到沉积成膜,经历的物理过程如下:

（1）利用各种方式将其他形式的能量转换成热能，加热膜材使之蒸发或升华，成为具有一定能量（$0.1 \sim 0.3$ eV）的气态粒子（原子、分子或原子团）；

（2）气态粒子离开膜材表面，以相当的运动速度基本上无碰撞的直线输运到基片表面；

（3）到达基片表面的气态粒子凝聚形核后生长成固相薄膜；

（4）组成薄膜的原子重组排列或产生化学键合。

2.1.2　真空条件及蒸发条件

真空蒸镀的实现，必须满足三个条件：镀膜材料的加热蒸发；真空环境，便于气相镀膜材料的输运；较低温度的基片，便于凝结成膜。因此，为了实现真空蒸镀，首先要满足合适的真空条件，其次要有适合的蒸发条件。

1. 真空条件

在高真空条件下，蒸发的原子与气体分子碰撞的概率非常小，几乎不损失能量。蒸发原子到达基片后具有一定的能量进行扩散和迁移，形成的薄膜纯度高、质量好。然而，真空度如果不高，一方面蒸发原子与残余气体原子碰撞的概率会增大，增加了镀膜的绕射性，降低了沉积速率；另一方面镀膜材料会受到残余气体的污染，影响镀膜的质量。尤其是动能小的粒子会使镀膜组织松散，表面粗糙。真空蒸镀常在 $10^{-2} \sim 10^{-5}$ Pa 之间镀膜。

常温下气体分子的平均自由程可表示为

$$\lambda = \frac{kT}{\sqrt{2}\,\pi d^2 p} \tag{2-1}$$

式中，p 为气体压强；T 为绝对温度；k 为玻耳兹曼常数；d 为分子直径。

高真空条件的获得，须满足一个条件：真空室内蒸气分子的平均自由程大于蒸发源和基片的距离（蒸矩）。假设蒸矩为 L，从蒸发源蒸发出来的分子数为 N_0，蒸气分子在距离小于 L 处发生碰撞的分子数位 N_t，则

$$\frac{N_t}{N_0} = 1 - \exp\left(\frac{L}{\lambda}\right) \tag{2-2}$$

从式（2-2）中可以看出，当 $\lambda = L$ 时，有 63% 的蒸气分子会发生碰撞。因此，平均自由程必须远远大于蒸矩，才能避免在蒸气分子迁移过程中与残余其他分子发生碰撞。

2. 蒸发条件

（1）饱和蒸气压。在密闭的容器内，凝聚相（固体、液体）和气相分子之间处于动态平衡状态，即从凝聚相表面不断地蒸发气相分子，也有相当数量的气相分子返回凝聚相表面。在一定温度下，真空室中蒸发材料的蒸气在固体或液体平衡过程中所表现出的压力称为该温度下的饱和蒸气压。饱和蒸气压可以按照克拉珀龙-克劳修斯方程推导，有

$$\frac{\mathrm{d}p_v}{\mathrm{d}T} = \frac{\Delta H_v}{T(V_g - V_1)} \tag{2-3}$$

式中，ΔH_v 为摩尔气化热；V_g 和 V_1 分别为气相和液相摩尔体积；T 为热力学温度。因为 V_g 远远大于 V_1，而且在较低气压时，蒸气符合理想气体定律，$V_g - V_1 \approx V_g = RT/p_v$，这时可以将式（2-3）写成：

$$\frac{\mathrm{d}P_v}{\mathrm{d}T} = \frac{\Delta H_v}{RT^2/p_v} \tag{2-4}$$

气化热 ΔH_v 通常随温度只有很小的变化，故可近似地把 ΔH_v 看作常数，所以对式（2-4）

积分得:

$$\ln p_v = A - \frac{\Delta H_v}{RT} \tag{2-5}$$

式中,A 是积分常数。式(2-5)常写成:

$$\lg p_v = C - \frac{B}{T} \tag{2-6}$$

式中,$C=A/2.3$,$B=\Delta H_v/2.3R$,C,B 值可以由实验确定。式(2-6)给出了蒸发材料与温度之间的近似关系。通过实验测定 C 和 B 的值,通过公式(2-6)能够推算出不同温度下的蒸气压 p_v。对于大多数材料而已,在蒸气压小于 100 Pa 的情况下,式(2-6)才是一个精确的表达式。

显然,镀膜材料加热到一定温度时就会发生气化现象,即由固相或液相进入到气相,在真空条件下物质的蒸发比在常压下容易得多,所需的蒸发温度也大幅度下降,因此熔化蒸发过程缩短,蒸发效率明显地提高。饱和蒸气压 p_v 与温度的关系可以让我们合理地选择蒸发材料和蒸发条件,因而对制作技术有非常重要的意义。表2-1给出了部分材料的蒸气压与温度的关系,图2-2所示为某些常用膜材蒸气压和温度的关系曲线。

液相或固相的膜材原子或分子要从其表面逃逸出来,必须获得足够的热能,有足够大的热运动;当其垂直表面的速度分量的动能足以克服原子或分子间相互吸引的能量时,才可能逸出表面,完成蒸发或者升华。气化热主要是用来克服膜材中原子价的吸引所需的能量。

表 2-1 部分材料的蒸气压与温度的关系

材　料	熔点 /℃	密度 g·cm^{-3}	在下列蒸气压(×133Pa)时的温度 /℃			
			10^{-5}	10^{-4}	10^{-3}	10^{-2}
铝	660	2.7	950	1 065	1 280	1 480
银	961	10.5	847	958	1 150	1 305
钡	725	3.58	545	627	735	900
铍	1 284	1.9	980	1 150	1 270	1 485
铋	271	9.8	600	628	790	934
硼	2 300	2.2	2 100	2 220	2 400	2 430
镉	321	8.6	346	390	450	540
硫	1 750	4.8	760	840	920	—
碳	3 700	1～2	1 950	2 140	2 410	2 700
铬	1 890	6.9	1 220	1 250	1 430	1 665
钴	1 459	8.9	1 200	1 340	1 530	1 790
铌	2 500	8.5	2 080	2 260	2 550	3 010
铜	1 083	8.9	1 095	1 110	1 230	1 545
金	1 063	19.3	1 080	1 220	1 465	1 605
铁	1 535	7.9	1 150			1 740
铅	328	11.3	617	700	770	992

续 表

材　料	熔点 /℃	密度 $\dfrac{}{g \cdot cm^{-3}}$	在下列蒸气压(×133Pa) 时的温度 /℃			
			10^{-5}	10^{-4}	10^{-3}	10^{-2}
一氧化碳		2.1	870	990	1 250	
钼	2 996	16.6	2 230	2 510	2 860	3 340
锑	452	6.2	450	1 800	550	656
锡	232	5.7	950	1 080	1 270	1 500
钛	1 690	4.5	1 335	1 500	1 715	2 000
钒	1 990	5.9	1 435	1 605	1 820	2 120
锌	419	7.1	296	350	420	—

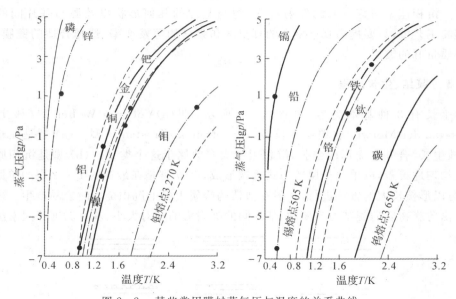

图 2-2　某些常用膜材蒸气压与温度的关系曲线

（2）蒸发速率和沉积速率。根据气体分子运动理论，单位时间内气相分子与单位面积器壁碰撞的分子数，可以用公式表述为

$$J = \frac{1}{4} n \bar{V} = p \, (\pi m k T)^{1/2} = \frac{Ap}{(\pi m R T)^{1/2}} \tag{2-7}$$

式中，n 为气体分子的密度；$\bar{V}$ 为分子的最可几速度；m 为气体分子的质量；k 为玻耳兹曼常数；A 为阿伏伽德罗常数；R 为普朗克常数。

如果碰撞蒸发面的分子中仅占有 α 的部分发生了凝结，$(1-\alpha)$ 的部分被反射返回气相中，那么在平衡蒸气压 p_v 下的凝结分子流量为

$$J_0 = \alpha p_v (2\pi m k T)^{-1/2} \tag{2-8}$$

式中，α 为凝结系数，一般 $\alpha \leqslant 1$。式(2-8)可以用来确定分子向真空蒸发的速率。

当 $\alpha = 1$，$p = 0$，得到最大的蒸发流量，以蒸气形式在单位时间内(s)从单位膜材表面(cm²)

上所蒸发出来的分子数,有

$$N = 2.64 \times 10^{24} p \left(\frac{1}{TM} \right)^{1/2} \tag{2-9}$$

式中,p 为温度为 T 时的饱和蒸气压,Pa;M 为膜材分子量。如果用 G 表示单位时间从单位面积上蒸发的质量,即质量蒸发速率,则有

$$G = mJ_0 = 4.37 \times 10^{-3} \left(\frac{M}{T} \right)^{1/2} \tag{2-10}$$

式(2-9)和式(2-10)描述了蒸发速率、蒸气压和温度的关系。表面看来,似乎蒸发速率随着温度的升高而降低,但是根据式(2-6)和图2-2给出的蒸气压与温度的关系可知,随着温度的增加,蒸发速率迅速增加。如果在蒸发温度(熔点)以上进行蒸发时,温度的微小变化也会引起蒸发速率的迅速变化。因此在制备薄膜的过程中,要精确控制蒸发温度,避免加热时产生大的温度梯度。

镀膜材料经过加热蒸发后,在单位时间内蒸发粒子凝结在基片单位面积上的分子数称为沉积速率。沉积速率与蒸发源的发射特性、源与基片的几何形状以及源与基片间的距离有关。在镀膜工艺中,只要提高真空室内的真空度和膜材的蒸发速率,选择合适的镀膜参数,就可以获得质量好的镀层。

2.1.3 凝结、生长过程

薄膜生长有 3 种基本类型,如图 2-3 所示,即(a)Volemer-Weber 型(核生长型),(b)Frank-van der Merwe 型(单层生长型),(c)Stranski-Krastanov 型。(a)型是在基片表面上形核,核生长、合并进而形成薄膜,沉积膜中大多数属于这个类型。(b)型是沉积原子在基片表面上均匀地覆盖,以单原子层的形式逐次形成。(c)型是在最初的 1～2 层的单原子层沉积之后,再以形核长大的方式进行,一般在清洁的金属表面上沉积金属时容易产生。薄膜的生长方式是由薄膜物质的凝结力与薄膜-基片间的吸附力的相对大小、基片温度等因素决定的。

(a)　　　　　　　　(b)　　　　　　　　(c)

图 2-3　薄膜生长的 3 种类型

如图 2-4 所示,以 Volemer-Weber 型(核生长型)为例,简要阐述薄膜的形成过程如下:

(1)从蒸发源射出的蒸发粒子与基片碰撞,一部分被反射,一部分被吸收;

(2)吸附原子在基片表面上发生扩散,沉积原子之间产生二维碰撞,形成团簇,部分吸附原子在表面停留一段时间,会发生再蒸发;

(3)原子团簇和表面扩散原子相互碰撞,或吸附单原子,或放出单原子,这种过程反复进行,当原子数超过某一临界值时就变为稳定核;

(4)稳定核通过捕获表面扩散原子或靠入射原子的直接碰撞而长大;

（5）稳定和继续生长，与临近的稳定核合并，进而变成连续膜。

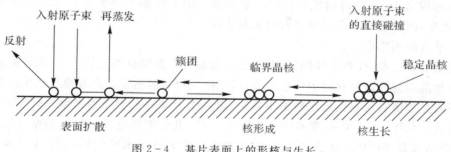

图 2-4　基片表面上的形核与生长

2.2　蒸发加热方式及蒸发源

2.2.1　蒸发加热方式

在真空蒸镀的装置中，最重要的组成部分是蒸发源，它是用来加热镀膜材料使之蒸发的部件。真空蒸镀的蒸发加热方式主要有电阻加热、电子束加热、高频感应加热、电弧加热和脉冲激光加热等方式。一般来说，电阻加热用于蒸发低熔点的材料；电子束加热常用于蒸发高熔点、纯度要求高的材料；高频加热用于蒸发速率较大的情况。

1．电阻加热蒸发

电阻加热蒸发方式是最简单也最常用加热方法，一般适用于熔点低于 1 500℃的镀膜材料。通常将线状或片状的高熔点金属（W、Mo、Ti、Ta、氮化硼等）做成适当形状的蒸发源，装上蒸镀材料，通过电流的焦耳热使镀料熔化、蒸发或者升华，蒸发源的形状主要有多股线螺旋形、U 形、正弦波形、薄板形、舟形、圆锥筐形等，如图 2-5 所示。同时，该方法要求蒸发源材料具有熔点高；饱和蒸气压低；化学性能稳定，在高温下不应与镀膜材料发生化学反应；具有良好的耐热性，功率密度变化小等特点。采用大电流通过蒸发源使之发热，对膜材直接加热蒸发，或把膜材放入石墨及某些耐高温的金属氧化物（如 Al_2O_3，BeO）等材料制成的坩埚中进行间接加热蒸发。

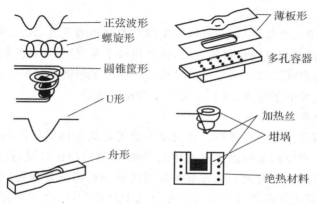

图 2-5　电阻加热常用蒸发源的形状

电阻加热蒸发镀膜具有局限性：难熔金属具有低的蒸气压，难以制成薄膜；有些元素容易和加热丝形成合金；不易得到成分均匀的合金膜。由于电阻加热蒸发方式结构简单、价格低廉、易于操作，因而是一种应用很普遍的蒸发装置。

2. 电子束加热蒸发

在电阻加热法中，存在一些问题，由于蒸发源材料与镀膜材料直接接触，在较高温度下，蒸发源材料可能会混入镀膜材料中产生杂质，以及镀膜材料的蒸发受蒸发源材料熔点的限制等。电子束蒸发是将镀膜材料放入水冷铜坩埚中，用高能密度的电子束轰击镀膜材料而使其蒸发的一种方法。如图 2-6 所示，蒸发源由电子发射源、电子加速电源、坩埚（通常是铜坩埚）、磁场线圈、冷却水套等组成。在该装置中，被加热的物质放置于水冷的坩埚中，电子束只轰击其中很少的一部分物质，其余的大部分物质在坩埚的冷却作用下一直处于很低的温度，可以看作被轰击部分的坩埚。因此，电子束加热蒸发的方法可以避免镀膜材料和蒸发源材料之间的污染。

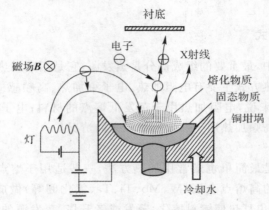

图 2-6　电子束蒸发装置示意图

电子束蒸发源的结构形式可以分为直式枪（布尔斯枪）、环形枪（电偏转）和 e 形枪（磁偏转）3 种。在一个蒸发装置内可以安置一个或者多个坩埚，这可以同时或者分别蒸发沉积多种不同物质。电子束蒸发源有下述优点。

（1）电子束轰击蒸发源的束流密度高，能获得远比电阻加热源更大的能量密度，可以蒸发高熔点材料，如 W, Mo, Al_2O_3 等；

（2）镀膜材料置于水冷铜坩埚中，可以避免蒸发源材料的蒸发，以及两者之间的反应；

（3）热量可以直接加到镀膜材料的表面，使得热效率高，热传导和热辐射的损失少。

电子束加热蒸发方式的缺点是电子枪发出的一次电子和镀膜材料表面发出的二次电子会使蒸发原子和残余气体分子电离，这有时候会影响膜层质量。

3. 高频感应加热蒸发

高频感应加热蒸发是将装有镀膜材料的坩埚放置在高频螺旋线圈的中央，使镀膜材料在高频电磁场的感应下产生强大的涡流电流和磁滞效应，致使膜层升温，直至气化蒸发。图2-7是高频感应加热示意图。蒸发源一般有水冷高频线圈和石墨或者陶瓷（氧化镁、氧化铝、氧化硼等）坩埚组成。高频电源采用的频率为 1 万至几十万赫兹，输入功率为几至几百千瓦，膜材体积越小，感应频率越高。感应线圈频率通常用水冷铜管制造。

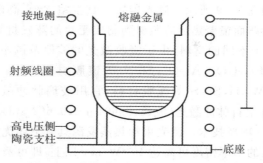

图 2-7　高频感应加热蒸发的工作原理

高频感应加热蒸发方法的缺点是不易对输入功率进行微调,它有下述优点。

(1)蒸发速率大;

(2)蒸发源温度均匀稳定,不要产生镀料液滴飞溅的现象,也可以避免沉积在薄膜上产生针孔现象;

(3)蒸发源一次装料,温度控制比较容易,操作简单;

(4)对镀膜材料的纯度要求略低,可以降低生产成本;

(5)坩埚具有较低的温度,因此坩埚材料对镀膜材料的污染较小。

4. 电弧加热蒸发

电弧加热蒸发是在高真空中,通过两导电材料制成的电极之间形成电弧,产生足够高的温度使电极材料蒸发沉积成薄膜。电弧加热蒸发可以分为交流电弧放电、直流电弧放电和电子轰击放电,如图 2-8 所示。在电弧蒸发装置中,将镀膜材料制作成放电的电极,沉积时,通过调节真空室内电极间距的方法点燃电弧,从而瞬间产生的高温电弧将使电极端部产生蒸发从而实现物质的沉积。通过控制电弧的点燃次数或者时间就可以沉积出一定厚度的薄膜。

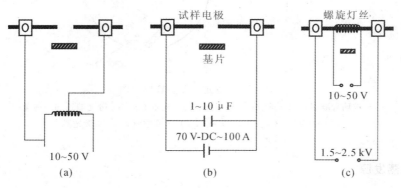

图 2-8　电弧加热蒸发示意图
(a)交流电弧放电;　(b)直流电弧放电;　(c)电子轰击电弧放电

电弧加热蒸发的特点是可以避免电阻加热法中存在的加热丝、坩埚与蒸发物质发生反应和污染问题,还可以蒸发高熔点难熔材料。其缺点是电弧放电会飞溅出微米级的靶电极材料微粒,对膜层不利。

5. 激光加热蒸发

激光加热蒸发利用激光源发射的光子束的光能作为加热膜材的热源,使膜材吸热气化蒸发,其装置和工作原理如图 2-9 所示。激光器置于真空室之外,高能量的激光束透过窗口进入真空室中,经透镜或者凹面镜聚焦之后照射到制成靶片的蒸发材料上,使之加热气化蒸发,然后沉积在基体上。对于不同的材料,由于吸收激光的波段范围不同,需要选用相应的激光器。例如 SiO,ZnS,MgF_2,TiO_2,Al_2O_3,Si_3N_4 等镀膜材料,适宜用 CO_2 连续激光(波长:$10.6\ \mu m$,$9.6\ \mu m$);Cr,W,Ti,Sb_2S_3 等镀膜材料,宜用玻璃脉冲激光(波长:$1.06\ \mu m$);Ge,$GaAs$ 等镀膜材料宜用红宝石脉冲激光(波长:$0.694\ \mu m$,$0.692\ \mu m$)。激光束加热蒸发技术是真空蒸发镀膜工艺中的一项新技术。激光束加热蒸发源具有下述优点。

(1)聚焦后的激光束的功率密度可高达 $10^6\ W/cm^2$ 以上,即可蒸发金属、半导体、陶瓷等各种无机材料,也可蒸发任何高熔点材料。

(2)由于功率密度高,加热速度快,可以同时蒸发化合物材料中的各组分,因而能够使沉积的化合物薄膜成份与膜材成分几乎相同。

(3)激光加热蒸发是采用非接触式加热,激光束光斑很小,使膜材局部加热而汽化,因此防止了坩埚材料与膜材在高温下的相互作用及杂质的引入,避免了坩埚污染,保证了薄膜的纯度,宜于制备高纯膜层。

(4)镀膜室结构简单,工作真空度高。易于控制,效率高,不会引起靶材料带电。

(5)无 X 射线产生,对元件和工作人员无损伤。

激光加热蒸发源的缺点是激光加热的膜材在蒸发过程中有颗粒喷溅现象,设备成本较贵,大面积沉积尚有困难,而且大功率激光器的价格昂贵,影响其应用。

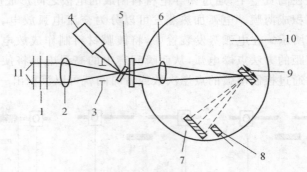

图 2-9　激光蒸发装置原理图

1—玻璃衰减器；　2—透镜；　3—光圈；　4—光电池；　5—分光器；　6—透镜；

7—基片；　8—探头；　9—靶；　10—真空室；　11—激光器

2.2.2　蒸发源

在真空蒸发镀膜过程中,关键问题是能否在平面或者曲面基片上获得均匀膜厚。基片上任何一定的膜层厚度都取决于蒸发源的发射特性、基片和蒸发源的几何形状、相对位置以及镀膜材料蒸发量。蒸发源的形状如图 2-10 所示,大致有克努曾盒型、自由蒸发型和坩埚型三种。蒸发源应具备三个条件:蒸发源能加热到镀膜材料在 $1.33\times10^{-2}\sim1.33\ Pa$ 下的温度;存放镀膜材料的小舟或者坩埚与镀膜材料不发生任何化学反应;存放的镀膜材料足够蒸镀一定的膜厚。同时,为了对膜厚进行理论估计,现对蒸发过程作以下几点假设:

(1)蒸发粒子不与气体分子发生碰撞;

（2）蒸发源与附近的蒸发粒子之间不发生碰撞；

（3）蒸发到基片上的粒子在第一次碰撞时就凝结在表面上

上述假设与实际的蒸发过程有所出入，但是这些假设在较低的压强下（低于 10^{-3} Pa）所进行的蒸发过程来说，与实际情况非常接近。

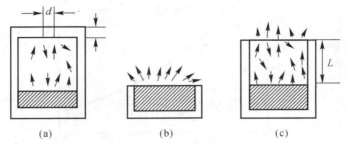

图 2-10　蒸发源形状

(a)克努曾盒型；　(b)自由蒸发型；　(c)坩埚型

1. 点蒸发源

把一个能向各个方向蒸发等量材料的微小球状蒸发源视为点状蒸发源。如图 2-11 所示，蒸发源位于坐标原点，一个非常小的球 ds，小接收面 ds_2 的法线与蒸发方向的夹角为 α，蒸发源到盖面的距离为 r。蒸发源以每秒 m 的蒸发速率向各个方向蒸发，且根据上述假设，中间不发生任何碰撞，则在 ds_2 表面上沉积的膜厚 t 可用下式表示为

$$t = \frac{m}{4\pi\rho} \frac{\cos\alpha}{r^2} \tag{2-11}$$

式中，ρ 为膜材密度，g/cm³。

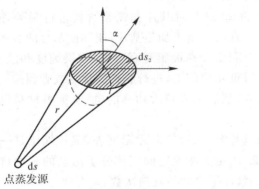

点蒸发源

图 2-11　点蒸发源的蒸发

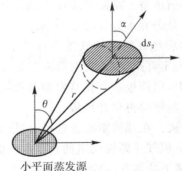

小平面蒸发源

图 2-12　小平面源的蒸发

2. 小平面蒸发源

如图 2-12 所示，若把点蒸发源换成小平面蒸发源，镀膜材料从小平面上的一面以每秒 m 的速率进行蒸发，该平面的法线方向与蒸发分子的方向夹角为 θ，当镀膜材料沿着该方向蒸发 r 的距离到达平面 ds_2，在 ds_2 表面上沉积的膜厚同样用 t 表示为

$$t = \frac{m}{\pi\rho} \frac{\cos\theta\cos\alpha}{r^2} \tag{2-12}$$

如果在大的基片上蒸镀，薄膜的厚度就要随位置而变化。可以把若干个小的基片设置在

蒸发源的周围来一次蒸镀多个薄膜,预测附着量随着基片位置的变化规律。对于微小的点源,向所有方向均匀蒸发。而微小面源只是单面蒸发,并不是所有方向上都均匀蒸发。当点状蒸发源对平面,或者小平面源对平行平面蒸发时,接收平面上的厚度变化如图 2 - 13 所示。

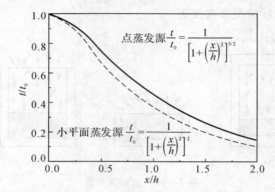

图 2 - 13   沉积物在平面上的分布

t_0 — 蒸发源对平面投影点处的膜厚; h — 蒸发源距平面的距离;

x — 平面上任一点距蒸发源在平面上的投影; t — 任一点膜厚

2.3   真空蒸镀工艺

真空蒸镀工艺一般包括基片表面清洁、镀膜前的准备、蒸镀、取件、镀后处理、检测、成品等步骤。

(1)基片表面清洁。真空室内壁、基片架等表面的油污、锈迹、残余镀料等在真空中易蒸发,直接影响膜层的纯度和结合力,镀前必须清洁干净。

(2)镀前准备。镀膜室抽真空到合适的真空度,对基片和镀膜材料进行预处理。加热基片,其目的是去除水分和增强膜基结合力。在高真空下加热基片,能够使基片的表面吸附的气体脱附,然后经真空泵抽气排出真空室,有利于提高镀膜室真空度、膜层纯度和膜基结合力。然后达到一定真空度后,先对蒸发源通以较低功率的电,进行膜料的预热或者预熔。为防止蒸发到基板上,用挡板遮盖住蒸发源及源物质,然后输入较大功率的电,将镀膜材料迅速加热到蒸发温度,蒸镀时再移开挡板。

(3)蒸镀。在蒸镀阶段要选择合适的基片温度、镀料蒸发温度外,沉积气压是一个很重要的参数。沉积气压即镀膜室的真空度高低,决定了蒸镀空间气体分子运动的平均自由程和一定蒸发距离下的蒸气与残余气体原子及蒸气原子之间的碰撞次数。

(4)取件。膜层厚度达到要求以后,用挡板盖住蒸发源并停止加热,但不要马上导入空气,需要在真空条件下继续冷却一段时间,进行降温,防止镀层、剩余镀料及电阻、蒸发源等被氧化,然后停止抽气,再充气,打开真空室取出基片。

2.4   真空蒸镀应用举例

由于在真空蒸镀的工艺过程中,真空度高,得到的膜层致密度和纯度高,工艺、设备简单并易于控制,因此在实际的实验和生产中得到了极为广泛的应用。但是与其他的工艺方法相比,也存在结合力差、绕镀性差等缺点。目前来看,真空蒸镀主要用于蒸发金属膜(如 Al,Ag,Cr,Cu,Au,Ni,Ti,W,Ta,Mo,Zn 等)、金属合金、化合物膜。

2.4.1 金属

利用真空蒸镀的方法蒸镀金属是常用的金属镀膜方法,某些常用金属的蒸发数据见表 2-2。在表中,蒸发铝采用钨丝或者钽丝加热式蒸发源,蒸发铬可用钨蒸发舟,蒸发铜可以采用电阻加热蒸发源(钨、钽等材料),蒸发金可以采用钨或者铜的螺旋丝或者电子束轰击,镍、钯、钛的蒸发建议采用较粗的钨螺旋电阻加热器,钨、钽和钼这些难熔金属多采用电子束蒸发源,锌、镉的蒸发可以采用舟式坩埚蒸发源。

江南大学的乔琦等采用真空蒸镀法在镀氮化硅的单晶硅片上蒸镀 Al 膜,在不同温度下烧结形成背场,Al 背场是制作太阳能电池片的一道重要工艺。实验结果表明,真空度和阻蒸电流对镀膜的质量有影响,在 5×10^{-3} Pa 和 250 A 的条件下,所镀膜层最厚、致密均匀、结合力好。Al 背场的开路电压也随膜厚增加而增大,如图 2-14 所示。

表 2-2 常用金属材料的蒸发数据

名 称	符 号	熔点/℃	温度/℃	应 用
			1 Pa	
铝	Al	660	1 100	用作导体、电容器电极、反射器
铬	Cr	1 900	1 397	附着剂
铜	Cu	1 080	1 257	导体
金	Au	1 063	1 397	导体及电容器的电极
镍	Ni	1 452	1 527	镍铬合金、电阻材料
钯	Pd	1 550	1 462	保护层
钛	Ti	1 667	1 737	底膜材料、电阻或电容器薄膜
钨	W	3 377	3 277	
钽	Ta	2 997	3 057	对玻璃和陶瓷基片附着良好
钼	Mo	2 617	2 307	
锌	Zn	420	408	金属化电容器纸
镉	Cd	321	217	

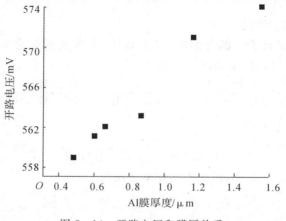

图 2-14 开路电压和膜厚关系

近年来,对储氢合金及金属氢化物电极的表面修饰受到人们重视,合金的表面处理和电极的修饰可以显著提高负极的电化学性能。北京理工大学的杨凯等通过真空蒸镀法对 MH/Ni 电池储氢合金电极分别进行了镀覆金属钴(Co)和金属铜(Cu)的表面修饰。研究结果表明,表面镀覆钴可以增加极片的导电性,降低电池内阻,提高了大电流下的放电容量和放电平台电压,提高了充电效率。

在惯性约束聚变的物理实验中,铍(Be)薄膜是常用的烧蚀材料,它具有各向同性的烧蚀特性和均匀的冲击波传输性质,有助于抑制烧蚀界面因流体力学引起的 Rayleigh-Taylor 不稳定生长,从而保障了热核聚变的顺利发生。真空蒸镀是 Be 薄膜研究的主要制备方法之一。中国工程物理研究院的罗炳池等研究真空蒸镀制备 Be 薄膜,结果表明不同蒸发温度得到的 α - Be 晶粒的直径不同,择优取向发生变化,蒸发温度为 1 243 K 时晶粒尺寸较小。

2.4.2 合金

1. 合金蒸发分馏现象

对于两种以上元素组成的合金或者化合物,在蒸发时如何控制成分,以获得与蒸发材料化学计量比不变的膜层,是真空蒸镀中十分重要的问题。在同一蒸发温度下,合金中各元素的蒸气压不同,因此蒸发速率也不同,会产生分馏现象,下面定性的讨论蒸镀合金时出现的分馏问题。根据式(2-10),合金中各组分的蒸发速率为

$$G_A = 4.37 \times 10^{-3} p'_A \sqrt{\frac{M_A}{T}} \ (\text{kg}/(\text{cm}^2 \cdot \text{s})) \tag{2-13}$$

式中,p'_A 是 A 组元造成的合金蒸气压的部分,Pa;M_A 是 A 组元的摩尔质量,kg;这里 p'_A 是未知数,可以用拉乌尔定律来估计,有

$$p'_A = N_A p_A \tag{2-14}$$

式中,N_A 是 A 组元的摩尔分数;p_A 是纯的 A 物质的蒸气压。

因此,式(2-13)可以变为

$$G_A = 4.37 \times 10^{-3} N_A p_A \sqrt{\frac{M_A}{T}} (\text{kg}/(\text{cm}^2 \cdot \text{s})) \tag{2-15}$$

拉乌尔定律对合金往往不适用,可以引入系统 S_A 来修正式(2-15),则

$$G_A = 4.37 \times 10^{-3} S_A N_A p_A \sqrt{\frac{M_A}{T}} \ (\text{kg}/(\text{cm}^2 \cdot \text{s})) \tag{2-16}$$

式中,修正系数 S_A 由实验测定。

式(2-16)常用来估计合金的分馏量,以 1 527℃ 蒸发的镍铬合金(Ni 80%;Cr 20%)在 $p_{Cr} = 10$ Pa,$p_{Ni} = 1$ Pa 时,则 Cr 的摩尔分数为

$$N_A = \frac{W_{Cr}/M_{Cr}}{W_{Cr}/M_{Cr} + (1 - W_{Cr})/M_{Ni}} = \frac{W_{Cr}}{W_{Cr} + (1 - W_{Cr})(M_{Cr}/M_{Ni})}$$

式中,$W_{Cr} = 0.2$,则

$$N_{Cr} = \frac{0.2}{0.2 + (1 - 0.2) \times (52/58.7)} = 0.22$$

同时,$N_{Ni} = 1 - N_{Cr} = 0.78$,因此蒸发速率之比为

$$\frac{G_{Cr}}{G_{Ni}} = \frac{N_{Cr}}{N_{Ni}} \frac{p_{Cr}}{p_{Ni}} \sqrt{\frac{M_{Cr}}{M_{Ni}}} = \frac{0.22}{0.78} \times \frac{10}{1} \times \sqrt{\frac{52}{58.7}} \approx 2.8$$

则说明镍铬合金中铬的初始蒸发速率约为镍的 2.8 倍。当铬蒸发结束时该比值最终会小于
1,装料蒸发到最后,必须蒸发掉 4 倍铬的镍。正是由于这种分馏,使得靠近基片的膜是富铬
的,因而薄膜的附着性良好。

采用真空蒸镀方法来制备合金薄膜,可以采用瞬时蒸发法、多元蒸发法以及合金升华法等
方法来控制成分。

2.瞬时蒸发法

瞬时蒸发法是将细小的合金颗粒送到非常炽热的表面上,使颗粒立刻蒸发掉。如果颗粒
的尺寸较小,能对任何成分进行同时蒸发,所以瞬时蒸发法能够蒸发蒸发速率相差大的合金。
瞬时蒸发法的原理图如图 2-15 所示。采用这种方法的关键是以均匀的速度将蒸镀材料供给
蒸发源,选择合适的粉末粒度和蒸发温度。瞬时蒸发法的优点是能够获得成分均匀的薄膜,可
以进行掺杂蒸发;而缺点为蒸发速率难以控制,蒸发速率不能太快。这种蒸发方法已用于各种
合金膜、Ⅲ-Ⅴ族及 Ⅱ-Ⅵ族半导体化合物薄膜的制备。对于磁性金属化合物,成功的制备了
MnSb,MnSb-CrSb,CrTe 等薄膜。安徽大学的孙大明利用瞬时蒸发法制备了 Ag-Cu 合金
薄膜,并用透射电镜观察到了 Ag-Cu 薄膜在沉积过程中产生了有序化的 $AgCu_3$ 超点阵结构。

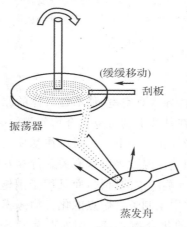

图 2-15　瞬时蒸发法原理图

3.多源蒸发法

多源蒸发法是将形成合金的每一种组元,分别装入各自的蒸发源中,然后独立地控制各个
蒸发源的速率,使到达基片的各种原子与所需的合金膜的成分对应。为使薄膜均匀分布,基片
常常是转动的。图 2-16 是双源蒸发法的原理图。采用这种方法制备的薄膜有利于膜厚均匀
地分布。

上海交通大学的李文漪等利用两源蒸镀 Cu-In 合金膜,并通过硒化制备了 $CuInSe_2$ 薄
膜,研究了合金膜组分与薄膜结构、形貌的关系。结果表明:蒸镀 Cu-In 合金,膜层内 Cu 和
In 能够有效结合,单一结构有利于 Cu-In 合金膜的均匀和平整。

4.合金升华法

在固体中,较易挥发的成分只是通过扩散而保存在合金表面。在许多情况下,蒸发速率要
比扩散速率高得多,而蒸发最后要达到稳定状态。这种工艺曾用来形成具有块状合金结构的
镍铬膜上。

上海工程技术大学的钱士强等利用真空蒸镀法将 $Ti_{50}Ni_{25}Pd_{25}$ 合金薄片在硅片和玻片制备了 Ti－Ni－Pd 合金薄膜。研究表明真空蒸镀薄膜的成分偏离镀膜材料成分,钛含量降低,钯、镍的含量升高。

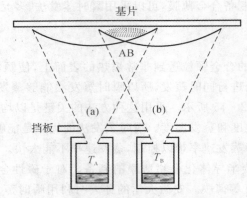

图 2-16　双源蒸发原理示意图

T_A—物质 A 的蒸发温度;　T_B—物质 B 的蒸发温度;　AB—合金薄膜

(a)物质 A 的蒸气流;　(b)物质 B 的蒸气流

2.4.3　化合物膜

1.反应蒸镀法

反应蒸镀法就是把活性气体导入真空室,使活性气体的原子、分子和从蒸发源蒸发出来的原子、分子发生反应,然后沉积在基片上制备成化合物薄膜的一种方法。

粒子间的反应可以在空间(气相状态下),也可以在基片上进行。反应的进行与蒸发温度、蒸发速率、反应气体的分压强和基片温度等因素有关。待蒸发的材料可以是金属、合金或低价化合物。反应蒸镀不仅用于热分解严重的材料,而且用于因饱和蒸气压较低而难以采用热蒸发的材料。因此,反应蒸镀法常用于制备高熔点的化合物薄膜,特别适合制作过渡金属与易解吸的 O_2、N_2 等反应气体所组成的化合物薄膜。例如在蒸发 SnO_2-In_2O_3 混合物制备 ITO 透明导电薄膜时,通常需要导入一定量的 O_2。表 2-3 所示为反应蒸镀法制备某些化合物的工艺条件。

表 2-3　反应蒸镀法制备某些化合物的工艺条件

薄　膜	蒸发材料	反应气体	蒸发速率 nm/s	反应气体 压强/Pa	基片温度/℃
Al_2O_3	Al	O_2	0.4~0.5	10^{-3}~10^{-2}	400~500
Cr_2O_5	Cr	O_2	~0.2	2×10^{-3}	300~400
SiO_2	SiO	O_2或空气	~0.2	~10^{-2}	100~300
Ta_2O_5	Ta	O_2	~0.2	10^{-2}~10^{-1}	700~900
AlN	Al	NH_3	~0.2	~10^{-2}	300(多晶)
ZrN	Zr	N_2			
TiN	Ti	N_2	~0.3	5×10^{-2}	室　温
		NH_3	~0.3	5×10^{-2}	室　温

2．三温度法

利用真空蒸镀在制备Ⅲ-Ⅴ化合物半导体材料时,将材料放于坩埚中加热,加热温度超过沸点时,半导体材料会发生热分解,分馏出组成元素。这会导致膜层的成分偏离化合物的化学计量比,原因在于Ⅴ族元素的蒸气压比Ⅲ族元素的大得多。三温度法就是基于这种情况下开发出来的。如图 2-17 所示,以蒸发Ⅲ-Ⅴ族化合物为例,分别控制低蒸气压元素(Ⅲ)的蒸发源温度 $T_Ⅲ$、高蒸气压元素(Ⅴ)的蒸发源温度 $T_Ⅴ$、基片温度 T_s。成分Ⅲ的蒸发速率应适应Ⅲ-Ⅴ族化合物的生长速率,Ⅴ的浓度是Ⅲ的 4～10 倍,沉积面的温度应该保证过剩的Ⅴ族成分发生再蒸发,使薄膜的组成符合化学计量比。从原理上讲,三温度法就是双蒸发源蒸发法。

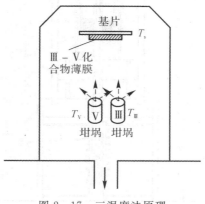

图 2-17　三温度法原理

但是,在三温度法中,即使采用有蒸发物质相同的单晶基板也很难获得外延单晶薄膜。在此基础上,开发出了分子束外延技术(在第三章详细论述)。

3．热壁法

热壁外延生长法是为了获得良好的外延生长膜而研究的一种真空镀膜方法。该方法利用加热的石英管等(热壁)把蒸发分子或原子从蒸发源导向基片,进而生成薄膜。这种方法在Ⅱ-Ⅵ,Ⅳ-Ⅵ族化合物半导体薄膜的制备应用中有良好的效果。A. Lopez-Otero 对热壁法生长这些化合物半导体作了综述性报告。这种方法的特点是外延生长几乎处于热平衡状态,可以把材料的损失限制在需要的最小范围内。整个系统置于高真空中,但由于蒸发管内有蒸发物质,因此压力较高。封闭的热管起着运输蒸气和使蒸气温度保持均匀的作用,还可以控制组分的蒸气压。图 2-18 所示为热壁外延生长装置示意图。以制备 PbSnTe 薄膜所采用的热壁法为例。

西北工业大学的白大伟等利用化学反应辅助热壁外延法,以二元素单质 Zn 和 Se 为原料,直接在 Si(111)衬底上生长了高质量的 ZnSe 晶体薄膜,成分接近化学计量比。ZnSe 晶体是最重要的直接宽带隙Ⅱ-Ⅵ族半导体之一,具有优秀的物理化学性质,可广泛应用于制造蓝光半导体发光器件、非线性光电器件、核辐射探测器件等。复旦大学的王杰等利用热壁外延生长 ZnSe/GaAs 异质结。低能电子衍射和俄歇电子能谱对样品的原位检测表明,此方法可以在 GaAs(100)衬底上外延得到单晶 ZnSe (100)薄膜。

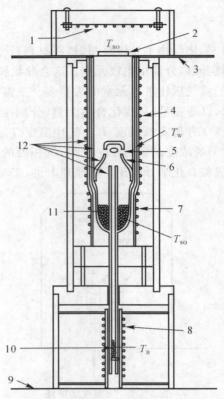

图 2-18 热壁外延生长装置示意图。

1—基片加热器; 2—基片; 3—滑动版; 4—壁加热器; 5—开口; 6—缓冲器; 7—源加热器;
8—Te 贮槽加热器; 9—座板; 10—Te 贮槽; 11—$(Pb_{1-x}Sn_x)_{1+\delta}Te_{1-\delta}$蒸发源; 12—石英管

习　题

1. 真空蒸镀的原理是什么? 简述其物理过程。

2. 何谓饱和蒸气压? 试由克劳修斯-克拉珀龙方程导出饱和蒸气压和温度的关系。

3. 估计 1 420 K 时 Ag 的最大蒸发速率和质量蒸发速率。

4. 薄膜生长的类型有哪些? 各有什么特点? 请举例说明形核与生长过程。

5. 常用的蒸发加热方式有哪些? 各自有什么优缺点。

6. 电阻加热蒸发对蒸发源的要求是什么? 电阻蒸发源的形状有哪些?

7. 针对点蒸发源和小平面蒸发源,推导出膜厚与基片所在位置关系的表达式。

8. 为什么合金的蒸发不易得到原成分比? 为了得到原成分比可以采用什么方法?

9. 化合物蒸发常用的方法有哪些? 请简述原理。

10. 简述真空蒸镀的工艺过程。

第3章 分子束外延生长

外延是一种制备单晶薄膜的新技术,它是在适当的衬底与合适条件下,沿衬底材料晶轴方向逐层生长新单晶薄膜的方法。新生单晶层叫作外延层。典型的外延方法有液相外延法、气相外延法和分子束外延法。外延生长这个技术名词是由希腊语的外表面(epi)和排列(taxis)两个词组合而成的。

分子束外延(Molecular Beam Epitaxy,MBE)技术是 20 世纪 60 年代末至 70 年代初在真空蒸发技术基础上发展起来的一种超薄层晶体薄膜材料制备技术。其主要技术特征是:在超高真空条件下,分子(或原子)的热运动平均自由程足够长;源材料被加热到适当的温度后,其分子(或原子)从表面蒸发(或升华)出来以后能不经碰撞而直接喷射到单晶衬底表面;衬底维持在适当温度,使喷射到表面的分子(或原子)经过吸附、迁移、结合、分解等一系列物理、化学反应过程,最终在衬底表面形成高质量的单晶薄膜材料。

3.1　分子束外延的原理及特点

分子束外延(MBE)材料生长的基本原理如图 3-1 所示。在超高真空系统中,存放源材料的源炉与用来生长外延薄膜的衬底相对放置;每个源炉前配有挡板,通过调整挡板来放过或者切断源材料的喷射束流。源炉中装有组成外延薄膜的各种元素,包括掺杂剂。当它们被分别加热到适当温度时,源材料分子(或原子)向外喷射形成束流。束流的强度可以通过改变炉温来调控;多元化合物薄膜的组分及其掺杂浓度主要取决于各源炉束流的相对强度。如果某个源炉的挡板这时是打开的,相应源的束流就能够达到衬底表面,生长进外延层中;如果不希望生长某种源材料,只需要关闭相应的挡板即可。源炉的温度和挡板的开关可以用计算机程序来预先设定、精确控制,保证生长出符合设计要求的超薄层微结构外延材料。衬底保持在适当高的温度,可以使喷射到表面的分子(或原子)充分迁移,到达适当的晶格位置,提高外延薄膜的质量;为提高外延薄膜的均匀性,衬底通常可以绕法向旋转。

分子束外延(MBE)可以看成是原子一个一个地直接在衬底上生长,逐渐形成薄膜的过程。该过程是在非热平衡条件下完成的,受衬底的动力学制约。这是分子束外延法与在近热平衡状态下进行的液相外延生长的根本区别。分子束外延生长法主要有下述特点。

(1)它是在超高真空下进行的干式工艺,因此残留气体等杂质混入较少,可始终保持表面清洁。特别是,该工艺与半导体制作的其他工艺(如离子注入、干法刻蚀、薄膜沉积等)具有良好的相容性。

(2)可以获得原子尺寸的极为平坦的膜层,可将数纳米的异种膜相互重叠,便于制作超晶格、异质结等。

（3）可在直径 6～12 in①的大尺寸衬底上，外延生长性能分散性小于 1‰的均匀膜层。

（4）由于超高真空，加之很慢的生长速度（例如 1 个原子层/s），从而便于获得品质优良、结构复杂的膜层。此外，能进行原位观察，可得到晶体生长的薄膜结晶性和表面状态数据，并可立即反馈，以控制晶体生长。

（5）成膜的衬底温度低，因此可降低界面上因热膨胀引起的晶格失配效应和衬底杂质对外延层的自掺杂扩散影响。

（6）可严格控制组元成分和杂质浓度，因此可制备出具有急剧变化的杂质浓度和组成的器件。

（7）由于是非热平衡条件下，因而有可能进行超过固溶度极限的高浓度杂质掺杂。

基于上述优点，MBE 可望成为用于超高计算机用器件（达 1 ps/门）、超高频器件（达 100 GHz）及高性能光学器件的制作。作为先进薄膜及领先器件的制作方法，MBE 和 MOCVD（Metal-organic Chemical Vapor Deposition）一起，正在成为人们研究开发的重点。

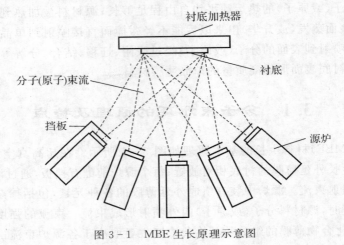

图 3-1　MBE 生长原理示意图

3.2　分子束外延设备

从 MBE 技术的发展过程看，当初主要是为开发以 GaAs 为中心的Ⅲ-Ⅴ族化合物半导体，而后是针对Ⅱ-Ⅵ族和ⅣB-Ⅵ族化合物半导体，最近正转向针对半导体器件的应用开发。从 MBE 装置的角度看，如图 3-2 所示，逐步从单纯研究用装置向批量生产用装置进展。

第一代 MBE 装置如图 3-3 所示。在同一个超高真空室中安装分子束源、可加热的基片支架、四极质谱仪、反射高能电子衍射装置（RHEED）、俄歇电子谱仪、二次离子质量分析仪等，可以用计算机自动控制晶体生长。高质量的外延膜需要在超高真空中获得，而且俄歇分析也需要在超高真空中进行，因此，除了排气装置采用离子泵之外，整个设备均用烘烤排气，从而保证超高的真空度。

---

① 　1in＝0.025 4 m。

图 3-2　MBE 装置的发展示意图

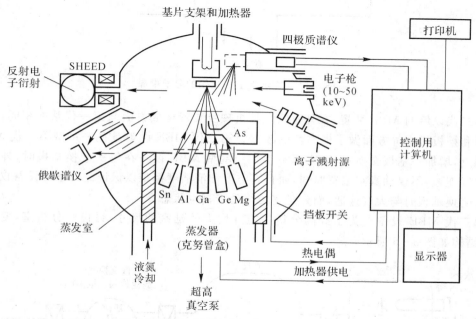

图 3-3　计算机控制的分子束外延装置(单室型,第一代)原理图

这种设备一般适用于薄膜生长机理、表面结构、杂质掺入等基础性研究,现在仍用于这方面的研究。

MBE 用于 Ⅲ-Ⅴ 族化合物半导体薄膜生长方面,一般都是 GaAs 或以 GaAs 为主体的外延生长。由于 As 的黏附系数与 Ga 的存在密切相关,有 Ga 存在时,As 的黏附系数为 1,无 Ga 存在时,As 的黏附系数为 0。所以,当射在 GaAs 单晶上的 As 分子束比射在 GaAs 单晶上的 Ga 分子束多时,没有与 Ga 形成 GaAs 单晶的多余的 As 会自动全部再蒸发,从而能够获得符合化学计量比的 GaAs 外延层。上述的 Ga 和 As 分别由严格控温的分子束源(见图 3-4)发出,并射向基板。利用安装在设备中的各种分析手段对外延膜的生长过程及结晶形态等进行在线分析,由此可以获得表面原子尺寸平坦的优质 MBE GaAs 单晶膜。

MBE 也是在真空室中使从蒸发室飞来的分子在基板上附着,在这一点上与传统的真空蒸镀并无多大区别。但 MBE 有两点极为关键:其一,在高真空中采用的是分子束;其二,分子束源置于液氮冷却槽中。这样,从分子束源直线射出的分子束不会对晶体生长室造成污染。而且,从基板返回的 As 等也容易被冷阱及离子泵等排除,从而保证到达基板的总是新鲜的入射分子。清洁的超高真空系统提供了进一步的保证。上述措施的共同作用可以避免杂质混入,从而获得优良的外延单晶膜。

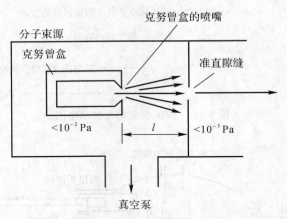

图 3-4　MBE 装置中所用的分子束源

第二代以后的 MBE 装置,在外延膜生长机理及装置构成方面与第一代基本相同,仅在分子束源和挡板机构等方面做了根本性的改变。第二代 MBE 设备是在一室型第一代 MBE 设备基础上,增加一基板交换室,变成两室型。一室型 MBE 设备在每次交换基板时,外延室都要与大气连通,不仅抽真空浪费时间,而且真空度和清洁度都难以保证。二室型设备仅基板交换室在交换基板时与大气连通,而外延室始终处于真空状态。

第三代 MBE 设备是为了提高分析功能并增大外延室的尺寸,另设一分析室,变成三室型,其结构如图 3-5 所示。

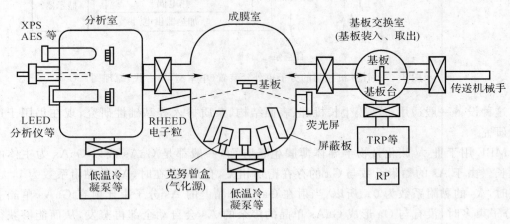

图 3-5　三室型分子束外延(MBE)装置

第四代 MBE 装置是在第三代基础上,为适应器件制作及基板尺寸大型化的要求,提高外延膜的均匀性、重复性,减少膜层缺陷、改善膜层质量,提高处理能力,在软件和硬件两方面加以改进。目前,MBE 设备经过进一步发展,已达到批量化生产的第五代。

3.3　MBE 生长

3.3.1　生长机理

MBE 生长是在非热平衡条件下进行的,主要受喷射分子(原子)与衬底表面的动力学反应过程所控制,具体包括:① 喷射到衬底表面上的分子(原子)的吸附;② 被吸附分子的表面迁移和分解;③ 组分原子结合进入外延层的晶格中;④ 未结合进入晶格的分子(原子)的热脱附等一系列过程。

以 GaAs 材料的生长为例(见图 3-6):Ga 原子从源炉中经加热喷射到衬底表面;As 源被加热后根据所用源炉的不同以两种分子形式(As$_4$ 或 As$_2$)喷射到衬底表面。Ga 原子和 As 分子在衬底表面被吸附,处于弱键合状态,可在衬底表面上迁移。As$_2$ 分子迁移到适当位置、与晶格表面的两个 Ga 原子相遇时,将分解为两个 As 原子,与 Ga 原子结合而形成 GaAs 晶体,生长到外延层中;一对 As$_4$ 分子分解后,每个分子中的两个 As 原子与 Ga 结合形成 GaAs 晶格,另外两个 As 原子与另一分子所释放的两个 As 原子结合形成一个 As$_4$ 分子,从表面脱附。没有遇到 Ga 原子的 As 分子在表面吸附、迁移一段时间以后,将有一定概率脱附而离开衬底表面,因而 As 源生长到外延层中的效率通常是低于 100% 的。

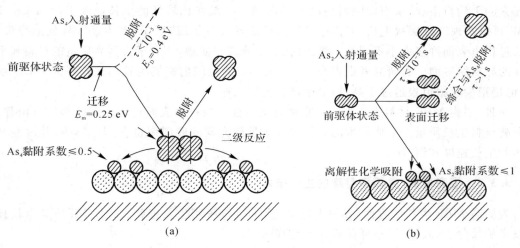

图 3-6　MBE 生长 GaAs 的机理模型

(a)使用 As$_4$ 源;　(b)使用 As$_2$ 源

3.3.2　控制生长的关键参数

影响 MBE 生长过程的参数主要有衬底生长温度、生长速度和 V/III 束流比等。

衬底生长温度能够影响喷射分子或原子在衬底表面的迁移速度,在其他参数不变的情况下可改变分子或原子在被结合处外延层晶格前的平均自由程。分子(或原子)在衬底表面的充分迁移有助于它们找到适当的成键位置,减少本征缺陷的产生,从而提高外延层的结晶质量。衬底温度的改变还能影响部分吸附分子(或原子)的脱附率,进而改变外延层的生长速度和组分(见图3-7)。此外,生长环境中一些杂质原子结合进外延层的速率也受生长温度的影响,因而选择合适的生长温度有助于提高外延材料的质量。

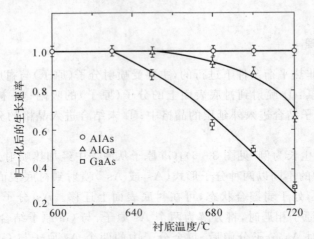

图3-7 不同衬底温度下Ⅲ族原子脱附导致的生长速率变化

在Ⅲ-Ⅴ族MBE材料生长中,生长速度通常是由Ⅲ族元素的喷射速率决定的,Ⅴ族元素处于过量状态。改变生长速度,需要改变Ⅲ族元素的喷射束流强度,而这又会影响衬底表面Ⅲ族元素的平均自由程,从而影响材料的生长质量。一般在比较低的生长速度下($\leqslant 1\ \mu m/h$),MBE可以实现二维层状生长;生长速度过高可能导致分子(或原子)来不及迁移到适当位置,生长过程由表面许多大小不同的三维岛的长大、合并来实现,不利于得到高质量的材料和平整度高的异质结界面。有研究者报道在$1\sim 10\ \mu m/h$的范围内都能生长出比较好的GaAs系材料;但是很少有报道报道过更高Ⅲ-Ⅴ族材料的生长速度。

在Ⅲ-Ⅴ族MBE材料生长中,Ⅴ/Ⅲ束流比也会影响衬底表面Ⅲ族元素的平均自由程,进而影响材料生长质量。Ⅴ族元素的束流强度对Ⅲ族元素的脱附率也会产生影响,并改变外延材料的生长速度和组分。

3.3.3 提高表面/界面平整度的生长技术

为提高MBE生长的表面/界面平整度,通常可以采用生长停顿、ALE、MEE等生长技术手段来延长分子(或原子)在样品表面的迁移时间。

生长停顿技术经常用于异质结界面处。在生长异质结的另一种材料前,将Ⅲ族源关闭一段时间(几秒钟到数分钟),只开启Ⅴ族源以保护表面。在这段时间里,已喷射到样品表面的Ⅲ族源分子(或原子)有足够的时间迁移到适当的位置,尽可能恢复平整的二维表面。随后生长异质结的另一种材料时,形成的界面的平整度将得到提高。

迁移率增强外延技术(Migration Enhanced Epitaxy,MEE)和原子层外延技术(Atomic Layer Epitaxy,ALE)主要用于在较低衬底温度下生长二维的外延层薄膜。在这两种生长模式下,Ⅲ族、Ⅴ族源炉的挡板交替开启、关闭,不同的是后者在两类源炉开启之间还插入了一个所有源炉都关闭的过渡期。一般开启时间不超过生长一个单分子(原子)层所需的时间,因此喷射的每一层Ⅲ族分子(或原子)都可以在没有Ⅴ族分子存在的期间内充分迁移;对于Ⅴ族分子(或原子)亦然。充分迁移有利于实现外延层的二维逐层生长(见图3-8),提高外延层的平整度。

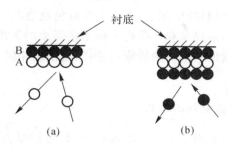

图 3-8　原子层外延过程示意图

3.3.4　应变外延层的生长

MBE 技术的优势之一是生长高质量的多层结构单晶薄膜材料。为实现单晶生长，一般要求各外延层的晶格结构类似，晶格周期（晶格常数）相近。

晶格匹配的两种材料构成异质结时，界面处的晶格通常都能很好地由一种材料过渡到另一种材料，不引入晶格缺陷。不过符合晶格匹配条件限制了材料的选择，一定的材料体系中经常只有为数不多的几对材料能够满足。很多情况下，人们需要晶格常数不同的两种材料构成异质结，这就涉及应变超薄层材料的生长。

在 MBE 生长晶格常数不同于衬底（但晶格结构与衬底相似）的外延层材料时，为保持晶格结构的完整，衬底和外延层界面两侧的晶格都会受到一定的应力，发生一定程度的畸变以适应对方。晶格常数大的材料受到压应力，晶格常数小的材料受到张应力。由于衬底通常较厚，发生的应变较小，因而一般情况下较薄的外延层将发生很大的应变，其横向晶格间距将被压缩或拉伸直到与衬底保持一致；相应地，外延层的纵向晶格间距与其自由状态下的晶格常数相比也将增大或减小，改变的幅度由材料的弹性模量参数决定（见图 3-9）。

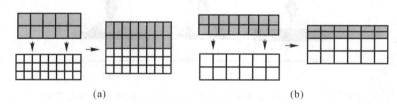

图 3-9　应变异质外延时外延层晶格畸变情况
(a)压应变；　(b)张应变

在材料生长初期，外延层足够薄时，可以通过发生弹性应变来使自己的横向晶格间距与衬底的相"匹配"（也被称为赝匹配），从而避免在界面处形成大量的失配位错缺陷。这种应变外延层的生长是有一定的厚度限制的。随着外延层厚度的增加，外延层中的应力在不断地积累，系统的能量也持续升高；超过一定的厚度（临界厚度）以后，积累的应力和系统的能量将以形成失配位错的形式来弛豫和释放，并在材料中形成大量的缺陷，使材料质量严重退化。临界厚度与界面两侧材料晶格失配的大小有关，也与材料本身的结构性质有关。

在衬底上生长多层应变外延层时，如果相邻层相对于衬底的晶格失配是反号的，即压应变层与张应变层相邻，而每一层都不超过各自的临界厚度，则相邻层的应力可以部分相互抵消，降低系统的总应力。这种材料生长方案被称为应变补偿技术。

在必须生长大失配厚膜材料的情况下,由于不可避免地会产生许多失配位错,为保证后续生长的材料有足够高的质量,需要采取一些技术措施将形成的失配位错尽量限制在缓冲层的下部,不使其向外延层方向延伸。主要的措施包括:超晶格缓冲层、组分(应变)渐变缓冲层、低温生长缓冲层等。

3.3.5 零维、一维半导体材料的生长

MBE 生长技术原则上只适用于生长二维薄膜材料,包括厚膜体材料、超薄层量子阱材料和多周期的超晶格材料等,并不适合于生长一维量子线材料和零维量子点材料。但是最近十几年来人们已发明了应变自组装生长技术,可以用 MBE 设备生长出比较好的零维量子点和一维量子线材料。

在应变异质外延过程中,由于异质结两侧晶格常数的差异,材料中会积累较大的应力。在应变能和表面能的共同作用下,生长表面会发生弯曲,形成大量的岛状结构和/或脊状结构,以使系统的能量最小化。根据晶格失配的大小,外延生长模式可能是直接的三维岛状生长(VW模式,见图 3-10(b)),也可能是先生长一个应变的二维薄层(称为浸润层),超过一定的临界厚度后再改为三维岛状生长(SK 模式,见图 3-10(c))。前者在后续生长过程中容易形成位错缺陷;而后者在三维岛状生长的初期经常是无位错的,如果这时用宽禁带材料将窄禁带的三维岛或二维脊包覆起来,就形成了三维受限的零维量子点结构和两维受限的一维量子线结构(见图 3-11)。采用 SK 模式生长量子点、量子线的这种技术被称为应变自组装生长技术,所生长的量子点一般是扁金字塔形或扁球冠形,高度为几纳米,底部边长/直径为十到几十纳米。

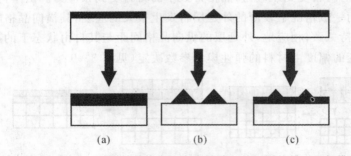

图 3-10 不同的晶格失配大小导致 3 种不同的外延生长模式

(a)匹配或失配度很小=FM 模式; (b)大失配=VM 模式; (c)失配度适中=SK 模式

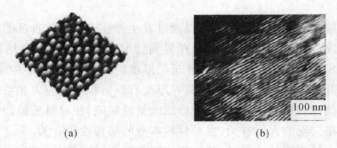

(a)   (b)

图 3-11 应变自组装方法生长的 In(Ga)As 量子点和量子线

(a)In(Ga)As 量子点; (b)量子线

应变自组装生长技术的优点是可以在较大的面积上制备出纳米尺度、无缺陷的量子点、量子线材料,可用于制备低维半导体量子器件;但是由于自组装生长过程中存在着一定的随机性,与之相关的一些缺点也难以避免,主要是尺寸、分布不均匀,光谱展宽,生长的可控性差以及高/宽尺寸差异带来的限制程度不同等。尽管如此,人们还是努力提高对应变自组装量子点(线)的生长调控能力,获得了较高质量的零维、一维半导体材料,并在此基础上开发出量子点激光器、量子点红外探测器等多种低维半导体光电器件。

3.4 MBE 方法制备的材料及其器件应用

采用 MBE 方法技术生长的半导体材料具有纯度高、质量好、结构精确可控、可在纳米尺度上实施能带工程设计,体现低维结构量子限制效应等优点,非常适合于制作高性能的新型半导体光电器件。

3.4.1 高电子迁移率材料

制备高电子迁移率的 GaAs/AlGaAs 结构二维电子气材料是 MBE 制备高质量半导体量子结构材料的一个典型例子。如图 3-12 所示,依靠 AlGaAs/GaAs 异质结的限制势垒形成宽度很窄的三角形势阱,以高纯的 GaAs 材料为导电沟道,由 AlGaAs 势垒上的远程掺杂源提供电子;不掺杂的 AlGaAs 隔离层将掺杂剂的离子与导电沟道远远分离开,大大降低了电离杂质散射,因而使沟道中电子的迁移率大大提高。低温(0.1 K)下这种低维量子结构材料的电子迁移率最高可达 $1.44 \times 10^7 \, \mathrm{cm^2/(V \cdot s)}$,远远超过了其他材料制备技术所能达到的水平。高质量的二维电子气材料可用于分数量子霍尔(Hall)效应等低维半导体基础物理问题的研究;以二维电子气结构为基础的高电子迁移率晶体管(HEMT,PHEMT)广泛应用于超高速、超高频、低噪声、大功率的微电子器件和电路等领域,促进了移动通信等新兴产业的发展。

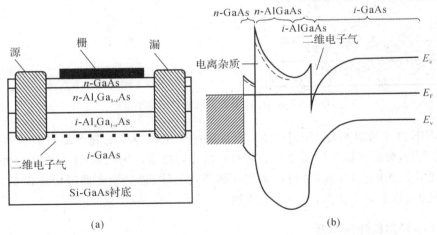

图 3-12 2DEG 材料结构和能带结构示意图
(a)2DEG 材料结构; (b)能带结构

3.4.2　半导体激光器

在半导体激光器方面,由于传统的 LPE,VPE 等技术制备的体材料半导体激光器的性能比较差,阈值电流密度远超过 1 kA/cm²,经常只能在低温工作,无法满足实际应用的需要。采用 MBE 技术制备的半导体量子阱激光器由于有源区量子阱的宽度只有 10 nm 左右,量子限制效应导致的能态密度变化使器件的阈值电流密度大大降低,室温连续工作模式下只有几百 A/cm²,最低甚至可以达到约 40 A/cm²。这极大地提高了器件的性能,拓宽了器件的应用领域,使量子阱激光器成为目前半导体激光器市场的主流产品。目前代表性的器件包括用于泵浦 YAG 激光器的 808 nm 大功率半导体量子阱激光器,用于光纤通信的 1.3 μm, 1.55 μm 量子阱激光器,用于泵浦掺 Er 光纤放大器的 980 nm 量子阱激光器等。

近年来发展起来的应变自组装 MBE 生长技术又使人们制备出性能更好的量子点激光器(见图 3-13),阈值电流密度最低仅 17 A/cm²,还具有特征温度高、调制带宽大、对缺陷的耐受性好等优点,在一些特殊应用领域有重要的应用前景。

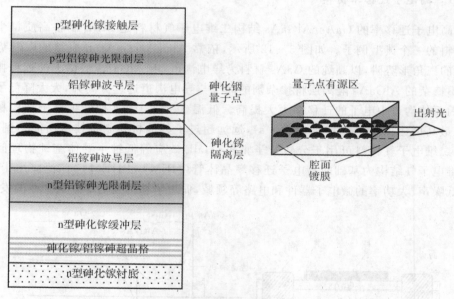

图 3-13　量子点激光器的材料结构示意图

采用 MBE 技术可以制备由几十周期、数百层纳米量级厚度的超薄层材料构成的单极型量子级联激光器,突破传统半导体激光器对材料禁带宽度要求的限制,工作在中红外到远红外波段,甚至更长波长的 THz 波段;可在某些领域替代气体、铅盐激光器等传统设备,发挥自身体积小、功耗低、效率高等优点,得到广泛应用。

3.4.3　半导体红外探测器

在半导体红外探测器方面,传统技术制备的 MCT 体材料红外探测器虽然有红外响应强、探测率高等优点,但是材料制备技术方面的缺陷使其在大面积均匀的红外焦平面列阵的应用方面受到一定限制。采用 MBE 技术制备的 GaAs/AlGaAs 多量子阱红外探测器,基于子带间光吸收的原理,通过能带工程设计改变量子阱的宽度,可以对中红外到远红外波段的入射光进行响应,覆盖体材料红外探测器的工作范围,并且具有材料大面积均匀、可灵活调节响应波长、能实现双色/多色工作、抗辐照性能好、加工工艺成熟、成本低等优点,在一些应用领域发挥了重要作用。为解决其正入射响应困难的问题,人们又研究了量子点红外探测器,显著提高了器件的正入射响应率,而且能在更高的温度下工作,提高了器件性能。

其他采用 MBE 技术制备的新型半导体器件还有异质结双极晶体管(HBT)、共振隧穿二极管(RTD)等许多种。

习　题

1. 简述分子束外延生长法的原理。
2. 分子束外延生长法的主要特点有哪些?
3. 简述分子束外延设备的发展流程及其特点。
4. 影响分子束外延生长过程的主要参数有哪些,如何提高外延材料的质量?
5. 如何提高 MBE 生长的表面/界面平整度?
6. 如何利用外延技术生长零维、一维半导体材料? 应变自组装生长技术的优缺点有哪些?

第 4 章 溅 射 镀 膜

溅射是一百多年前 Grove 发现的一种物理现象,现已广泛地应用于各种样品表面的刻蚀及表面镀膜等。溅射镀膜指的是在真空室中,利用荷能粒子轰击靶表面,使被轰击出来的粒子在基片上沉积形成膜。被轰击出来的粒子多呈原子状态,常称为溅射原子。而荷能粒子可以是电子、离子或者中性粒子,因为粒子在电场作用下易于加速并获得所需动能,所以大多采用离子作为轰击粒子,即入射离子。由于直接实现溅射的结构是离子,因此这种镀膜技术又称为离子溅射镀膜或沉积。离子溅射镀膜技术可用于制备金属、合金、半导体、氧化物、绝缘介质薄膜以及化合物半导体薄膜、碳化物及氮化物薄膜,乃至高超导薄膜等。

4.1 溅射镀膜的特点

与传统的真空蒸发镀膜相比,溅射镀膜有以下特点。

(1)任何物质均可以溅射,尤其是高熔点、低蒸气压元素和化合物。只要是固体,不论是金属、半导体、绝缘体、化合物和混合物等,不论是块状、粒状的物质都可以作为靶材。由于溅射氧化物等绝缘材料和合金时,几乎不发生分解和分馏,因而可用于制备与靶材组分相近的薄膜和组分均匀的合金膜,乃至成分复杂的超导薄膜。此外,采用反应溅射法还可制得与靶材完全不同的化合物薄膜,如氧化物、氮化物、碳化物和硅化物等。

(2)溅射膜与基板之间的附着性好。由于溅射原子的能量比蒸发原子能量高 1～2 个数量级,因此,高能粒子沉积在基板上进行能量转换,产生较高的热能,增强了溅射原子与基板的附着力。其中,一部分高能量的溅射原子将产生不同程度的注入现象,在基板上形成一层溅射原子与基板材料原子相互"混溶"的所谓伪扩散层。此外,在溅射粒子的轰击过程中,基板始终处于等离子区被清洗和激活,清除了附着不牢的淀积原子,净化且活化基板表面。因此,使得溅射膜层与基板的附着力大大增强。

(3)溅射镀膜密度高,针孔少,且膜层的纯度较高,因为在溅射镀膜过程中,不存在真空蒸镀时无法避免的坩埚污染现象。

(4)膜厚可控性和重复性好。由于溅射镀膜时的放电电流和靶电流可分别控制,通过控制靶电流则可控制膜厚,因而,溅射镀膜的膜厚可控性和多次溅射的膜厚再现性好,能够有效地镀制预定膜厚的薄膜。此外,溅射镀膜还可以在较大面积上获得厚度均匀的薄膜。

但是对于一般的溅射镀膜技术(主要是二极溅射),设备复杂、需要高压装置;溅射淀积的成膜速度低,真空蒸镀淀积速率为 0.1～5 nm/min,而溅射速率则为 0.01～0.5 nm/min;基板温升较高和易受杂质气体影响等。但是,由于射频溅射和磁控溅射技术的发展,在实现快速溅射淀积和降低基板温度方面获得了很大的进步。而且,近几年人们正在研究新的溅射镀膜方法——在平面磁控溅射的基础上,尽量降低溅射气压,直至溅射时导入气体的压力将为零的零气压溅射。

4.2 溅射的基本原理

溅射镀膜是基于荷能离子轰击靶材时的溅射效应,而整个溅射过程都是建立在辉光放电的基础之上,即溅射离子都是源于气体放电。不同的溅射技术所采用的辉光放电方式有所不同。直流二极溅射利用的是直流辉光放电;三极溅射是利用热阴极支持的辉光放电;射频溅射是利用射频辉光放电;磁控溅射是利用环状磁场控制下的辉光放电。

4.2.1 直流辉光放电

溅射是在辉光放电中产生的,因此,辉光放电是溅射的基础。辉光放电是在真空度约为$10\sim1$ Pa的稀薄气体中,两个电极之间加上电压时产生的一种气体放电现象。

气体放电时,两电极间的电压和电流的关系不能用简单的欧姆定律来描述,因为两者之间不是简单的直线关系。图4-1所示表示直流辉光放电的形成过程,亦即两电极之间的电压随电流的变化曲线。

当两个电极加上直流电压时,由于宇宙射线产生的游离离子和电子是很有限的,因而开始时电流非常小,因此,AB区域叫作"无光"放电。随着电压升高,带电离子和电子获得了足够能量,与中性气体分子碰撞产生电离,使电流平稳地增加,但是电压却受到电源的高输出阻抗限制而呈一常数;BC区域成为"汤森放电区"。在此区内,电流可在电压不变的情况下增大。

然后发生"雪崩点火"。离子轰击阴极,释放出二次电子,二次电子和中性气体分子碰撞,产生很多的离子,这些离子再轰击阴极,又产生出更多的新的二次电子。一旦产生了足够多的离子和电子后,放电达到自持,气体开始起辉,两极间电流剧增,电压迅速下降,放电呈现负阻特性。这个CD区域成为过渡区。

在D点以后,电流与电压无关,即增大电源功率时,电压维持不变,而电流平稳增加,此时两极板间出现辉光。在这一区域内若增加电源电压或改变电阻来增大电流,两极板间的电压几乎维持不变。如图4-1所示,从D到E之间区域叫作"正常辉光放电区"。在正常辉光放电时,放电自动调整阴极轰击面积。最初,轰击是不均匀的,轰击集中在靠近阴极边缘处,或在表面其他不规则处。随着电源功率的增大,轰击区逐渐扩大,直到阴极面上电流密度几乎均匀为止。

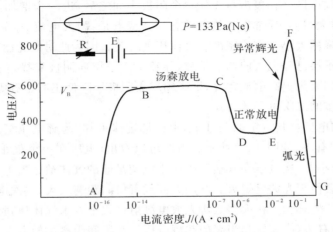

图4-1 直流辉光放电伏安特性曲线

E 点以后,离子轰击覆盖整个阴极表面后,继续增加电源功率,会使放电区内的电压和电流密度增加,即两极间的电流随着电压的增大而增大,EF 这一区域称为"异常辉光放电区"。

在 F 点以后,整个特性都发生了改变,两极间电压降至很小的数值,电流大小几乎是由外电阻的大小来决定的,而且电流越大,极间电压越小,FG 区域称为"弧光放电区"。

现在对各个放电区的性质做进一步的说明。

(1)无光放电区。由于在放电容器中充有少量气体,因而始终有一部分气体分子以游离状态存在着。当两个电极上加上直流电压时,这些少量的正离子和电子将在电场作用下运动,形成电流。由于在这种情况下游离的气体分子数是恒定的,因而当正离子和电子一旦产生,便被电极吸引过去。即使继续升高电压,到达电极的电子和离子数目是不变的。所以,此时的电流密度很小,一般情况下仅有 $10^{-16} \sim 10^{-14}$ A·cm^{-2} 左右。由于此区域是导电而不发光,因而称为无光放电区。

(2)汤森放电区。随着两极电压的逐渐升高,电子的运动速度逐渐加快,电子与中性气体分子之间的碰撞不再是低速时的弹性碰撞,而是使气体分子电离。电离为正离子与电子,新产生的电子和原有电子继续被电场加速,使更多的气体分子被电离,于是在伏安特性曲线上便出现汤森放电区。

上述两种情况的放电都是以有自然电离源为前提条件的,如果没有游离的电子和正离子存在,则放电不会放生。因此,这两种放电方式又称为非自持放电。

(3)辉光放电区。当放电容器两端电压进一步增加时,汤森放电的电流将随着增大。当电流增至 C 点时,电极板两端电压突然降低,而这时电流突然增大,并同时出现带有颜色的辉光,此过程成为气体的击穿,图中电压 V_B 成为击穿电压。击穿后气体的发光放电成为辉光放电。这时电子和正离子是来源于电子的碰撞和正离子的轰击,即使自然游离源不存在,导电也将继续下去。而且维持辉光放电的电压较低,且不变,此时电流的增大显然与电压无关,而只与阴极板上产生辉光放电的表面积有关。正常辉光放电的电流密度与阴极材料和气体的种类有关。此外,气体的压强与阴极的形状对电流密度的大小也有影响。电流密度随气体压强增加而增大。凹面形阴极的正常辉光放电电流密度要比平板形阴极大数十倍左右。

由于正常辉光放电时的电流密度仍然很小,因而在溅射等方面是选择在非正常辉光放电区工作。

(4)异常辉光放电区。在轰击覆盖住整个阴极表面之后,进一步增加功率,放电的电压和电流密度将同时增大,进入异常辉光放电状态。其特点是:增大电流时,放电极板间的电压升高,且阴极电压下降的大小与电流密度和气体压强有关。因为此时辉光已经布满了整个阴极,在增加电流时,离子层已经无法向四周扩散,导致正离子层向阴极靠拢,使正离子层与阴极间的距离缩短,此时如果想提高电流密度,则必须增大阴极压降使正离子有更大的能量去轰击阴极,使阴极产生更多的二次电子才行。

在气体成分和电极材料一定的条件下,由巴邢定律可知,起辉电压 V 只与气体压强 p 和电极距离 d 的乘积有关,如图 4-2 所示。由图可以看出,电压有一个最小值。若气体压强太低或者极间距离太小,二次电子在到达阳极前不能使足够的气体被碰撞电离,形成一定数量的离子和二次电子,会使辉光放电熄灭。气压太高或者极间距离太大,二次电子因多次碰撞而得不到加速,也不能产生辉光。在大多数辉光放电溅射过程中要求气体压强低,压强与间距乘积一般都在最小值的右边,故需要相当高的起辉电压。在极间距离小的电极结构中,经常需要瞬间增加气体压强以启动放电。

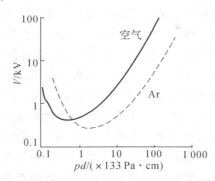

图 4 - 2 巴邢曲线(起辉电压 V 与气体压强 p、电极间距 d 之积的实验曲线)

(5)弧光放电区。异常辉光放电时,在某些因素影响下,常有转变为弧光放电的危险。此时,极间电压陡降,电流突然增大,相当于极间短路。放电集中在阴极的局部地区,致使电流密度过大而降阴极烧毁。同时,骤然增大的电流有损坏电源的危险。弧光放电在气相沉积中的应用仍然在进一步的研究中。

(6)正常及非正常的直流辉光放电。两电极之间维持辉光放电时,放电电压与电流之间的函数关系如图 4 - 1 所示。在一定的电流密度范围内,放电电压维持不变,这一区域即为正常辉光放电区。在此区域内,阴极的有效放电面积随电流增加而增大,从而使阴极有效区内电流密度保持恒定不变。整个阴极均成为有效放电区域之后(即整个阴极全部由辉光所覆盖),只有增加阴极的电流密度,才能增大电流,形成均匀而稳定的"异常辉光放电",从而均匀地覆盖基片,这个放电区就是溅射区域。溅射电压 V、电流密度 j 和气体压强 p 遵守以下关系:

$$V = E + \frac{F\sqrt{j}}{p} \tag{4-1}$$

式中,E 和 F 取决于电极材料、尺寸和气体种类的常数。在达到异常辉光放电区后,继续增大电压,一方面有更多的正离子轰击阴极产生大量电子发射,另一方面因阴极暗区随电压增加而收缩,则

$$Pd = A + \frac{BF}{V - E} \tag{4-2}$$

式中,d 为暗区宽度;A,B 是与电极材料、尺寸和气体种类有关的常数。当电流密度达到约 0.1 A/cm² 时,电压开始急剧降低,便出现前述的低压弧光放电,在溅射过程中应该力求避免弧光放电。另外,暗区从阴极向外扩展的距离是异常辉光区中电压的函数,这一事实常为人们所忽略。在设计溅射装置时,必须加以考虑。

在异常辉光区内,大量离子产生于负辉光中。在这种情况下,任何妨碍负辉光的物体都将影响离子轰击被遮蔽的阴极部分。在等离子体中,由于离子与电子的质量相差悬殊,因而其复合速率很低。但在放电室的壁上,由于离子动能可以作为热量释放出,因此很容易发生复合。如果壁或者其他物体正好位于阴极附近,则离子密度和溅射速率的均匀性将发生严重差别。由于离子轰击是清除表面杂质的一种有效方法,因而可产生另一效应。任何此类杂质一旦释放出后,就成为放电的成分,可能混入所沉积的薄膜中。所以,无关零件应远离阴极及淀积区。

图 4 - 3 给出了低压直流辉光放电时的暗区和亮区以及对应的点位、场强、空间电荷和光

强分布。这些放电区间的形成原因解释如下：由于从冷阴极发射的电子能量只有 1 eV 左右，很少发生电离碰撞，因而在阴极附近形成阿斯顿暗区。紧靠阿斯顿暗区的是比较明亮的阴极辉光区，它是在加速电子碰撞气体分子后，激发态的气体分子衰变和进入该区的离子复合而形成中性原子造成的。随着电子继续加速，获得足够动能，穿过阴极辉光区后，与正离子不易复合，因而又出现一个暗区，叫作克鲁克斯暗区。克鲁克斯暗区的宽度与电子的平均自由程有关。随着电子速度的增大，很快获得了足以引起电离的能量，于是离开阴极暗区后便大量产生电离，在此空间由于电离而产生电离。由于正离子的质量较大，因而向阴极的运动速度较慢。所以，由正离子组成了空间电荷并在该处聚积起来，使该区域的点位升高，而与阴极形成很大电位差，此电位差常称为阴极辉光放电的阴极压降。正是由于在此区域的正离子浓度很大，因而电子经过碰撞以后速度降低，使电子与正离子的复合概率增多，从而造成有明亮辉光的负辉光区。经过负辉光区后，多数动能较大的电子都已经丧失了能量，只有少数电子穿过负辉光区。在负辉光区与阳极之间是法拉第暗区和阳极光柱，这些区域几乎没有电压降，唯一的作用是连续负辉光区和阳极。这是因为在法拉第暗区后，少数电子逐渐加速并在空间与气体分子碰撞而产生电离。由于电子数较少，产生的正离子不会形成密集的空间电荷，因而在这一较大空间内，形成电子与正离子密度相等的区域。空间电荷作用不存在，使得此区间的电压降很小，类似于一个良导体。

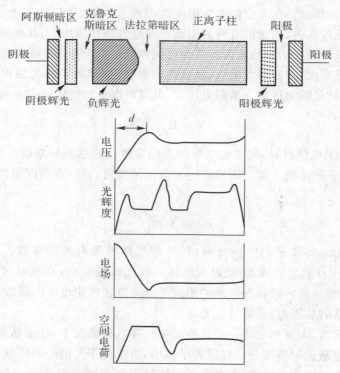

图 4-3 直流辉光放电现象及其电特性和光强分布

在溅射过程中，基板（阳极）常处于负辉光区。但是，阴极和基板之间的距离至少应该是克鲁克暗区宽度的 3～4 倍。当两电极间的电压不变而只改变其距离时，阴极到负辉光区的距离几乎不变。

(7)辉光放电阴极附近的分子状态。如前所述,由于从冷阴极发射的电子的初始能量只有 1 eV 左右,因而与气体分子不发生相互作用。故在非常靠近阴极的地方是黑暗的,这就是阿斯顿暗区。在使用氩、氖之类的工作气体时这个暗区很明显。可是对于其他气体,这个暗区就很窄,难以观察到。如果使电子加速就会使气体分子激发,激发的气体分子发出固有频率的光波,称为阴极辉光。若进一步加速电子,会使气体分子发生电离,从而产生大量的离子和低速电子,因此,这个区域几乎不发光,称为克鲁克斯暗区。在这该区域又使所形成的低速电子加速,从而激发气体分子,使气体分子发光,这就是负辉光。气体分子从阴极到负辉光区的放电如图 4-4 所示。

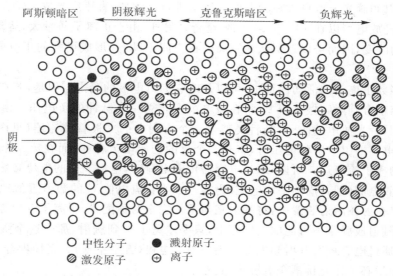

图 4-4 辉光放电过程中阴极附近分子状态示意图

在溅射过程中要注意两个重要现象:一个是在克鲁克斯暗区周围所形成的正离子冲击阴极;另一个是,当两极板间的电压不变而改变两极间的距离时,主要发生变化的是由等离子体构成的阳极光柱部分的长度,而从阴极到负辉光区的距离是几乎不改变的。这是由于两电极间电压的下降几乎都发生在阴极到负辉光区之间的缘故。因而使由辉光放电产生的正离子撞击阴极,把阴极原子溅射出来,这就是一般的溅射法。阴极与阳极之间的距离,至少必须比阴极与负辉光区之间的距离要长。

4.2.2 低频交流辉光放电

在频率低于 50 kHz 的交流电压条件下,离子有足够的活动性,且有充分的时间在每个半周期时间内,在各个电极上建立直流辉光放电。这种放电被称为低频交流辉光放电。除了两个电极交替地成为阴极和阳极之外,低频交流辉光放电的机理基本上与直流辉光放电相同。

4.2.3 射频辉光放电

在一定气压下,当阴阳两极间所加交流电压的频率增高到射频频率时,可以产生稳定的射频辉光放电。射频辉光放电有两个重要的特征:第一,在辉光放电空间产生的电子获得了足够的能量,从而足以产生碰撞电离。因此,辉光放电减少了放电对二次电子的依赖,并且降低了击穿电压。第二,射频电压可以通过任何一种类型的阻抗,所以电极并不需要是导体,可以溅射包括介质在内的任何材料。因此,射频辉光放电广泛用于介质材料的溅射。

一般射频溅射的射频频率为 $5\sim30$ MHz,在此频率下,外加电压的变化周期小于电离和消电离所需时间(一般在 10^{-6} s 左右),等离子体浓度来不及变化。由于电子质量小,很容易随外电场从射频场中吸收能量并在场内作振荡运动。但是,电子在放电空间的运动路程不是简单地从一个电极到另一个电极的距离,而是在放电空间多次来回运动,经历很长的路程。因此,增加了电子与气体粒子的碰撞概率,并使电离能力显著提高,从而使击穿电压和维持放电的工作电压降低(其工作电压只有直流辉光放电的 1/10),所以射频放电的自持要比直流放电容易。通常,射频辉光放电可以在较低的气压下进行。例如,直流辉光放电常在 $10^{0}\sim10^{-1}$ Pa 运行,射频辉光放电可以在 $10^{-1}\sim10^{-2}$ Pa 运行。另外,由于正离子质量大,运动速度低,跟不上电源极性的改变,因而可以近似认为正离子在空间不动,并形成更强的正空间电荷,对放电其增强作用。

虽然大多数正离子的活动性很小,可以忽略它们对电极的轰击。但是,若有一个或者两个电极通过电容耦合到射频振荡器上,将在该电极上建立一个脉冲的负电压。由于电子和离子迁移率的差别,辉光放电的 I-V 特性类似于一个有漏电的二极管整流器(见图 4-5)。也就是说,再通过电容器引入射频电压时,将有一个大的初始电流存在,而在第二个半周内仅有一个相对较小的离子流流过。所以,通过电容器传输电荷时,电极表面的电位必然自动偏置为负极性,直到有效电流(即各周的平均电流)为零。平均直流电位 V_s 的数值近似地与所加峰值电压相等。如果在射频溅射装置中,将溅射靶与基片完全对称配置,正离子以均等的概率轰击溅射靶和基片,溅射成膜是不可能的。实际上,只要求靶上得到溅射,那么这个溅射靶电极必须绝缘起来,并通过电容耦合到射频电源上去。另一电极(真空室壁)为直接耦合电极(即接地电极),而且靶面积必须比直接耦合电极小。

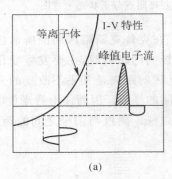 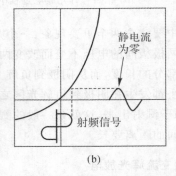

图 4-5　在射频辉光放电情况下容性耦合表面上脉动负极性电荷覆盖层的形成

(a)放电开始时;　(b)电极上静电上为零时

假设辉光放电空间与靶之间的电压为 V_c,辉光放电空间与直接耦合电极之间的电压为 V_d(见图 4-6),这两个电压之间存在如下近似理论关系,有

$$V_c/V_d = (A_d/A_c)^4 \tag{4-3}$$

式中,A_c 和 A_d 分别为容性耦合电极(即溅射靶)和直接耦合电极(即接地电极)的面积。实际上,由于直接耦合电极是整个系统,包括底板、真空室壁等在内,A_d 尺寸比 A_c 大得多。所以,$V_c \gg V_d$,即实际上,V_c 与 V_d 两者之间并不具有 4 次方关系。因此,平均壳层电压在靶点位和

地之间变化,如图 4-6 所示。所以射频辉光放电时等离子体对接地零件只有极小的轰击,而对溅射靶却进行强烈轰击并使之产生溅射。

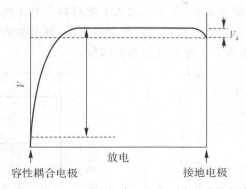

图 4-6　射频辉光放电中从小的电容耦合电极靶到大的直接耦合电极的电压分布

4.3　溅　射　特　性

当离子轰击固体表面时会有很多效应,如图 4-7 所示。除了靶材的中性粒子最终沉积成膜之外,其他效应对薄膜的生长也会产生很大的影响。所以,为了高效率、低成本的获得高质量的薄膜,必须先了解溅射特性。

表征溅射特性的参量主要有溅射率、溅射阈值以及溅射粒子的速度和能量。

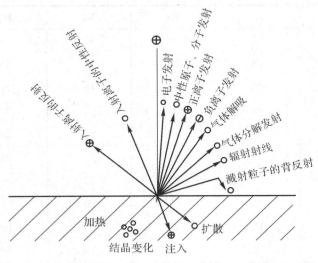

图 4-7　离子轰击所引起的各种效应

4.3.1　溅射阈值

所谓溅射阈值是指使靶材原子发生溅射的入射离子所必须具有的最小能量。

溅射阈值的测定十分困难,随着测量技术的进步,目前已经能测出低于 10^{-5} 原子/离子的溅射阈值。图 4-8 所示是用不同能量的 Ar^+ 离子轰击各种金属元素靶材时得到的溅射阈值曲线。图 4-9 所示是不同种类的入射离子以不同能量轰击同一个钨靶的溅射曲线。入射离子不同时溅射阈值变化很小,而对于不同靶材溅射阈值的变化比较明显。也就是说,溅射阈值与离子质量之间无明显的依赖关系,而主要取决于靶材料。对于周期表中同一周期的元素,溅射阈值随着原子序数增加而减小。对绝大多数金属来说,溅射阈值为 10~30 eV,相当于升华热的 4 倍左右。表 4-1 给出了几种金属的溅射阈值。

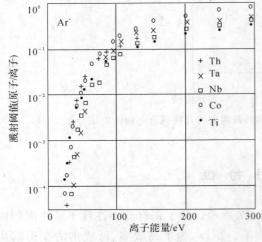

图 4-8 用 Ar$^+$ 溅射不同靶的溅射阈值曲线　　图 4-9 不同离子轰击钨靶的溅射阈值曲线

表 4-1　几种金属的溅射阈值能量

元　素	Ne	Ar	Kr	Xe	Hg	升华热
Be	12	15	—	15	—	—
Al	13	13	15	18	18	—
Ti	22	20	17	18	25	4.40
V	21	23	25	28	25	5.28
Cr	22	22	18	20	23	4.03
Fe	22	20	25	23	25	4.12
Co	20	25	22	22	—	4.40
Ni	23	21	25	20	—	4.41
Cu	17	17	16	15	20	3.53
Ge	23	25	22	18	25	4.07
Zr	23	22	18	25	30	6.14
Nb	27	25	26	32	—	7.71
Mo	24	24	28	27	32	6.15
Rh	25	24	25	25	—	5.98
Pb	20	20	20	15	20	4.08

续 表

元　素	Ne	Ar	Kr	Xe	Hg	升华热
Ag	12	15	15	17	—	3.35
Ta	25	26	30	30	30	8.02
W	35	33	30	30	30	8.80
Re	35	35	25	30	35	—
Pt	27	25	22	22	25	5.60
Au	20	20	20	28	—	3.90
Th	20	24	25	25	—	7.07
U	20	23	25	22	27	9.57

4.3.2　溅射率及其影响因素

溅射率是描述溅射特性的一个最重要的物理参数,它表示正离子轰击靶阴极时,平均每个正离子能从阴极上打出的原子数,又称为溅射产额或者溅射系数,常用 Y 表示。

溅射率与入射离子的种类、能量、角度及靶材的类型、晶格结构、表面状态、升华热大小等因素有关,单晶靶材还与表面取向有关。

1. 溅射率与靶材的关系

溅射率与靶材的关系可以用靶材料元素在周期表中的位置来说明。在相同条件下,用同一种离子对不同元素的靶材料轰击,得到不同的溅射率,并且还发现溅射率呈周期性变化。图4-10 所示是相对于 400 eV 的几种入射离子,各种物质溅射率随原子序数变化的关系。从图中可以发现一个十分有意义的现象,溅射率随靶材原子 d 壳层电子填满程度的增加,溅射率增大,即 Cu,Ag,Au 等溅射率最高,Ti,Zr,Nb,Mo,Hf,Ta,W 溅射率最小。此外,具有六方结构(如 Mg,Zn,Ti 等)和表面污染(如氧化层)的金属要比面心立方(如 Ni,Pt,Cu,Ag,Au 等)和表面清洁的金属的溅射率低。升华热大的金属要比升华热小的溅射率低。

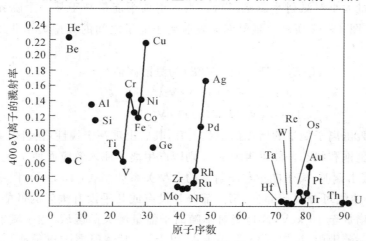

图 4-10　溅射率与原子序数的关系

2.溅射率与入射离子种类的关系

溅射率依赖于入射离子的原子量,原子量越大,则溅射率越高。溅射率也与入射离子的原子序数有关,呈现出随离子的原子序数周期性变化的关系。这与溅射率与靶材料的原子序数之间存在的关系相似。从图 4-11 可以看出,在周期表每一排中,凡电子壳层填满的元素就有最大的溅射率。因此,惰性气体的溅射率最高,而位于元素周期表的每一列中间部位元素的溅射率最小,如 Al,Ti,Zr,Hf 等。所以,在一般情况下,入射离子大多采用惰性气体。考虑到经济性,通常选用氩气为工作气体。另外,使用惰性气体还有一个好处是,可以避免与靶材料起化学反应。实验表明,在常用的入射离子能量范围内,各种惰性气体的溅射率大体相同。同时,从图 4-11 还可以看到,用不同的入射离子对同一靶材料溅射时,所呈现的溅射率的差异,远远高于用同一种离子去轰击不同靶材所得到的溅射率的差异。

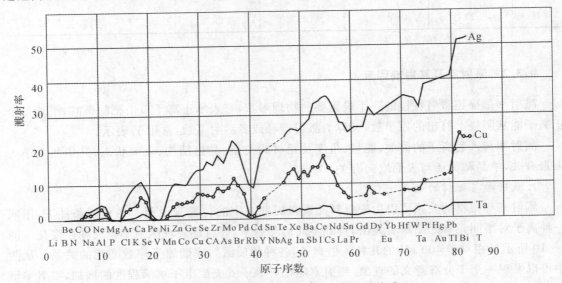

图 4-11　溅射率与靶材料原子序数的关系

3.溅射率与入射能量的关系

入射离子能量大小对溅射率影响显著。当入射离子能量高于某一个临界值(溅射阈值)时,才发生溅射。图 4-12 所示为溅射率与入射离子能量之间的典型关系曲线。该曲线可以分为 3 个区域:

$$Y \propto E^2 \qquad E_T < E < 500 \text{ eV}(E_T 为溅射阈值)$$

$$Y \propto E \qquad 500 \text{ eV} < E < 1\ 000 \text{ eV}$$

$$Y \propto E^{1/2} \qquad 1\ 000 \text{ eV} < E < 5\ 000 \text{ eV}$$

即溅射率最初随轰击离子能量的增加而指数上升,其后出现一个线性增大区,并逐渐达到一个平坦的最大值并呈饱和状态。如果再增加 E 则因产生离子注入效应而使 Y 值开始下降。

用 Ar 离子轰击铜时,离子能量与溅射率的典型关系如图 4-13 所示,图中能量范围扩大到 100 keV,这一曲线可分成三部分:第一部分是没有或几乎没有溅射的低能区域;第二部分的能量从 70 eV 增加至 10 keV,这是溅射率随离子能量增大的区域,用于溅射沉积薄膜的能量值大部分在这一范围内;第三部分是 30 keV 以上,这时溅射率随离子能量的增加而下降。

如前所述,这下降被认为是由于轰击离子此时深入到晶格内部,将大部分能量损失在靶材体内,而不是消耗在靶表面的缘故。轰击离子越重,出现这种下降的能量就越高。

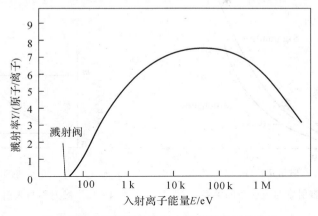

图 4－12　原子溅射率与入射离子能量的关系

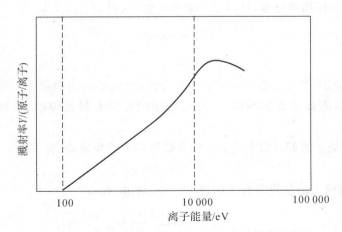

图 4－13　Ar 离子轰击铜时离子能量与溅射率的关系

4. 溅射率与入射角的关系

对于相同的靶材和入射离子的组合,随着离子入射角的不同,溅射率各不相同。一般说来,斜入射比垂直入射的溅射率高。图 4－14 给出了溅射率与入射角关系的实验结果,同时给出了几种分析的理论曲线。按照实验结果,入射角从 0 增大到 60°左右时,溅射率逐渐增大,当入射角为 60°~80°时,溅射率到达最高,入射角继续增加时,溅射率急剧减少,在入射角到达 90°时,溅射率为零。图 4－15 所示给出了这种变化情况的典型曲线。

时而急剧减少这一事实,提出了如下两种解释。其一是认为,入射角大时,引起溅射的碰撞级联集中在离表面极近的表层范围内,而且,在此范围内,由于入射粒子的背散射而不能使碰撞级联充分扩大,其结果,低能碰撞反冲原子的生成效率急剧降低,进而造成溅射率急剧降低。其二是按几乎接近平行于样品表面入射的情况考虑,入射离子中的大部分以跟平面沟道相同的机制从表面反射,直接参与溅射的离子比例变小,从而引起溅射率急剧下降。

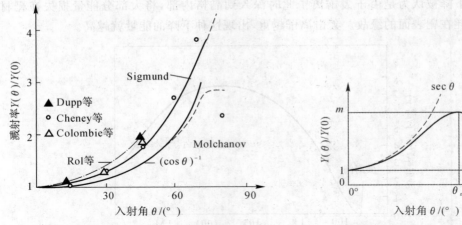

图 4-14　溅射率与入射角的关系　　　图 4-15　溅射率与入射角关系的典型代表曲线

当离子的入射角不太大时，可以不考虑入射角对溅射率的影响。Sigmund 利用 Edgeworth 展开求出辐射损伤的分布，计算了入射角的影响，得到

$$\frac{Y(\theta)}{Y(0)} = (\cos\theta)^{-f_r} \tag{4-4}$$

式中，$1 < f_r < 2$。

许多人试图求出关于入射角影响的半经验公式，然而不一定能成功。这是因为在确定入射角影响的实验中，表面状态影响极大，进行定量的分析有很大困难，而且实验数据也远远不够。

使溅射率达到最大值的入射角 θ_{opt} 有相当精确的半经验公式，有

$$\theta_{opt} = 90° - 48.0\eta^2 \tag{4-5}$$

式中，η 是一个与表面沟道临界角有关的量，由下式给出，有

$$\theta_{opt} = \arccos\left[\frac{\sum}{f}\right] \tag{4-6}$$

图 4-16 是由式(4-5)和式(4-6)得到的数据与实验数据的比较。

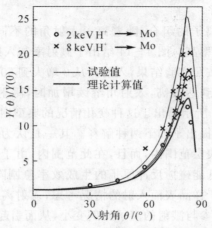

图 4-16　$H^+ \to Mo$ 归一化的溅射率与入射角的关系

　　轻离子溅射主要是由进入表面之下的背散射离子产生的碰撞级联造成的,而重离子溅射是由进入固体内部的离子直接产生的碰撞级联产生的。这种差别对低能溅射尤为重要。

　　对于轻离子溅射,有

$$\eta = \left[\frac{N^{2/3} Z_1 Z_2}{(Z_1^{2/3} + Z_2^{2/3})^{1/2} E} \right]^{1/2} \tag{4-7}$$

可以看出,随入射角增大,表面沟道效应越来越显著。为了溅射掉位于最外层的靶原子,入射离子必须穿过固体表面的第一层,穿过的概率可近似估计为:$\exp(-N\sigma R_0/\cos\theta)$。其中,$\sigma$ 是离子和靶原子之间的钢球碰撞截面。因此,归一化的溅射率还应该与此概率成正比。Yamamura 用下式表示归一化的溅射率与入射角的依赖关系,有

$$\frac{Y(\theta)}{Y(0)} = x^f \exp[-\Sigma(x-1)](\cos\theta)^f \tag{4-8}$$

式中,$x = 1/\cos\theta$;f 和 Σ 是可调参数。获得最大溅射率的入射角 θ_{opt} 用下式表示为

$$\theta_{opt} = \arccos\left(\frac{\Sigma}{f}\right) \tag{4-9}$$

　　以现有的实验数据和计算机得出的结果为基础,利用最小二乘法,由式(4-5)和式(4-9)两式得出的最佳拟合参数 f,θ_{opt} 见表4-2。图4-17是 $H^+ \rightarrow Mo$ 归一化的溅射率与入射角的关系。

　　对于重离子溅射,处理方法基本类似,可以得出相应的最佳拟合参数和归一化溅射率与入射角的关系。应该注意的是,从相应数据和图表的对比可以看出,轻离子入射时的 θ_{opt} 比重离子入射时大。

表 4-2　轻离子溅射时的最佳拟合参数 f,θ_{opt}

能量/eV	离　子	靶	最佳拟合参数	
			f	$\theta_{opt}/(°)$
450	H	Ni	1.62	74.4
1 000	H	Ni	2.34	78.3
4 000	H	Ni	2.27	82.3
450	H	Ni	2.19	78.7
1 000	H	Ni	2.32	82.9
4 000	H	Ni	2.62	84.2
1 000	D	Ni	1.88	80.4
100	He	Ni	3.20	56.3
500	He	Ni	3.30	66.1
1 000	He	Ni	2.50	72.1
4 000	He	Ni	2.09	79.0
4 000	He	Ni	1.52	80.5
50 000	H	Cu	1.88	82.1

续 表

能量/eV	离 子	靶	最佳拟合参数	
			f	$\theta_{opt}/(°)$
1 050	He	Cu	1.55	66.5
2 000	H	Mo	2.40	81.8
8 000	H	Mo	2.80	82.0
2 000	D	Mo	1.98	82.0
4 000	He	Mo	2.23	77.3
1 000	H	Au	1.14	78.0
4 000	H	Au	1.53	79.5
1 000	D	Au	1.22	79.2

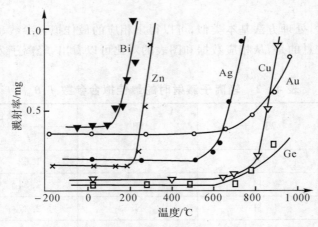

图 4 - 17　溅射率与温度关系

5. 溅射率与靶材温度的关系

溅射率与靶材温度的依赖关系主要与靶材物质的升华能相关的某温度值有关,在低于此温度时,溅射率几乎不变。但是,超过此温度时,溅射率将急剧增加。可以认为,这和溅射与热蒸发两者的复合作用有关。图 4 - 17 所示是用 450 eV 的氩离子对几种靶材进行轰击时,所得溅射率与靶材温度的关系曲线。由图可见,在溅射时,应注意控制靶材温度,防止出现溅射率急剧增加现象的产生。

溅射率除了与上述因素有关外,还与靶的结构和靶材的结晶取向、表面形貌、溅射压强等因素有关。综上所述,为了保证溅射薄膜的质量和提高薄膜的淀积速度,应该尽量降低工作气体的压力和提高溅射率。

4.4　溅射原子的能量分布和角分布

4.4.1　溅射的各种产物

靶表面受离子轰击会放出各种粒子,其中主要是溅射原子。脱离表面的溅射原子有的处于基态,有的处于不同的激发态。处于激发态的溅射原子在脱离表面的过程中,通过与表面相互作用放出电子。如果最终以离子的形式放出,则还要放出光子。当然也有直接放出的中性原子和离子。

此外,入射离子本身也可以直接激发样品表面的电子,使其以二次电子的形式放出。这种由所谓的动能过程产生的二次电子和上述由激发态的溅射原子和表面相互作用产生的二次电子在本质上是不同的。伴随着离子轰击放出各种粒子的模式如图 4 - 18 所示。

根据入射离子种类及靶材原子序数的不同,溅射率从 $1 \sim 10^{-1}$ 原子/离子到 10 个原子/离子不等,而其中离子的含量为 $1\% \sim 10\%$。对于同一种靶材,其溅射率决定于入射离子的质量、动能和入射角等,而二次离子的产额显著地取决于入射离子的种类。特别应指出的是,不同原子二次离子的产额分散在相差 5 个数量级的宽广范围内,这是造成二次离子质谱分析的难度很大的最主要原因。由于表面结合能和原子序数之间有一定的依赖关系,而溅射率同表面结合能成反比,因而溅射率与原子序数之间的依赖关系容易理解。至于二次离子产额为什么同原子序数有着十分显著的关系,目前还没有搞清楚。一般认为,决定二次离子产额的因素除了上述表面结合能之外,还有电离势、功函数等。

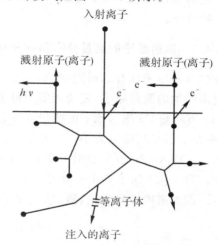

入射离子

溅射原子(离子)　　溅射原子(离子)

等离子体

注入的离子

图 4 - 18　离子轰击产生各种粒子和光的过程

在溅射原子中有一部分激发态原子,如果某些激发态原子正好处于所谓光学激发能级,它们在脱离表面的过程中就会发出特定波长的光而恢复到基态。激发态原子发出光的波长必定和原子固有的激发能级相对应。所以通过对发出的光进行分光分析就可确定激发态原子的种类,这就是表面分析方法中的中性粒子或离子碰撞辐射表面成分分析,即 SCANIIR。与产生二次离子的情况一样,发光的情况也同样十分显著地取决于试样材料的种类。因此,用 SCA-NIIR 进行定量分析也会遇到跟 SIMS 同样的问题。

上述已经提到,由于离子照射,放出二次电子的过程有两种不同的机制。一种是"势能发射",另一种是"动能发射"。前者指的是,入射离子或处于激发态的溅射原子,通过与固体表面相互作用返回到基态时放出能量,致使二次电子放出;后者正如电子照射产生二次电子的过程一样,入射粒子的动能传给固体中的电子而产生二次电子。

当入射粒子的能量小于 700 eV 左右时,二次电子的产额是一定的。在产额几乎不变的能量范围内,产生的二次电子是受"势能发射"支配的,而产额随入射能量成比例而增加的范围是受"动能发射"支配的。应该指出的是,"势能发射"是离子束照射中特有的现象,它作为离子中和光谱仪(ion neutralization spectroscopy)的基础而受到人们的重视。

4.4.2 溅射粒子的状态

通常溅射镀膜中入射离子的能量大约在几百电子伏,从靶上溅射出的粒子绝大部分是构成靶的单原子。Woodyard 和 Cooper 用 100 eV 的氩离子对多晶铜靶进行溅射,并用磁场偏转型质量分析器对溅射粒子的状态进行了分析。结果表明,溅射粒子中 95% 是铜的单原子,其余是铜分子,即 Cu_2。随着入射离子能量变高,构成溅射粒子的原子数增加。Herzog 等人用 12 keV 的氩离子对 Al 靶进行溅射时,在溅射粒子中发现有由 7 个原子组成的铝原子团 Al_7。而且,若用氙代替氩,在溅射粒子中还含有 Al_{18} 这样的大原子团。

对化合物靶进行溅射时,也与单元素靶的情况相同,当入射离子能量在 100 eV 以下时,溅射粒子是构成化合物的原子;只有当入射离子的能量在 10 keV 以上时,溅射粒子中才较多出现化合物分子。

4.4.3 溅射原子的能量分布和角分布

与热蒸发原子具有的动能(在 300 K 大约为 0.04 eV,在 1 500 K 大约为 0.2 eV)相比,经离子轰击产生的溅射原子,其动能要大得多,一般为 10 eV,大约是热蒸发原子动能的 100 倍。图 4-19 所示是 Cu 溅射原子的能量分布,图中不同曲线对应着不同入射离子的能量。可以看出,溅射原子的平均能量为 10 eV 左右,而且随着入射离子能量提高,溅射原子中能量较高的比例增加。图 4-20 所示是用 1.2 keV Kr^+ 离子轰击不同靶时,各种物质的溅射原子的平均动能 E。图 4-21 所示是用 900 eV 的 Ar^+ 离子分别垂直入射 Al,Cu,Ni 靶时,溅射原子的能量分布。按照碰撞级联理论,溅射原子的能量分布为

$$N(E_0,\varphi) = AE_0 \frac{\cos\varphi}{(E_0 + U_s)^3} \tag{4-10}$$

式中,E_0 是溅射原子的能量;φ 是和样品表面法线所成的角度;U_s 是表面结合能;A 是常数。

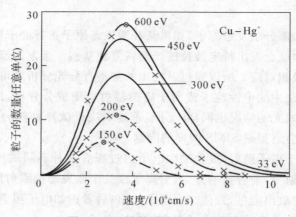

图 4-19 溅射原子的能量分布

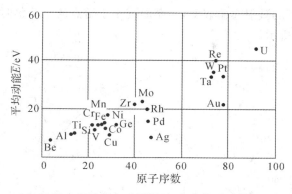

图 4-20　1.2 keV Kr$^+$ 离子轰击不同靶时,各种物质溅射原子的平均动能 E

由式(4-10)可以看出,当 $E_0 = U_s/2$ 时,能量分布区最大值,也就是说,能量分布取最大值的位置等于表面结合能的 1/2。图 4-21 所示尽管不一定完全符合上述结论,但也显示出这种趋势,例如,表面结合能按 Al,Cu,Ni,Ti 的顺序增加,相应的溅射原子的能量峰位也按相同顺序变化。当然,有些观察到的现象在式(4-10)中并没有得到反映。例如,峰的位置本身会随入射离子种类和入射能量的不同而变化;能量分布还与样品的温度有关等。近年来用计算机模拟法考虑了这些因素并已取得了可喜的成果。

溅射原子的角分布除了取决于靶和入射离子的种类之外,还决定于入射角、入射能量和靶的温度。前面已经指出,对于单晶靶,溅射原子的空间分布还与单晶体的晶体学取向有关。

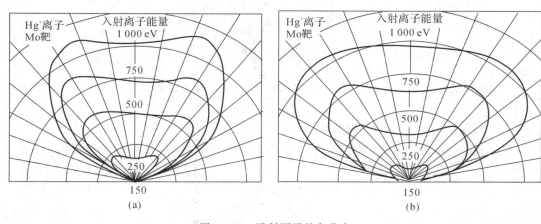

图 4-21　溅射原子的角分布

(a)Ni 靶;　(b)Mo 靶

离子溅射用于镀膜时,入射能量较低。图 4-21 所示是 Wehner 等人在 1960 年得到的溅射原子角分布的实测结果。在垂直入射的情况下,当入射离子的能量变低时,溅射原子的角分布也由余弦关系变为低于余弦的关系,图 4-21 所示的关系已经由后人多次实验证实,并且经过理论验证。此外,通过计算还得出了氢离子在不同入射角下的角分布,如图 4-22 所示。

对比图 4-22 和图 4-23 可以看出,对于轻离子溅射,随着入射角的增加,溅射产额显著增加;角分布的最大位置偏离样品法线方向。重离子溅射的角分布呈法线对称分布。显然,这些都跟前面讲到的轻、重离子溅射的不同机制有关。当重离子的能量再增加时,角分布的形状变化不大。不同温度下的溅射实验表明,当靶温度小于熔点的 0.7 倍时,不会引起溅射产额的显著变化,如图 4-24 所示。

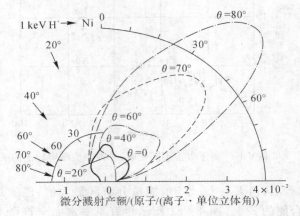

图 4-22 1 keV H⁺ 离子斜入射 Ni 时,溅射原子的角分布

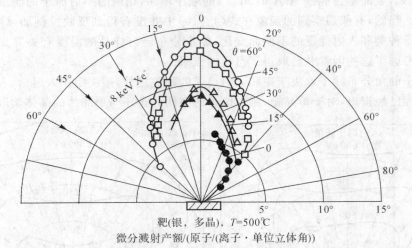

图 4-23 在不同的入射角下,用 8 keV 的 Xe⁺ 离子溅射银靶时溅射原子的角分布

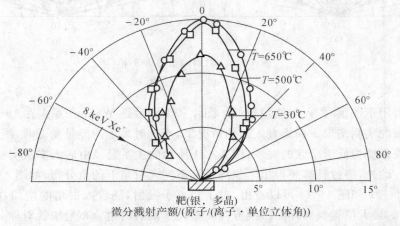

图 4-24 在不同的靶温度下,用 8 keV 的 Xe⁺ 离子溅射银靶时溅射原子的角分布

4.5 溅 射 过 程

溅射过程包括靶的溅射、逸出粒子的形态、溅射粒子向基片的迁移和在基板上成膜的过程。

4.5.1 靶材的溅射过程

当入射离子在与靶材的碰撞过程中,将动能传递给靶材原子,使其获得的能量超过其结合能时,才可能使靶原子发生溅射。这是靶材在溅射时主要发生的一个过程。实际上,溅射过程十分复杂,当高能入射离子轰击固体表面时,还会产生如图 4-7 所示的许多效应。例如入射离子可能从靶表面反射,或在轰击过程中捕获电子后成为中性原子或分子,从表面反射;离子轰击靶引起靶表面逸出电子,即所谓次级电子;离子深入靶表面产生注入效应,称离子注入;此外还能使靶表面结构组分变化,以及使靶表面吸附的气体解吸和在高能离子入射时产生辐射射线等。

除了靶材的中性粒子,即原子或分子淀积为薄膜之外,其他一些效应会对溅射膜层的生长产生很大的影响。必须指出,图 4-7 中所示的各种效应或现象,在大多数辉光放电镀膜工艺中的基片上,同样可能发生。因为在辉光放电镀膜工艺中,基片的自偏压和接地极一样,都将形成相对于周围环境为负的电位,所以也应将基片视为溅射靶,只不过两者在程度上有很大的差异。

由于离子轰击固体表面所产生的各种现象与固体材料种类、入射离子种类以及能量有关。表 4-3 给出了用 $10\sim100$ eV 能量的 Ar^+ 离子对某些金属表面进行轰击时,平均每个入射离子所产生各种效应及其发生概率的大致情况。当靶材为介质材料时,一般溅射率比金属靶材的小,但电子发射系数大。

表 4-3 离子轰击固体表面所产生的各种效应及其发生概率

效 应	名 称	发生概率
溅 射	溅射率 S	$S=0.1\sim10$
离子溅射	一次离子发射系数 ρ	$\rho=10^{-4}\sim10^{-2}$
离子溅射	被中和的一次离子发射系数 ρ_m	$\rho_m=10^{-3}\sim10^{-2}$
离子注入	离子注入系数 α	$\alpha=1-(\rho-\rho_m)$
离子注入	离子注入深度 d	$d=1\sim10\text{nm}$
二次电子发射	二次电子发射系数 γ	$\gamma=0.1\sim1$
二次离子发射	二次离子发射系数 κ	$\kappa=10^{-5}\sim10^{-4}$

4.5.2 溅射粒子的迁移过程

靶材受到轰击所逸出的粒子中,正离子由于反向电场的作用不能到基片表面,其余的离子均会向基片迁移。大量的中性原子或分子在放电空间飞行过程中,与工作气体分子发生碰

撞的平均自由程 λ_1 可以用下式表示

$$\lambda_1 = c_1 / (v_{11} + v_{12}) \tag{4-11}$$

式中，c_1 是溅射粒子的平均速度；v_{11} 是溅射粒子相互之间的平均碰撞次数；v_{12} 是溅射粒子与工作气体分子的平均碰撞次数。

通常，可认为溅射粒子的密度远小于工作气体分子的密度，则有 $v_{11} \ll v_{12}$，故

$$\lambda_1 \approx c_1 / v_{12} \tag{4-12}$$

v_{12} 与工作气体分子的密度 n_2、平均速度 c_2、溅射粒子与工作气体分子的碰撞面积 Q_{12} 有关，并可用下式表示为

$$v_{12} = Q_{12} \sqrt{(c_1)^2 + (c_2)^2}\, n_2^2 \tag{4-13}$$

或者，$Q_{12} \approx \pi (r_1 + r_2)^2$，这里 r_1，r_2 分别是溅射粒子和工作气体分子的原子半径。

由于溅射粒子的速度远大于气体分子的速度，因而，可认为式 $v_{12} \approx Q_{12} c_1 n_2$，则溅射粒子的平均自由程可近似地由下式表示

$$\lambda_1 \approx 1 / \pi (T_1 + T_2)^2 n_2 \tag{4-14}$$

溅射镀膜的气体压力为 $10^1 \sim 10^{-1}$ Pa，此时溅射粒子的平均自由程约为 $1 \sim 10$ cm，因此，靶与基片的距离应与该值大致相等。否则，溅射粒子在迁移过程中将发生多次碰撞，这样，既降低了靶材原子的动能，又增加靶材的散射损失。

尽管溅射原子在向基片的迁移输运过程中，会因与工作气体分子碰撞而降低其能量，但是，由于溅射出的靶材原子能量远远高于蒸发原子的能量，因而溅射过程中淀积在基片上靶材原子的能量仍比较大，如前所述，其值相当于蒸发原子能量的几十至上百倍。

4.5.3 溅射粒子的成膜过程

关于薄膜的生长过程将在后面介绍，这里主要叙述靶材粒子入射到基片上在沉积成膜过程中应当考虑的几个问题。

1. 淀积过程

淀积速率 Q 是指从靶材上溅射出来的物质，在单位时间内淀积到基片上的厚度，该厚度与溅射速率 S 成正比，即有

$$Q = CIS$$

式中，C 为与溅射装置有关的特征常数；I 为离子流；S 为溅射速率。

上式表明，对于一定的溅射装置和一定的工作气体，提高淀积速率的有效办法是提高离子流 I。但是，如前所述，在不增高电压的条件下，增加 I 值就只有增高工作气体的压力。图 4-25 所示显示出了气体压力与溅射率的关系曲线。由图可知，当压力增高到一定值时，溅射率将开始明显下降。这是由于靶材粒子的背散射和散射增大引起的。事实上，在大约 10 Pa 的气压下，从阴极靶溅射出来的粒子中，只有 10% 左右才能够穿越阴极暗区。所以，由溅射率来选择气压的最佳值是比较恰当的。当然，应注意由于气压升高对薄膜质量的影响

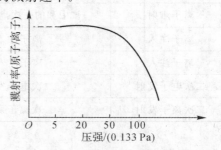

图 4-25　溅射率与 Ar 气压强的关系

问题。

2. 淀积薄膜的纯度

为了提高淀积薄膜的纯度,必须尽量减少淀积到基片上杂质的量。这里所说的杂质主要指真空室的残余气体。因为,通常有约百分之几的溅射气体分子注入淀积薄膜中,特别在基片加偏压时。若真空室容积为 V,残余气体分压为 p_c,氩气分压为 p_{Ar},送入真空室的残余气体量为 Q_c,氩气量为 Q_{Ar},则有

$$Q_c = p_c V, \quad Q_{Ar} = p_{Ar} V$$

即

$$p_c = p_{Ar} Q_c / Q_{Ar} \qquad\qquad (4-15)$$

由此可见,欲降低残余气体压力 p_c,提高薄膜的纯度,可采取提高本底真空度和增加送氩气量这两项有效措施。本底真空度应为 $10^{-3} \sim 10^{-4}$ Pa 较合适。

3. 淀积过程中的污染

众所周知,在通入溅射气体之前,把真空室内的压强降低到高真空区内是很有必要的。因此,原有工作气体的分压极低。即便如此,仍可存在许多污染。

(1)真空室壁和真空室中的其他零件可能会有吸附气体、水汽和二氧化碳。由于辉光中电子和离子的轰击作用,这些气体可能重新释放出。因此,可能接触辉光的一切表面都必须在淀积过程中适当冷却,以便使其在淀积的最初几分钟内达到热平衡;也可在抽气过程中进行高温烘烤。

(2)在溅射气压下,扩散泵抽气效率很低,扩散泵油的回流现象可能十分严重。由于阻尼器各板间的间隔距离相当于此压强下的若干倍平均自由程,因而仅靠阻尼器将不足以阻止这些气体进入真空室。因此,通常需要在放电区与阻尼器之间进行某种形式的气体调节,即在系统中利用高真空阀门作为节气阀,即可轻易地解决这一问题。另外,如果将阻尼器与涡轮分子泵结合起来,代替扩散泵,将能消除这种污染。

(3)基片表面的颗粒物质对薄膜的影响是会产生针孔和形成淀积污染。因此,淀积前应对基片进行彻底的清洗,尽可能保证基片不受污染或携带微粒状污染。

4. 成膜过程中的溅射条件控制

首先,应选择溅射率高、对靶材呈惰性、价廉、高纯的溅射气体或工作气体。一般,氩气是较为理想的溅射气体。其次,应注意溅射电压及基片电位对薄膜特性的严重影响。溅射电压不仅影响淀积速率,而且还严重影响薄膜的结构;基片电位则直接影响入射的电子流或离子流,如果对基片有目的地施加偏压,使其按电的极性接收电子或离子,不仅可净化基片表面,增强薄膜附着力,而且还可以改变淀积薄膜的结晶结构。此外,基片温度直接影响膜层的生长以及特性。如淀积钽膜时,基片温度在 $200 \sim 400$ ℃ 范围内,温度对钽膜特性影响不大,然而在 700 ℃ 以上高温时,淀积钽膜将成为体心立方结构,而 700 ℃ 以下则成为四方晶体。靶材中杂质和表面氧化物等不纯物质,是污染薄膜的重要因素。必须注意靶材的高纯度和保持清洁的靶表面。通常在溅射淀积之前对靶进行预溅射是使靶表面净化的有效方法。

此外,在溅射过程中,还应注意溅射设备中存在的诸如电场、磁场、气氛、靶材、基片、温度、几何结构、真空度等参数间的相互作用影响,因为这些参数均综合地决定着溅射薄膜的结构和特性。

4.6　溅射方法

溅射镀膜有很多种方式。表 4-4 给出各种溅射镀膜方式的特点及原理图。其中,1～5 是按电极结构的分类,即根据电极的结构、电极的相对位置以及溅射镀膜的过程,可以分为直流二极溅射、三极溅射、磁控溅射、对向靶溅射、ECR 溅射等。6～12 是在这些基本溅射镀膜方式的基础上,为适应制作各种薄膜的要求所做的进一步改进。如果在 Ar 中混入反应气体,如 O_2,N_2,CH_4,C_2H_2 等,则可制得靶材料的氧化物、碳化物、氮化物等化合物薄膜,这就是反应溅射;在成膜的基板上若施加直到 500 eV 的负电压,使离子轰击膜层的同时成膜,使膜层密致,改善膜的性能,这就是偏压溅射;在射频电压作用下,利用电子和离子运动特征的不同,在靶的表面感应出负的直流脉冲,而产生溅射现象,对绝缘体也能溅射镀膜,这就是射频溅射;为了在更高的真空范围内提高溅射沉积速率,不是利用导入的氩气,而是通过部分溅射原子自身变成离子,对靶产生溅射实现镀膜,这就是自溅射;在高真空下,利用离子源发出的离子束对靶溅射,实现薄膜沉积,这就是离子束溅射。

磁控溅射由于可以在低温、低损伤的条件下实现高速沉积,故目前已成为工业化生产的主要方式;磁控溅射与射频溅射、反应溅射相结合可以制取各种各样的薄膜;自溅射良好的台阶覆盖率和对大深径比微细孔的孔底涂敷率,为其在大规模集成电路导体多层布线和层间互连等方面的应用,创造了良好条件;离子束溅射中,离子的产生、溅射、成膜分别控制,特别是成膜在高真空中进行,从而可制取更高质量的膜层。

表 4-4　溅射镀膜的种类

序　号	溅射方法	溅射电源	$\dfrac{\text{Ar 气压}}{\text{Pa}}$	特　征	原理图
1	二极溅射	DC 1～7 kV 0.15～1.5 mA/cm² RF 0.3～10 kW 1～10 W/cm²	1.33×10^{-2}	构造简单,在大面积的基板上可以制取均匀的薄膜,放电电流随气压和电压的变化而变化	
2	三极或四极溅射	DC 0～2 kV RF 0～1 kW	$6.65\times10^{-2}\sim$ 1.33×10^{-1}	可实现低气压、低电压溅射,放电电流和轰击靶的离子能量可独立调节控制。可自动控制靶的电流,也可进行射频溅射	
3	磁控溅射（高速低温溅射）	0.2～1 kV（高速低温） 3～30 W/cm²	$10\sim10^{-6}$	在与靶表面平行的方向上施加磁场,利用电场和磁场相互垂直的磁控管原理减少电子对基板的轰击,实现高温低速溅射	

续 表

序 号	溅射方法	溅射电源	$\dfrac{Ar\ 气压}{Pa}$	特 征	原理图
4	对向靶溅射	可采用磁控靶 DC 或 RF 0.2~1 kV, 3~30 W/cm²	$1.33\times10^{-1}\sim$ 1.33×10^{-3}	两个靶对向放置,在垂直于靶的表面方向加磁场,可以对磁性材料等进行高速低温溅射	
5	ECR 溅射	0~数千伏	1.33×10^{-3}	采用 ECR 等离子体,可在高真空中进行各种溅射沉积。靶可以做得很小	
6	射频溅射	RF 0.3~10 kW	1	为了制取绝缘薄膜,如 SiO_2、Al_2O_3、玻璃膜等而研制,也可溅射金属	
7	偏压溅射	在 0~500 V 范围内,使基片对阳极处于正或负的点位	1.33	镀膜过程中同时清除基片上轻质量的带电粒子,从而使基板中不含有不纯气体(残留 H_2O、N_2 等)	
8	非对称交流溅射	AC 1~5 kV 0.1~2 mA/cm²	1.33	在振幅大的半周期内对靶进行溅射,在振幅小的半周期内对基片进行离子轰击,清除吸附的气体,以获得高纯薄膜	
9	离子束溅射	引出电压 0.5~2.5 kV, 离子束流 10~50 mA	离子源系统 $10^{-2}\sim10^{2}$ 溅射室 3×10^{-3}	在高真空下,利用离子束溅射镀膜,是非等离子体状态下的成膜过程。靶接地点位也可,还可以进行反应离子束溅射	
10	吸气溅射	DC 1~5 kV 0.15~1.5 mA/cm³ RF 0.3~10 kV 1~10 W/cm²	1.33	利用对溅射粒子的吸气作用,除去不纯物质气体,能获得纯度高的薄膜	

续 表

序 号	溅射方法	溅射电源	$\dfrac{\text{Ar 气压}}{\text{Pa}}$	特 征	原理图
11	自溅射	靶表面的磁通密度 50 mT,7～10 A	0	溅射时不用氩气,沉积速率高,被溅射原子飞行轨迹呈束状,目前,仅有 Cu,Ag 的自溅射	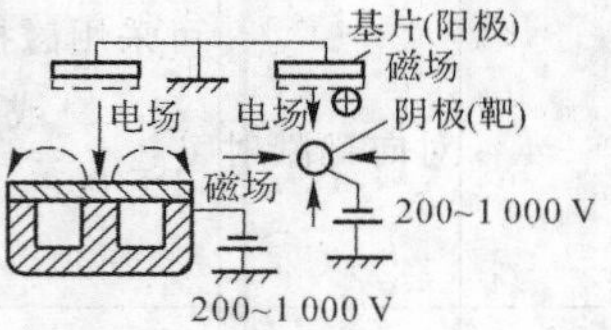 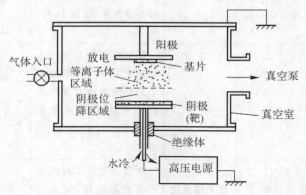
12	反应溅射	DC 0.2～7 kV RF 0.3～10 kW	在 Ar 中混入适量的活性气体,例如 O_2,N_2 等分别制取 TiN,Al_2O_3 等	制作阴极物质的化合物薄膜,如 TiN,TiC,AlN,Al_2O_3 等	从原理上讲,除了 10 和 11 两种方式以外,其他的都可以进行反应溅射

4.6.1　直流二极溅射

最简单的直流二极溅射装置如图 4-26 所示。它实际上是由一对阴极和阳极组成的冷阴极辉光放电管结构。被溅射靶和成膜的基片及其固定架构成溅射装置的两个极。阴极上接 1～3 kV 的直流负高压,阳极通常接地,所以称为直流二极溅射。如果电极都是平板状的,就称为平板型二极溅射;如果电极是同轴圆筒状的,就称为同轴型二极溅射。

图 4-26　直流二极溅射装置

图 4-27 以平行金属板直流二极溅射为例,表示溅射镀膜的原理和基本过程:

(1)在真空室等离子体重产生正氩离子,并向具有负电位的靶加速。

(2)在加速过程中离子获得动量,并轰击靶材料。

(3)离子通过物理过程从靶上撞击出原子,靶具有所要求的材料组分。

(4)被撞击出的原子迁移到基板表面。

(5)被溅射的原子在基板表面凝聚并形成薄膜,与靶材料比较,薄膜具有与它基本相同的材料组分。

(6)额外材料由真空泵抽走。

在直流二极溅射装置中,由于溅射气压高,从靶表面溅射出的产物在飞向基片的过程中,

受到气氛中气体分子的碰撞并在气氛中扩散。在这种情况下,到达基片的溅射物质总量 Q 可近似地用下式求出,有

$$Q \approx k_1 Q_0 / pd \tag{4-16}$$

式中,k_1 为常数;Q_0 为靶上溅射蒸发的总量;p 为溅射气压;d 为靶与基片间的距离。式(4-16)中的 Q_0 也可由下式给出,有

$$Q_0 \approx (I_1/e)Yt(\mu/N_A) \tag{4-17}$$

式中,I_1 为靶离子电流;e 为电子电荷量;Y 为溅射率;t 为溅射时间;μ 为溅射物质的相对原子质量;N_A 为阿伏伽德罗常数。

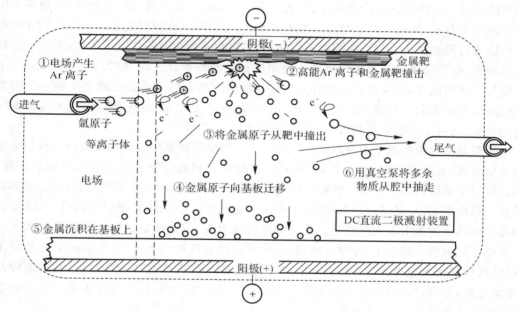

图 4-27 溅射镀膜的原理和基本过程

做粗略近似,用溅射时的放电电流 I_s 代替上述的 I_1,同时设溅射率 Y 与放电电压 U_s 成正比,则由公式(4-17) 得出靶上溅射物质的总量为

$$Q_0 \approx k_2 U_s I_s t \tag{4-18}$$

其中 k_2 是由靶物质所决定的常数。因此式(4-16)可写成:

$$Q \approx k_1 k_2 U_s I_s t / pd \tag{4-19}$$

由上式可以看出,溅射沉积量与溅射装置所消耗的电能($U_s I_s t$)成正比,与气压和靶到基片距离的乘积乘反比。

直流二极溅射结构简单、设备便宜,但存在下述难以克服的缺点。

(1)工作压力比较高(通常高于 1 Pa),在此压力范围内,扩散泵几乎不起作用,主阀处于关闭状态,排气速度小,本底真空和氩气中残留气氛对溅射镀膜影响极大。结果造成沉积速率低、膜层质量差。

(2)靶电压高,离子溅射造成的发热严重,靶面的热量耗散不出去成了提高靶功率的阻碍,从而也阻碍了沉积速率的提高。

(3)大量二次电子直接轰击基片,在使基片温度过高的同时,还会使基片造成某些性能不

可逆变化的辐射损伤。

人们曾采用偏压溅射和非对称交流溅射等来克服上述缺点,但是效果均不显著。目前,普通直流二极溅射装置的使用意义已经不大。

4.6.2 三极和四极溅射

三极溅射在克服二极溅射的缺点方面向前迈进了一步。它是在二极溅射装置的基础上附加第三极,由此极放出热电子强化放电,它既能使溅射速率有所提高,又能使溅射工况的控制更加方便。在三极溅射装置中,第三极为发射热电子的炽热灯丝,它的电位比靶的电位更负。热阴极能充分供应维持放电用的热电子,电子朝向靶运动。它穿越放电空间时,可增加工作气体原子的电离数量,从而有助于增加入射离子密度。这样,三极溅射在 $10^{-1} \sim 10^{-2}$ Pa 的低气压下也能进行溅射操作。与二极溅射不同的是,可以在主阀全开的状态下工作,因此可以制取高纯度的膜,如超导薄膜等。辅助热电子流的能量要调整得合适,一般为 $100 \sim 200$ eV,这样可以增加气体的电离,但又不会使靶过分加热。附加的热发射电子流是靶电流的一个调整参量,就是说,在原来的二极溅射运行的气压、电压、电流三要素中,电流可以独立于电压作一定程度的调整,这对于参数调节和稳定工况是有利的。

四极溅射又称为等离子弧柱溅射,它是在二、三极溅射的基础上更加有效的一种热电子强化的放电形式,其原理图如图 4-28(a)所示。在原来二极溅射靶和基片相互垂直的位置上,分别放置一个发射热电子的灯丝和吸引热电子的辅助阳极,其间形成低电压、大电流的等离子体弧柱。弧柱中,大量电子碰撞气体电离,产生大量离子。由于溅射靶处于负电位,因此它会受到弧柱中离子的轰击而引起溅射。靶上可接直流电源,也可用电容耦合到射频电源上。有时为了更有效地引出热电子,并使放电稳定,在热灯丝附近加一个正 $200 \sim 300$ V 的稳定化栅网,可使弧柱的点火容易在工作压力下实现。否则,需要先在较高压力下点火,在逐渐降低压力,增大电流,慢慢过渡到低压力的工作点,而且,一旦灭弧之后,还需重新点火。稳定化栅网上要限流和选用钼、钨等耐热材料。

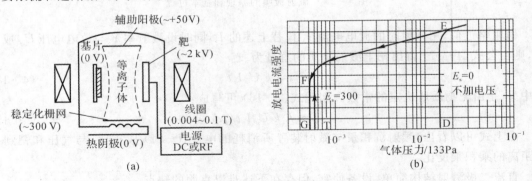

图 4-28 四极溅射

(a)四极溅射原理;(b)等离子体的稳定性

图 4-28(b)所示是四极溅射装置放电电流强度同气体压力的关系。从图中可以看出,若从 E 点降低气体压力,放电电流会逐渐减少,到 F~G 点放电停止。若使放电重新开始,要提高气体的压力。只得注意的是,当稳定化栅网加上 $E_s = 300$ V 的电压时,气体压力只升高到 T 点,放电即可重新开始,即稳定化栅网的存在使稳定放电的范围从 D 点扩大到 T 点,使放电气

压降低一个数量级以上。

在四极溅射装置中,靶电流主要决定于辅助阳极电流而不是靶电压。与三极溅射一样,靶电流和溅射电压可独立调节,这是三、四极溅射的一大优点。三、四极溅射装置在一百到数百伏的靶电压下也能运行。由于靶电压低,对基片的辐照损伤小,因而可用来制作集成电路和半导体器件用薄膜。在这方面已取得良好效果。

Battele 公司在三极溅射装置中,使电子发射发出 20~30 A 的电流,比一般情况大 10 倍,由此增加等离子体密度,使靶电流达到 30 mA/cm², 为通常二极溅射的 10~30 倍。采取这种装置实现了对各种金属的高速溅射,制取了数十微米的厚膜,见表 4-5。但是这种方式的三、四极溅射方法,还是不能抑制由靶产生的高速电子对基片的轰击。特别是在高速溅射的情况下,基片的温升极其严重;灯丝寿命短,不能连续运行;而且还有因灯丝具有不纯物质而使膜层沾污等问题。

表 4-5　高速三极溅射沉积速率

靶材料	用　途	沉积速率/(nm/min)
304 不锈钢	保护膜	至 320
铁(C 0~5%)	(混有过饱和碳的铁)	至 180
RCo₅(R:Sm,Y,Er)	永磁合金	至 640（30 W/cm²）
Nb12Al3Ge	超导薄膜	至 1 000（37.5 W/cm²）
Be(Be 合金)	轻合金保护膜	至 210
Cr	装饰、保护膜	至 400
CoCrAlY 合金	耐热保护膜	至 640（20 W/cm²）
Cu(含 SiC 1%)	激光反射板用膜	至 1 800
Ni	保护膜	至 1 200
Cu 合金(Zr,Ta,TaC)	(混入 Zr 等增加强度)	至 1 500

4.6.3　射频溅射

20 世纪 30 年代发现,射频放电管的玻璃管壁上黏附的沾污层,在放电过程中会变得干净。从研究中得知,这是由于溅射造成的。但是,真正把射频溅射用于制取薄膜是在 20 世纪 60 年代,由 Anderson 和 Davidse 开始的。这种溅射装置利用了射频辉光放电,可以制取从导体到绝缘体任意材料的薄膜,因此从 20 世纪 70 年代开始得到广泛普及。

图 4-29 所示是典型的射频溅射装置的结构示意图。简单地说,把直流二极溅射装置的直流电源换成射频电源就构成了射频溅射装置。

前面已经指出,直流二极溅射是利用金属、半导体靶制取薄膜的有效方法。但是,当靶是绝缘体时,由于撞击到靶上的离子会使靶带电,靶的电位上升,结果离子不能继续对靶进行轰击。

采用射频电源也能对绝缘体进行溅射镀膜的道理,可利用图 4 - 30 加以说明。先假定靶上所加为矩形波电压 u_m,在正半周由于绝缘体的极化作用,其表面很快地吸引了位于绝缘体表面附近的等离子体中的电子,致使表面与等离子体的电位相同,正半周表面电位变化如 u_s。也可以认为,上述过程是对电压 u_m 的电容进行充电。在电源的负半周,绝缘体靶表面实际的电位变化溅射现象。由于离子比电子质量大,迁移率小,不像电子那样很快地向靶表面集中,所以靶表面的电位上升缓慢,或者说,由电子充电的电容器放电缓慢。下一个正半周又重复上述的充电过程。其结果就好像在绝缘体上加上了一个大小为 u_b 的直流偏压一样,从而对绝缘体也可以进行溅射。若在绝缘体靶上所加的是正弦波,则偏压 u_s 也是正弦波,也可以认为,由于所用电源是射频的,射频电流可以通过绝缘体两面间的电容而流动,因而能对绝缘体进行溅射。

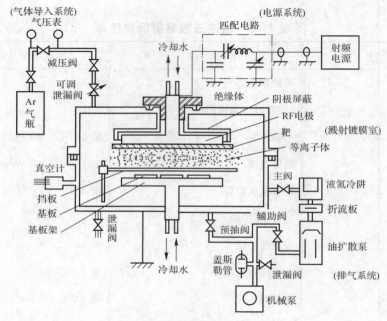

图 4 - 29　射频溅射装置基本构成

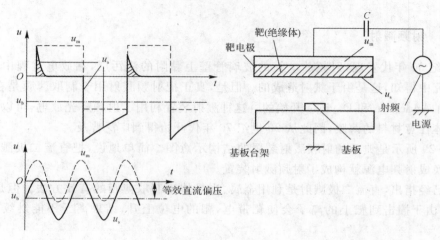

图 4 - 30　射频溅射

现在估算一下靶点位的上升速度,设靶的静电电容 C、点位为 u、向靶入射的电流为 I。由于靶上积蓄的电量是 C_u,则下面的关系成立,有

$$\Delta(C_u) = I\Delta t \qquad\qquad (4-20)$$

式中,t 为时间。

由于 C 与时间无关,则可以写成

$$\Delta t = C\Delta u/t \qquad\qquad (4-21)$$

因此,若设 $C \approx 10^{-12}\text{F}$,$\Delta u \approx 10^3\text{V}$,$I \approx 10^{-2}\text{A}$,由式(4-21)可以算出 Δt,得

$$\Delta t \approx 10^{-7}\text{s}$$

由此可以看出,在有 10 mA 电流流动的状态下,电位上升 1 keV,只需要 $0.1\ \mu\text{s}$ 的时间。在溅射镀膜法中,大多数情况下,离子加速时的电压为 1 kV 左右。假设在 1 kV 下加速,经过 $0.1\ \mu\text{s}$ 的时间后,离子就不能继续对靶进行轰击。相反,如果在频率大约为

$$f = 1/\Delta t \approx 10^{-7}\ \text{Hz} = 10\text{ MHz}$$

的每个周期中,使靶电位正负交换,消除由离子引起的靶带电现象,就可以防止靶电位的上升。由此可以进一步定量地看出采用射频电源的必要性。现在,商用溅射装置中,多用 13.56 MHz 的射频电源。当用金属靶时,与前面叙述的绝缘靶的情况不同,靶上没有自偏压作用的影响,只有靶处在负电位的半周期内溅射才能发生。所以,在普通射频溅射装置中,要在靶上串联一个电容,以隔断直流分量,这样金属靶也能受到自偏压作用的影响。

射频溅射装置的设计中,最重要的是靶和匹配回路。靶要水冷,同时要加高频高压,所以引水管要保证一定的长度,绝缘性要好,冷却水的电阻要足够大。溅射装置的放电阻抗大多为 $10\text{ k}\Omega$。电源的内阻大约为 $50\ \Omega$,两者要良好匹配。由于装置内的电极和挡板的布置等是变化的,因而要利用调整回路进行匹配,以使射频功率有效地输入到装置内。

与直流放电相比,射频维持放电的气压压力要低 $1\sim2$ 个数量级。但是,由于放电开始前压力太低,电子数量不足,放电难以开始。因此要设法供应电子,或者在溅射室内安装彼此相对靠近的电极,其间加上高压进行放电,或者装置灯丝,进行加热使其放出热电子。

在射频溅射装置中制取薄膜时,当基板也是绝缘体时情况又如何呢? 实际上,基片往往是以各种各样的形式固定在接地的金属支架上,由于会产生漏电,基片上不会产生太高的偏压。但是,除了靶之外的部分会由于自偏压而带负电。结果在放电中,基片会受到离子的轰击作用,基片上的薄膜也会受到一定程度的溅射而脱离基片。这种现象称为反溅射。反溅射随溅射条件的不同而异,镀膜过程中要考虑到这一现象。

射频溅射可采用任何材料的靶,在任何基板上沉积任何薄膜。若采用磁控溅射,则还可以实现高速溅射沉积。这无论从新材料研究开发,还是从批量生产经济性考虑都有非常重要的意义。今年来,射频溅射在研制大规模集成电路绝缘膜、压电声光功能膜、化合物半导体膜及高温超导膜等方面都有重要应用。

4.6.4　磁控溅射

早在 20 世纪 20 年代,磁场和电场相互垂直布置的圆柱形磁控管,就在真空测量和微波振荡管中得到应用,后来在溅射离子泵中也在成功地得到应用。利用磁控溅射制取薄膜,最早要追溯到 1935 年,由 Penning 的实验开始的。图 4-31 是 Penning 所用装置的示意图。中央电极为阴极,阳极与阴极同轴,利用磁场线圈加上 $3\times10^{-2}\text{ T}$ 左右的磁场,磁场方向与电场方向

垂直。利用这种同轴磁控管装置进行溅射镀膜,成膜速度加快,而且溅射气压和未加磁场的情况相比,可以降到 1/5～1/6。但当时没有得到应用。1969 年以后,柱状磁控溅射技术得到迅速发展。1971 年 P. J. Clarke 首先发表了 S-枪式的磁控溅射源专利。1974 年 J. S. Chapin 第一次发表了关于平面磁控溅射镀膜的论文。由于磁控溅射的许多优点,因此在短短十几年得到迅速发展,各种类型的磁控溅射装置继续问世。

　　磁控溅射与普通的二极、三极溅射相比,具有高速、低温、低损伤等优点。高速是指沉积速率快;低温和低损伤是指基片的温升低,对膜层的损伤小。一般称这种方法为低温高速溅射。磁控溅射还具有一般溅射的优点,如沉积的膜层均匀、致密、针孔少,纯度高,附着力强,应用的靶材广,可进行反应溅射,可制取成分稳定的合金膜等。除此之外,工作压力范围广,操作电压低也是磁控溅射的显著特点。

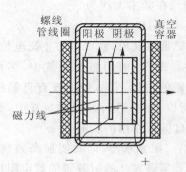

图 4-31　Penning 溅射装置示意图

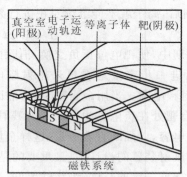

图 4-32　磁控溅射工作原理

1. 工作原理

　　磁控溅射的工作原理如图 4-32 所示。电子 e 在电场 E 作用下,在飞向基板过程中与氩原子发生碰撞,使其电离出 Ar^+ 和一个新的电子 e,电子飞向基片,Ar^+ 在电场作用下加速飞向阴极靶,并以高能量轰击靶表面,使靶材发生溅射。在溅射粒子中,中性的靶原子或分子则淀积在基片上形成薄膜。二次电子 e_1 一旦离开靶面,就同时受到电场和磁场的作用;一旦进入负辉光区就只受磁场作用。于是,从靶面发出的二次电子,首先在阴极暗区受到电场加速,飞向负辉光区。进入负辉光区的电子具有一定速度,并且是垂直于磁力线运动的。在这种情况下,电子由于受到磁场 B 洛伦兹力的作用,而绕磁力线旋转。电子旋转半圈之后,重新进入阴极暗区,受到电场减速。当电子接近靶面时,速度即可降到零。以后,电子又在电场的作用下,再次飞离靶面,开始一个新的运动周期。电子就这样周而复始,跳跃式地朝 E(电场)× B(磁场)所指的方向飘逸(见图 4-33),简称 $E × B$ 漂移。电子在正交电磁场作用下的运动轨迹近似于一条摆线。若为环形磁场,则电子就以近似摆线形式在靶表面作圆周运动。

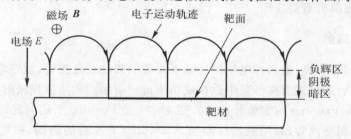

图 4-33　电子在正交电磁场下的 $E × B$ 漂移

二次电子在环状磁场的控制下,运动路径不仅很长,而且被束缚在靠近靶表面的等离子体区域内,在该区中电离出大量的 Ar^+ 离子用来轰击靶材,从而实现了磁控溅射淀积速率高的特点。随着碰撞次数的增加,电子 e_1 的能量消耗殆尽,逐步远离靶面,并在电场 E 的作用下最终沉积在基片上。由于该电子的能量很低,传给基片的能量很小,致使基片温升较低。另外,对于其他电子 e_2 来说,由于磁极线处的电场与磁场平行,电子 e_2 将直接飞向基片,但是在磁极轴线处密度很低,所以 e_2 电子很少,对基片温升作用极微。

综上所述,磁控溅射的基本原理,就是以磁场来改变电子的运动方向,并束缚和延长电子的运动轨迹,从而提高了电子对工作气体的电离概率和有效地利用了电子的能量。因此,使正离子对靶材轰击所引起的靶材溅射更加有效。同时,受正交电磁场束缚的电子,又只能在其能量要耗尽时才沉积在基片上。这就是磁控溅射具有低温、高速两大特点的道理。

磁控溅射源主要有三种类型,如图 4－34 所示。最早发展起来的是柱状磁控溅射源,如图 4－34 中(a)(b)所示。同轴圆柱形磁控溅射源的原理和结构都比较简单,它适合于制作大面积溅射膜,在工业上应用比较广泛。第二种类型是平面磁控溅射源,如图 4－34(c)和图 4－35所示,圆形的可以制成小靶,适合于贵重的靶材;矩形的适合制成大靶和一般材料的靶材。平面磁控溅射源的结构简单,造价不高,通用性强,应用最广。第三类是溅射枪(S 枪),如图 4－34(d)所示。S 枪结构比较复杂,一般配合行星式夹具使用。它不仅具有磁控溅射共同的工作原理和低温、高速的特点,而且由于其特殊的靶形状与冷却方式,还具有靶材利用率高、膜厚分布均匀、靶功率密度大和易于更换靶材等优点。

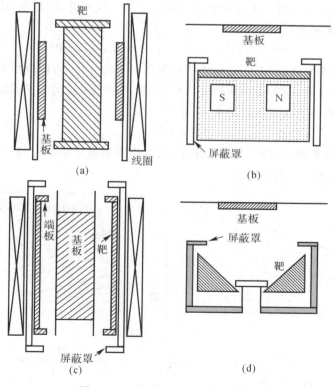

图 4－34 各种不同的磁控溅射源

(a)同轴圆柱形磁控溅射源; (b)圆柱状空心磁控溅射源; (c)平面磁控溅射源; (d)S 枪溅射源

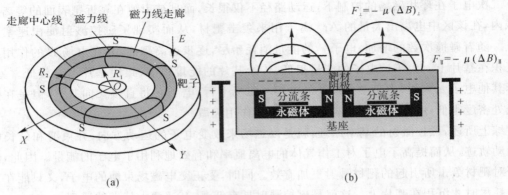

图 4-35 平面磁控溅射源

(a)圆形；　(b)矩形

　　上述各种磁控溅射源尽管结构上各有差异,但都具备两个条件:①磁场与电场正交;②磁场方向与阴极表面平行。

　　2.平面磁控溅射的工作特点

　　不同气压下,矩形平面磁控溅射的电流-电压特性如图 3-36(a)所示。在最佳的磁场强度和磁力线分布条件下,溅射时电流与电压之间的关系基本遵循下面的公式,有

$$I = KV^n \tag{4-22}$$

式中,K 和 n 是与气压、靶材料、磁场和电场有关的常数。气压高,阻抗小,伏安特性曲线较陡,溅射功率的变化可表示成

$$dP = d(IV) = IdV + VdI = IdV + nIdV$$

显然,电流引起的功率变化($nIdV$)是电压引起的(IdV)的 n 倍,所以要使溅射速率恒定,不仅要稳压,更重要的是稳流,或者说必须稳定功率。图 4-36(b)显示出了恒定阴极电流条件下,阴极电压与气压的关系曲线。此时功率 P 为

$$P = KV^{n+1} \tag{4-23}$$

在气压和靶材料等因素确定之后,如果功率不太大,则溅射速率基本上与功率成线性关系。但是功率如果太大,可能出现饱和现象。

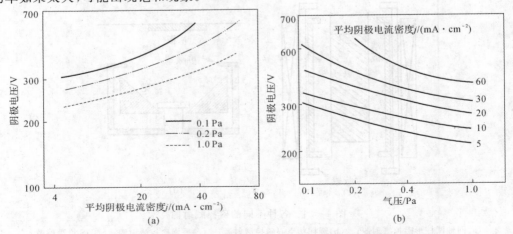

图 4-36　平面磁控溅射的电流、电压和气压的关系

通常,平面磁控溅射的工作参数为:溅射电压 300～800 V,电流密度 4～50 mA/cm²、氩气压力 0.13～1.3 Pa,功率密度 1～36 W/cm²、基片与靶的距离为 4～10 cm。在上述工艺条件下,一般单元素淀积速率为 10^3～ 10^4 Å/kW·min,比一般溅射的淀积速率提高了一个数量级,到达蒸发镀膜和离子镀的水平。

磁控溅射不仅可得到很高的溅射速率,而且在溅射金属时还可避免二次电子轰击而使基板保持接近冷态,这对使用单晶和塑料基板具有重要意义。磁控溅射电源可以为 DC 也可为 RF 放电工作,故能制各种材料。但是磁控溅射存在三个问题:第一,不能实现强磁性材料的低温高速溅射,因为几乎所有磁通都通过磁性靶子,所以在靶面附近不能外加强磁场;第二,使用绝缘材料靶会使基板温度上升;第三,靶子的利用率较低,这就是由于靶子侵蚀不均匀的原因。

4.6.5 对向靶溅射

对于 Fe、Co、Ni、Fe_2O_3、坡莫合金等磁性材料,要实现低温、高速溅射镀膜,有特殊的要求。采用前面的几种磁控溅射方式都受到很大的限制。这是由于靶材的磁阻很低,磁场几乎完全从其中通过,不可能形成平行于靶表面的使二次电子作圆摆线运动的较强磁场。若采用三极溅射或射频溅射等,靶温升很严重,而且沉积速率低。

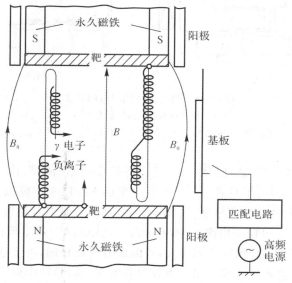

图 4-37 对向靶溅射的工作原理

采用对向靶溅射法,即使采用铁磁性靶也能实现低温高速溅射镀膜。这是一种设计新颖的溅射镀膜技术。其原理如图 4-37 所示。两只靶相对布置。所加磁场和靶表面垂直,且磁场与电场平行。阳极放置在于靶面垂直部位,电场与磁场一起,起到约束等离子体的作用。二次电子飞出靶面后,倍垂直靶表面的阴极位降区的电场加速。电子在向阳极运动过程中,在磁场作用下,作洛伦兹运动。但是,由于两靶上加有较高的负偏压,部分电子几乎沿直线运动,到对面靶的阴极位降区倍减速,然后又被向相反方向加速运动。在靶四周非均匀磁场的作用下,上述二次电子被有效地封闭在 B_0 之间,形成高密度的柱状等离子体。电子被两个电极来回反射,大大加长电子运动的路程,增加与氩原子的碰撞电离概率,进而明显提高两靶间气体的电离化程度,增加溅射所必需的氩离子的密度,从而可提高沉积速率。

二次电子除了被磁场约束之外,还受很强的静电反射作用。等离子体被紧紧地约束在两个靶面之间,而基片位于等离子体之外。这样就可避免高能电子对基片的轰击,基片温升很小。而且,在更低的气压下也能溅射镀膜。

Hoshi 等人利用对靶磁控溅射制取磁性 Fe,Ni 及其磁性合金膜,采用的系统如图 4-38 所示。在真空室外部,在垂直于靶平面方向,可以施加 0.12 T 的磁场;具有相同尺寸的两个盘状靶平行安置于溅射室内。溅射靶为 Ni 和 Fe(纯度为 99.9%)盘,其直径均为 60 mm,厚度 3 mm。对于坡莫合金沉积,采用由 Ni,Fe 盘和 Mo 片构成的复合靶,薄膜组分可以通过改变 Fe 盘的直径和 Mo 片的数量来控制。靶间距离保持在 50 mm,基片在离双靶公共轴 40~70 mm 处竖直放置。溅射气压为 0.07~11 Pa,放电电流为 1.5 A 时可以维持稳定的辉光放电。Hoshi 及其合作者研究了沉积膜的晶体结构、组分、表面形貌。实验表明:应用这一装置,在低于 180℃的温度下,在基片上沉积磁性膜,其沉积速率比使用传统的直流二极溅射系统高出 50 倍。

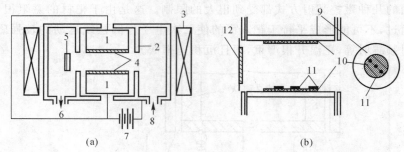

图 4-38　制取磁性膜的对向靶系统

(a)溅射系统;　(b)复合靶

1—铁柱;　2—接地;　3—励磁线圈;　4—靶;　5—基片;　6——接真空;　7—直流高压源;

8—入气口;　9—Ni 靶;　10—Fe 靶;　11—Mo;　12—基片

Naoe 及其合作者使用对靶磁控溅射系统制备了 Co—Cr 薄膜,这一薄膜可以做高密度垂直磁记录媒介。他们还报道了具有不同 Fe,Ti 厚度的 Fe/Ti 多层膜以及 TbFeCo 薄膜。对靶磁控溅射系统也用于制备高温超导薄膜,Hirata 和 Naoe 在低基片温度下制备了 YBCO 薄膜,MgO<110>和 SrTiO₃<110>用作基片,基片温度从室温至 500℃范围内变化。X 射线衍射结果表明,所获得薄膜结晶相属四方晶体系,膜的成分与靶相同,由于基片不在等离子体区中,不会出现再溅射现象,由此导致膜与靶的组分没有差别。临界转变温度为 85 K 的高温超导薄膜可在 410℃条件下制得,其表面非常光滑。

孙多春等利用对向靶直流磁控溅射系统,通过严格控制溅射参数,在 NaCl(001)和 Si(001)基板上成功制备出 a″-Fe₁₆N₂ 单晶薄膜。Fe₁₆N₂ 的饱和磁化强度可达 2.83 T,这是目前已知的饱和磁化强度最高的软磁材料,它作为高密度磁记录介质和磁头的理想材料,近年来受到人们的广泛关注。由于 a″-Fe₁₆N₂ 是一种热力学准稳定相,故一般说来,用非平衡的物理气相沉积法才能克服比它更稳定的 α 和 γ′相。外延生长 a″-Fe₁₆N₂ 要求严格的工艺条件,其中除了需要达到理想化学计量之外,基片的选择和基片温度的控制尤为重要。

4.6.6　离子束溅射沉积

前面叙述的所有溅射镀膜方法都无例外地是把基片放在等离子体中。在成膜过程中,膜层要不断地受到周围气体原子和带电粒子的轰击;而奔向基片的溅射粒子,在沉积之前,要与等离子体中的气体原子、带电粒子相互碰撞多次,依靠漂移、扩散才能到达基片。同时,沉积粒子的能量还依基片电位和等离子体电位的不同而变化。因此,在等离子体状态下所制作的薄膜性质往往有较大的差别。溅射条件、溅射气压、靶电压、放电电流等不能独立控制,这样就难于对成膜条件进行严格控制。

为了克服上述缺点,人们采用了离子束溅射法,简称 IBS。这是用离子源发出离子,经引出、加速、聚焦,使其成为束状,用此离子束轰击置于高真空室中的靶,将溅射出的原子进行镀膜。IBS 的原理如图 4-39 所示。与等离子体溅射镀膜法比较,虽然 IBS 装置结构复杂,成膜速率慢,但有下述的优点:

(1)在 10^{-3} Pa 的高真空下,在非等离子体状态下成膜,沉积薄膜很少掺有气体杂质,所以纯度较高;由于溅射粒子的平均自由程大,溅射粒子的能量高、直线性好,因此不仅能获得与基片具有良好附着力的膜层。此外,通过变化射向基片的入射角,或者采用不同的掩模,还能改变膜层的二维或三维的结构。

(2)可以独立控制离子束能量和电流;可以使离子束精确聚焦和扫描;在保持离子束特性不变的情况下,可以变换靶材和基片材料;离子束窄能量分布使我们能够将溅射率作为离子能量的函数来研究。

(3)沉积发生在无场区域,靶上放出的电子或负离子不会对基片产生轰击作用,与等离子体溅射法相比,基片温升小,膜成分相对于靶成分的偏离小。

(4)可以对镀膜条件进行严格的控制,从而能控制膜的成分、结构和性能等。

(5)靶处于正电位也可以进行溅射镀膜。

(6)许多材料都可以用离子束溅射,其中包括各种粉末、介电材料、金属材料和化合物等。

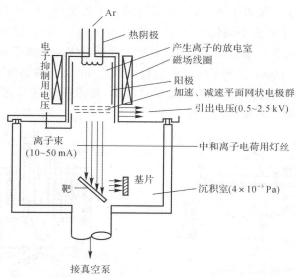

图 4-39　离子束溅射镀膜(IBS)装置原理

离子源是 IBS 装置中最重要的部分,离子源通常由产生离子的放电室、引出并加速离子的网状电极群以及中和离子电荷的灯丝所构成。按用途不同,已开发了各种不同类型的离子源,但就 IBS 装置中采用的离子源而论,主要是电子轰击型和双等离子体型两大类。从形式上看,无论哪一种都是从阴极放出大量电子,利用这些电子促进电离。通常,为了增加电子的飞行距离,往往要加上场强为几万 A/m 的磁场。电子轰击型离子源中,以 Kaufman 源效果最好。图 4-40(a)示出了它的工作原理。这种离子源的特点是装备有多极磁场和多孔式离子引出系统,容易引出大直径大电流的离子束。目前已有人做出束径为 Φ30 cm 的 Kaufman 源。现在,商用 IBS 装置几乎都是安装这种类型的离子源。其放电气压为 1.33×10^{-2} Pa。放电电压较低,大约为 50V,离子能量分布在 $1 \sim 10$ eV 较窄的范围内。离化效率较高,为 $50\% \sim 70\%$,可以引出 $500 \sim 2\,000$ eV,$1 \sim 2$ mA/cm^2 的 Ar$^+$ 离子束。图 4-40(b)是双等离子体型离子源的结构示意图。这种离子源的关键技术在于,利用图中所示的中间电极和磁场,使阴极与阳极之间发生的等离子体收聚,并使其通过直径 Φ1 mm 左右的细孔,射入到高真空一侧。在放电气压为 $1.33 \times 10^{-1} \sim 1.33 \times 10^{2}$ Pa,放电电压为 60×80 V 条件下,放电电流为 $1 \sim 2$ A;在 $1 \sim 20$ keV 下可以引出数毫安的 Ar$^+$ 离子束。为了引出更大的离子束,人们开发了带有等离子体扩张室的改进型离子源。从离子源引出的离子束由于空间电荷效应容易发散,给离子束的传输带来困难。为了解决一问题,往往在离子引出电极的后方供应电子,使空间电荷相互中和。这种提供电子的装置称为中和极,通常多采用热灯丝。一般认为,用这种方式提供的电子在靶上与离子再结合。采用了这种中和装置以后,就可以对绝缘靶进行溅射。在对绝缘靶进行溅射时,为使离子束不射到靶以外的部位,一般要对离子束进行收聚。这可采用透镜系统。由 Kaufman 开发的两种多孔式引出电极系统,也能有效地引出聚焦性很好的离子束。其结构如图 4-41 所示。一种是引出电极带一定曲线,一种是引出电极和阳极在轴向上不对正。同时,为对基片进行溅射清洗,或在成膜过程中,同时用其他离子轰击膜层。有人已经采用了装有两个离子源的双束型 IBS 装置,用于溅射镀膜。

现在举一个利用 Kaufman 源的 IBS 装置实例,可以参考前面的图 4-39。Kaufman 离子源产生束径为 Φ7.5 cm 的氩离子束,离子源系统的真空度为 $(5.2 \sim 6.5) \times 10^{-1}$ Pa;溅射室的真空度为 3×10^{-3} Pa。靶的水平倾斜角可变,一般情况下都是 40°。基片装在 6.3 mm 厚的圆形钼架上,并处于竖直位置。在镀膜过程中,基片要自始至终避开离子束的轰击。靶表面离子束流密度通常是 0.5 mA/cm^2。离子所带的能量大约为 500 eV,在每次沉积前,先用离子束轰击至少 50 min,预清洁靶表面。在离子束溅射过程中,要求靶和基片都能在不同的方向上转动,以保证沉积薄膜组分和厚度的均匀性。

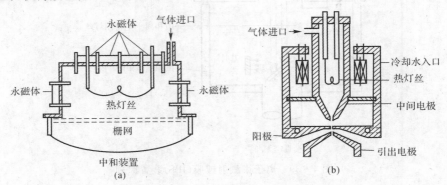

图 4-40　IBS 装置中采用的离子源
(a)Kaufman 型离子源的断面图；(b)双等离子体型离子源的断面图

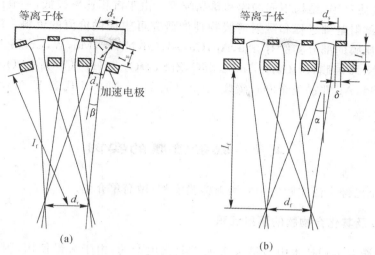

图4-41　引出聚焦离子束的电极系统

(a)带有定曲率的系统；　(b)轴向不对正的系统

d_a—引出电极孔径；　d_f—离子束直径；　d_s—阳极孔径；　l_e—离子束源曲率半径；

l_i—离子束源焦距；　l_g—阳极(引出电极间距)；　α—斜束发散半角；　β—离子束发散半角；　δ—孔偏距

　　Weismantet利用IBS法中溅射粒子达到基片具有较高的能量这一特点，在镀膜的同时还用离子束轰击膜层，结果在相当低的基片温度下，成功地制取了晶态的 Si_3N_4 和 Nb_3Ge 膜；而且利用碳离子束在基片上的沉积，制取了类金刚石膜，这是一项非常有意义的成果。

　　如果在这种装置中引入反应气体，进行化学反应，可以制取氧化物、氮化物等，这就是反应离子束溅射法，图4-42中示出反应离子束溅射法的几种方式。其中图4-42(a)所示是最简单的方法，引入的反应气体是中性的；图4-42(b)所示是使反应性气体离化，同时参加溅射，不仅在基片上而且在靶上也能进行反应；图4-42(c)所示是使反应气体离化，加速之后直接在基片上发生反应。

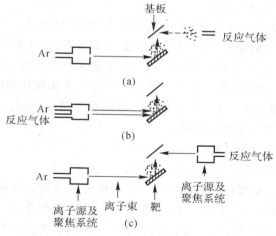

图4-42　反应离子束溅射法的几种方式

　　IBS法除了成膜条件可严格控制外，溅射粒子的动能大且具有极好的方向性，因此可以制取各种各样的高质量膜、结构不同的膜和单晶膜等。由于沉积速率极低,一般说来不适于工业化生产,但对于溅射基础过程和溅射薄膜物性的研究可望提供价值的资料。IBS 用于制备金属、半导体和介质膜的部分实例有:Au,Ag,Cu,Al,Co,Ni,Pt,Mo,W,Cr,稀土-Fe-Co,Cu/Ni 多层膜,Fe/Ni 多层膜;Si,GaAs,InSb,ZnO,ZnS,ZrO$_2$,SiH,YCCO;Al$_2$O$_3$,AlN,SiO$_2$,Si$_3$N$_4$,Cr$_3$C$_2$,Ta$_5$Si$_3$,Al,非晶类金刚石碳膜;(Co$_{90}$Cr$_{10}$)$_{100-x}$M$_x$(M 代表 V,Nb,Mo,Ta,x 的范围为 0~20)。

4.7 溅射镀膜的实例

现在选 3 个已经广泛实际应用的溅射镀膜实例,做简单介绍。

4.7.1 Ta 及其化合物膜的溅射沉积

Ta 薄膜是溅射沉积技术中最早被实现工业化生产的,由于大量使用,因而关于 Ta 膜的报告也多,这些成了溅射其他材料的重要参考。这些研究报告有的涉及偏压溅射、反应溅射、磁控溅射等各种各样的溅射方法,有的对薄膜的晶体结构进行了仔细的观察,有的研究了溅射工艺、薄膜结构与性能之间的关系。钽的氮化物以及由它而形成的氧化物做电阻材料,其性能非常稳定,随时间的变化很小。如果在额定负载下使用(估计电阻器的温度为 50~60℃),则 10 年之后其阻值变化大约在 +0.05% 以内。此外,它还有可取大功率密度、容易与电容相组合制成无源元件等很多优点,因此在许多方面被广泛应用。

如果从镀膜的角度来说,Ta 归于成膜极难的一类。Ta 的化学性质极为活泼,很容易与残余气体发生反应,所以必须在高真空下镀膜。另外,纯 Ta 膜中可能存在两种因素异构体,一种为 α-Ta,另一种为 β-Ta。前者与块体状金属具有相同的晶体结构,为体心立方 bcc(body centered cubic)结构;后者属正方晶系(tetragonal symmetry)。根据溅射条件,一般只会得到一种,偶尔两种混合存在。但是,一旦溅射条件确定之后,就可以按要求比较稳定地镀出很好的膜来。

1.纯 Ta-α-Ta 膜和 β-Ta 膜

β-Ta 的电阻率为 180~220 $\mu\Omega\cdot$cm,电阻温度系数 TCR 为 0~+100×10^{-6}/℃,很容易用其做出具有稳定特性的膜层。α-Ta 有下面一些缺点:①电阻率为 10~150 $\mu\Omega\cdot$cm,TCR 为(100~3 000)×10^{-6}/℃,电性能也不稳定;②机械特性也差,例如膜中容易出现裂纹;③大多表面不光滑;④容易剥离等。现在一般不再用 α-Ta 来制作薄膜了。

早期 Ta 膜一般使用直流二极溅射或射频二极溅射镀膜,近年来多采用磁控溅射。

在制作 β-Ta 膜时要避免如下情况:

(1)装置未老化(放气或漏气较多)时。

(2)基板处于阴极暗区或离其很近时。

(3)电极间距离虽大,但膜层受到离子或电子的激烈轰击时。如图 4-43 所示,如果给基板加-100 V 以下,+10 V 以上的电压进行偏压溅射,则可以制作 α-Ta 膜。

为了制作 β-Ta 膜需要考虑设法避免上述条件。在制作 β-Ta 时,一般要使电极间距保持在 50~70 mm(约为暗区的 2 倍以上),且在装置充分老化的情况下进行。采用批量式溅射容易受残余气体的影响(见图 4-44)。为了排除这种影响,采用图 4-43 所示范围(-100~

+10 V)的偏压溅射就可以制作 β-Ta 了(电阻率也可得到稳定的 200 $\mu\Omega \cdot$ cm)。

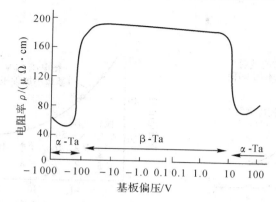

图 4-43　Ta 的偏压溅射

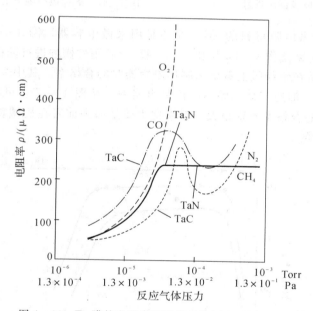

图 4-44　Ta 膜的电阻率随反应气体压力不同而变化

　　β-Ta 的电阻率随靶电压和靶电流、基板偏置电压及残余气体的变化很大。可以认为,这是由于随溅射条件的不同,晶粒的大小、取向、密度,残余气体的影响等都会发生变化所致。如图 4-45 所示,采用通常的二极溅射,当靶电压改变时,膜层电阻率发生明显变化(画"o"的曲线);而若进行偏压溅射,膜层电阻率就几乎不受靶电压的影响(画"·"的曲线)。图 4-46 所示是让装置进行老化阶段,所得膜层表面电阻的变化情况。可以看出,表面电阻在长时间内达不到稳定值(平衡值)。而若在变化途中进行偏压溅射(画"▲"点),在偏压作用下,离子对膜层的轰击作用有利于获得表面电阻比较稳定的 β-Ta 膜。从图 4-47 中还可以看出,偏压溅射还获得了表面电阻比平衡值低的 β-Ta 膜,而偏置电压过高,只能得到 α-Ta。另外,若以上述的 6 倍功率预溅射 30 min,也可以制作出接近平衡电阻值 β-Ta 膜(画"×"的点)。

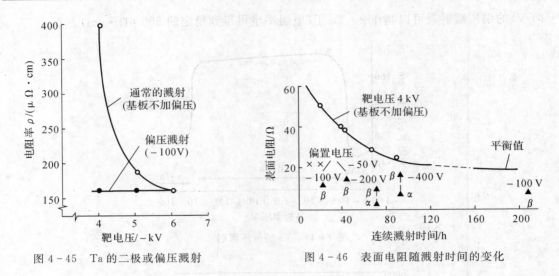

图 4－45　Ta 的二极或偏压溅射　　　　　图 4－46　表面电阻随溅射时间的变化

也有以 α-Ta 膜做电阻材料的,但主要还是用来做电容器。图 4-47 所示是采用与图 4-45 相同的偏压溅射来制作 α-Ta 膜和 β-Ta 膜,随后用柠檬酸进行阳极氧化。将形成的氧化膜当作绝缘膜,然后在绝缘膜上蒸金来制作电容器时的合格率。其中"·"表示初期合格率,"×"表示经过 2 700 h 加速寿命试验后的产品合格率。从图 4-47 中可以看出,用 α-Ta 和 β-Ta 膜制作电容器的合格率差别很大。看来这主要是因为前者在机械特性上的缺点以及残余内应力等因素造成的。

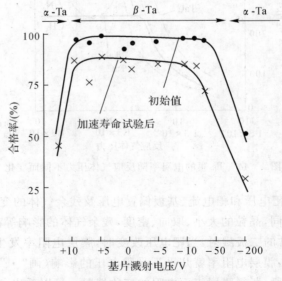

图 4－47　采用 β-Ta 制作电容器时的合格率

2. TaN 膜

如前所述,TaN 的电阻在 10 年内只变化约为 0.05%,将膜氧化后也可以制作电容器。TaN 膜的用途是很广的。

制作 TaN 膜的条件,因装置不同而异,但每个装置都应按下述步骤进行操作:①首先对装置进行老化,以便稳定地制取 β-Ta 膜;②改变混入氩气中的氮气含量制成电阻并对此电阻作加速寿命试验;③从中选取一个最合适条件等。其中,步骤②的加速试验一般是在加 5~10 倍于正常负载的条件下,进行 1 000 h 以上的试验。图 4-48 表示电阻率 ρ,电阻温度系数 TCR,以及在环境温度为 70℃、投入功率密度为 6.2 W/cm² 、进行 1 000 h 加速寿命试验后的电阻变化 ΔR 随氩气中氮分压而变化的曲线。

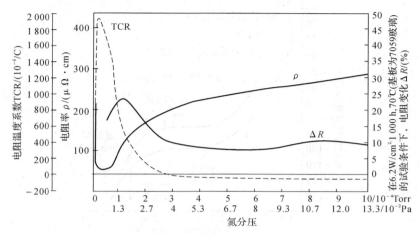

图 4-48　TaN 膜的 ρ、TCR、ΔR 随溅射氮分压的变化

　　图 4-49 给出室温下加速寿命试验时,电阻随时间变化的函数关系。图中的数字表示以氮气分压 1.3×10^{-2} Pa(1×10^{-4} Torr)为 1 时的相对分压。从图 4-49 中可以看出,4×10^{-2} Pa(3×10^{-4} Torr)的氮分压时,电阻的变化很小。注意,该氮分压的值随装置不同及靶电流、靶电压的不同而异;一般由被溅射原子的数目和进入真空室的氮原子数目——即流量来决定。如此,TaN 膜的溅射条件就确定了。如果用 X 射线衍射等来鉴定,则当氮气含量少时,发现是 bcc 的 Ta,且不很稳定。如果进一步增加 N_2,就会出现 Ta_2N。已经知道,这是一种稳定的膜。用 TCR 与 N_2 流量间的关系来表示上述膜的性能,则如图 4-50 所示。这样,在 TCR 与 N_2 流量关系的曲线上出现了一个平坦段(plateau),该平坦段对应着生成了 TaN 膜(具有稳定的 hcp 结构),这应该是我们的追求目标。图 4-51 所示为如此做出的 TaN 膜电阻的加速寿命试验结果。

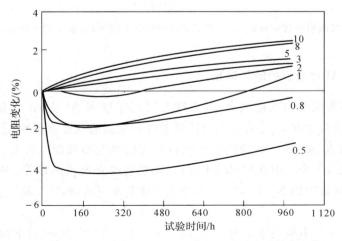

图 4-49　7059 玻璃基板上电阻膜电阻随试验时间的变化

如图 4-50 所示，TaN 溅射膜的性质随 N_2 流量的变化，较长时间才能达到平衡值。因此，在每次都与大气相接触的批量式生产中，产品性能的波动性很大。在进行大量生产时，希望采用使靶的周围永远保持真空的连续式溅射装置。

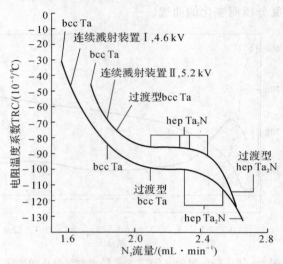

图 4-50　TaN 膜的电阻温度系数与 N_2 流量的关系

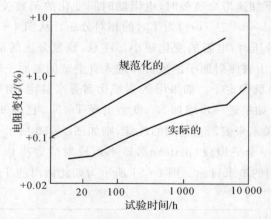

图 4-51　利用连续溅射装置制作的 TaN 膜的加速寿命试验结果（在通常的 8 倍负荷下，175～185℃）

4.7.2　Al 及 Al 合金膜的溅射沉积

随着集成电路集成度的飞速提高，对布线和层间连接用 Al 及 Al 合金膜的要求越来越高，突出表现在下述两个方面：①良好的台阶涂敷性和更高的孔底涂敷率；②耐电迁移特性好、寿命长。目前正用 Al 及 Al 合金的溅射膜代替传统的真空蒸镀膜。但是。实际使用溅射膜时，有以下几个缺点：①膜层的蚀刻特性不好；②膜层的键合比较困难等。其原因是化学性质活泼的 Al 与溅射气氛中的 N_2，O_2，H_2O 等杂质气体起反应所致，这个缺点已由当初的实验所证明。

细川等人做了一个由极限压力为 4×10^{-6} Pa（3×10^{-8} Torr）以下的超高真空系统（使

用冷凝泵）和磁控电极所组成的溅射装置，得到了下面的结果。

（1）溅射沉积 Al 膜和 1.5％ Si－Al 合金膜的镜面反射情况（从开始到现在一直以为：反射性能好的膜，无论是引线键合性能还是蚀刻性能都好）：用上述装置溅射沉积的膜层，当溅射时的基片温度在 120 ℃以下时，镜面反射率为 85％；在 120℃以上时，反射率随温度的升高而降低；300 ℃时下降到 40％左右，如图 4－52 所示。一旦 O_2，N_2，H_2O 等杂质混入 Ar 中，反射率就显著降低。例如混入 0.1％的 O_2 时，反射率大约降低一半，如图 4－53 所示。因此，作为溅射装置，希望其极限真空度尽可能高。

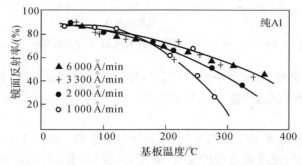

图 4－52　纯 Al 溅射膜的镜面反射率与基板温度和沉积速率的关系

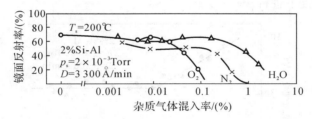

图 4－53　氧、氮及水蒸气等杂质气体的混入率与镜面反射率的关系

（2）如果只改变溅射时的 Ar 压力，反射率的变化不显著（见图 4－54）。

（3）纯 Al 膜的固有电阻率和表面硬度与基板温度无关，是一定的。但是，2％ Si－Al 合金膜则不然，基板温度在 150℃左右以上时，其固有电阻率和表面硬度与基板温度无关，是一定的；而在 150℃左右以下时，将随温度的降低而增加（见图 4－55）。

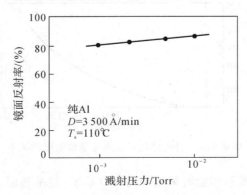

图 4－54　纯 Al 溅射装置的镜面反射率与溅射压力相关性的实例图

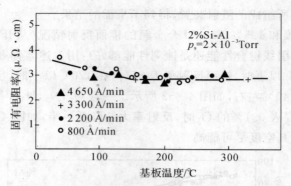

图 4-55　2% Si-Al 溅射膜的固有电阻率与基板温度的关系

（4）以 150℃为分界线，X 射线衍射花样发生很大变化。通过 SEM 观察发现，溅射时的基板温度越高，膜面的凹凸也越严重。基板温度为 100 ℃时，晶粒大小为 0.3～1 μm；而 300℃时为 0.5～2 μm。

（5）纯 Al 膜的硬度基本不受基板温度、溅射速率的影响。而对于 2%Si-Al 合金膜来说，基板温度低于 150 ℃时，硬度有增加的倾向（见图 4-56）。图 4-57 给出引线键合不良率与膜层显微硬度关系的一例。从这两张图可以看出，为保证良好的引线键合性能，溅射镀膜需要在 150 ℃以上的基板温度下进行。

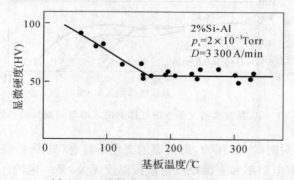

图 4-56　2% Si-Al 溅射膜的显微硬度与基板温度的关系图

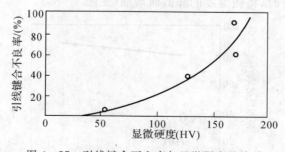

图 4-57　引线键合不良率与显微硬度的关系

（6）从以上讨论可知，溅射镀膜时采用超高真空系统，使基板温度保持在 150℃以上，可以获得优质的膜层。

与原来的真空蒸镀膜相比,这些溅射膜的蚀刻特性、键合特性不相上下或略好些。采用溅射镀膜法不仅能完全满足半导体元件布线的要求,而且还有下述优点:①特别适合连续化生产;②具有优良的台阶涂敷性;③制作的 Si 合金膜不发生相分离、不脱落,可长期使用;④耐电迁移特性好,克服由电迁移引起的布线寿命短的问题等。由于溅射镀膜法在提高集成电路集成度和可靠性方面效果显著,目前已在批量生产中全面普及。

4.7.3 氧化物膜的溅射沉积

氧容易形成负离子。对氧化物进行溅射,靶表面或等离子体中就会产生 O^- 离子。正像正离子 Ar^+ 对靶进行溅射一样,这种负离子 O^- 受放电电压加速,会对刚形成的薄膜进行轰击和溅射(见图 4-58),从而造成结晶破坏。此外,上述氧的溅射与氩引起的溅射不同,前者会对材料产生更明显的选择溅射效应,使薄膜组成发生变化。

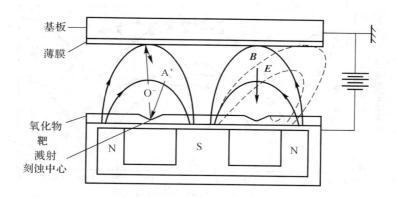

图 4-58 氧化物溅射中 Ar^+ 离子及 O^- 离子的举动(Ar^+ 溅射靶,而 O^- 对形成的薄膜进行轰击和溅射,从而造成结晶破坏。图中 E 为电场;B 为磁场;最容易受到溅射的位置即为溅射刻蚀中心)

1. 超导膜和透明导电膜

图 4-59 给出氧化物超导薄膜 YBaCuO 溅射时组成变化的一例。可以看出,在刻蚀中心以上部位的组成偏差大,特别是 Ba 的减少更为显著。为探求其原因,用图 4-60 所示的质量分析器,在靠近靶一侧,对射入分析通道的带电粒子进行了分析。其结果如图 4-61 所示。从图中发现,除了电子之外,还有大量的 $M/e=16$ 的 O^- 离子。在直流情况下,具有与放电电压 V_T 相当能量的离子占绝大部分,这说明靶表面确实产生了 O^- 离子。基于这种考虑,按照图 4-58 中虚线所示设置磁场并制作靶电极,可以起到使刻蚀中心向外扩展的作用,即如图 4-59 中的虚线所示,可使组成不发生偏离的范围扩大。

目前,透明导电膜 ITO(In-Tin oxide)已广泛应用于平板显示器、太阳能电池等许多领域。ITO 膜的制作方法很多,其中溅射镀膜法是主要的一种。对此人们进行了广泛的研究。

    图 4-62 是利用 SIMS(用 1 kV 的 Ar^+ 离子溅射)对 ITO 膜表面进行分析的结果。可以看出负离子 O^-,正离子 In^+ 是其主成分。图 4-63 表示分别采用 110 V,250 V,370 V 溅射时,ITO 溅射沉积膜的电阻率随位置的变化。从图中可发现,在基板温度 200 ℃条件下,在溅射蚀刻中心正上方,靶电压 V_T 越高,膜层电阻率越大。图 4-64 所示表示膜层电阻率随溅射电压的变化。可以看出,在基板温度较高,特别是低电压溅射时,电阻率可达到 9×10^{-5} $\Omega \cdot cm$,是相当低的。分光透射率如图 4-65 所示,与传统 400 V 溅射的情况相比,也得到改善。如果进一步在溅射时添加 H_2O,则无论对蚀刻特性(见图 4-66(a))还是对电阻率(见图 4-66(b))都可进一步提高稳定性。有人在低电压下进行溅射,通过添加 H_2O 及 H_2,获得了电阻率低,分光透射特性好,而且在大面积范围内透射率分布均匀,刻蚀速率分布优良的 ITO 膜。

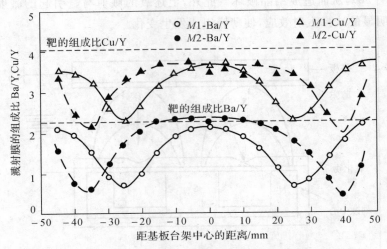

图 4-59　YBaCuO 磁控溅射时的组成变化

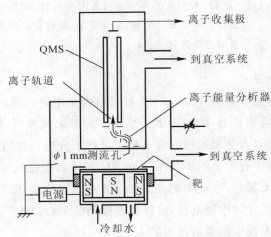

图 4-60　利用质量分析器对射入基板位置的带电粒子进行分析

(Φ1mm 的测流孔置于靶刻蚀中心的正上方,通过能量分析器对射入该测流孔的带电粒子进行质量分析)

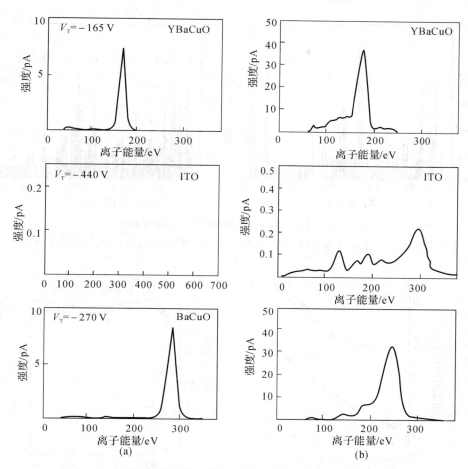

图 4-61 对各种靶材进行溅射时,射入基板的 O⁻ 离子的能量分布

(a)DC 溅射; (b)RF 溅射

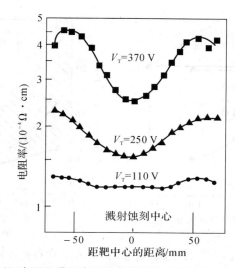

图 4-62 利用 SIMS 对 ITO 膜正离子和负离子的分析结果(Ar⁺,1 kV 的离子照射)

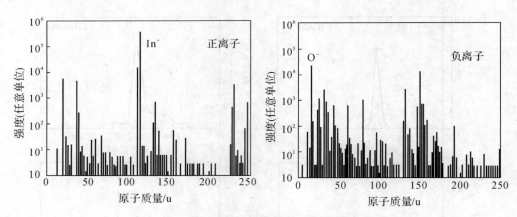

图 4-63　ITO 溅射沉积膜的电阻率随位置的变化

（在基板温度 200℃ 的条件下，在溅射刻蚀中心上方，靶电压 V_T 越高，膜层电阻率越大）

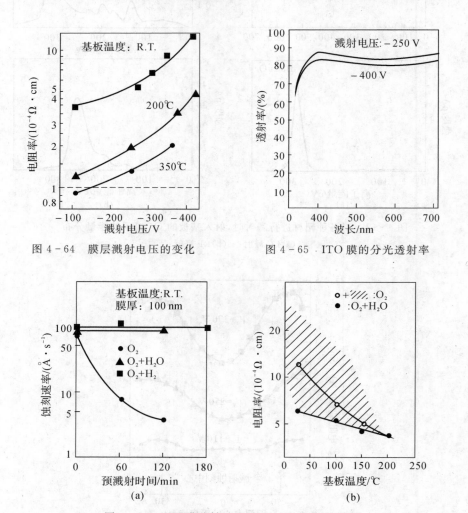

图 4-64　膜层溅射电压的变化　　　　　图 4-65　ITO 膜的分光透射率

(a)　　　　　　　　　　　　　(b)

图 4-66　ITO 膜溅射时，添加 H_2 及 H_2O 的效果

（a）刻蚀速率随着预备溅射时间的变化；　（b）膜层电阻率随着基板温度的变化

2. 高 k 栅介质膜

利用高 k 栅介质取代 SiO_2 栅介质成为微电子技术发展的必然趋势。目前, HfO_2 被认为是高 k 栅介质的首选。Liu 等人系统地研究了射频磁控反应溅射制备 HfO_2 薄膜过程中射频功率、O_2 流量、溅射气压对 HfO_2 薄膜沉积速率的影响。

图 4-67 给出了射频功率与薄膜沉积速率的关系曲线。除射频功率外其他的工艺参数均相同:Ar 气流量为 12.0 sccm, O_2 气流量为 4.0 sccm,溅射气压为 0.3 Pa,靶基距为 6cm。由图中曲线可以看出,溅射功率增大,沉积速率几乎呈线性增加。射频功率对薄膜介电性能的影响如图 4-68 所示。随着功率的增大,平带电压向负值方向移动,固定电荷密度逐渐增大。在低功率下,薄膜的沉积速率比较小,反应比较充分,产生的氧空位和缺陷少,薄膜致密性好,因此固定电荷减少。沉积速率的增加直接影响到平带电压和固定电荷密度的增大,漏电流也随着增大,介电性能变差。

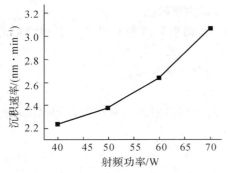

图 4-67　射频功率与沉积速率之间的关系

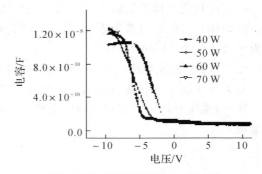

图 4-68　不同功率的 $C-V$ 曲线

图 4-69 给出了 O_2 气流量与薄膜沉积速率之间的关系曲线。当溅射气压维持在 0.3 Pa,衬底温度为室温,射频功率保持 50 W,靶基距为 6cm 时,增大 O_2 气流量, HfO_2 膜的沉积速率缓慢降低。在溅射气压一定的情况下, O_2 气流量的增加使 Ar 气的含量减少,电离的 Ar^+ 离子数目减少,导致溅射产额降低,从而使沉积速率降低。同时, O_2 气流量的增加使等离子体中离子的碰撞概率增加,反应离子能量损失增大,也导致沉积速率的下降。在不同 O_2 气流量下制备出的 HfO_2 薄膜 MOS 结构的 $C-V$ 特性曲线如图 4-70 所示。随着 O_2 气流量的增加,平带电压偏移减小,固定电荷密度也减小。平带电压的偏移归因于固定电荷的存在。随着 O_2 气流量的增加,化学计量比提高,使未补偿键饱和,减少了大量氧空位和缺陷,从而使固定电荷密度减小,也降低了漏电流。

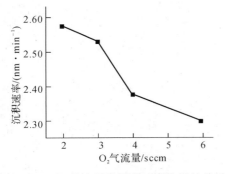

图 4-69　O_2 气流量与沉积速率之间的关系

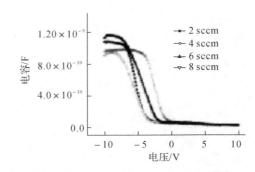

图 4-70　不同氧气流量的 $C-V$ 曲线

综上所述,在氧化物的溅射中,必须格外注意负离子 O^- 的举动。作为负离子,除 O^- 之外,在 Au 和 Sm 的合金中还会出现 Au^-。此外,为了保证薄膜厚度均匀性、组成比均匀性及性能均匀性(见图 4-59 和图 4-63)等,还需要采取相应的措施。

习　题

1. 直流辉光放电过程包括哪几个部分,每个部分有什么特点?

2. 离子轰击固体表面会发生什么现象?请说明并画图表示。

3. 溅射率指什么?它与哪些因素有关?

4. 画出溅射率与入射离子能量的关系曲线,并分段定量加以解释。

5. 画出被溅射原子的能量、空间角分布曲线,随着入射离子能量提高,该曲线如何变化?

6. 简述直流二极溅射的工作原理,指出其工艺参数及主要缺点。

7. 为什么直流二极溅射不能溅射绝缘靶制备介质膜,而射频溅射却可以?射频溅射的频率为什么一般为 13.56 MHz?

8. 三、四极溅射克服了直流二极溅射的哪些缺点,还存在哪些问题?

9. 如何才能实现高速、低温、低损伤溅射镀膜?

10. 请说明并画出对向靶溅射的电极布置,为什么对向靶溅射采用磁性材料靶也能进行薄膜沉积?

第5章 激光脉冲沉积

激光由于具有极高的功率密度、单色性和极小的发射角,从而在材料的制备加工过程中有非常大的作用。20 世纪 60 年代初,世界上第一个红宝石激光器问世。从那以后,激光得到了广泛的发展。目前,激光光源有很多种,如 CO_2 激光、Ar 激光、钕玻璃激光、KrF 激光及钇铝石榴石等大功率激光器。应用最广的是 CO_2 激光和 KrF 激光器。激光应用于科学研究和实际工业生产的方方面面,在很大程度上改变了人们的生活方式,成为继半导体、计算机、原子能之后,人类的又一大重要发明。激光脉冲沉积技术(Pulsed Laser Deposition,PLD)是一种利用激光对物质进行轰击,然后将轰击出来的物质沉积在不同的衬底上,从而获得薄膜的一种手段。

激光脉冲沉积技术的发明可追溯到 20 世纪 60 年代。当时人们在研究激光与物质的相互作用时发现高能激光能把固态物质熔化并蒸发,具体来说,就是有原子、电子、离子等粒子从固体物质表面逸出并在表面附近形成等离子体辉光区域。这就启发人们,如果能使其在固态衬底上凝结,就有可能获得薄膜,这就是激光镀膜的雏形。

激光脉冲沉积技术的发展和受重视程度是随着激光器的发展而不断进行的。最早人们只是用较低能量的红宝石激光器沉积薄膜,然而效果不理想。之后是二氧化碳激光器,然而却出现了微液滴过多的情况,影响了膜的质量。到这时,这项技术尚未得到广泛的重视。直到 20 世纪 70 年代,随着短脉冲激光器的发明,PLD 技术的优势得到了展现。然而其真正迎来高潮,却是在 1987 年运用该技术成功制备出高温超导钇钡铜氧薄膜之后。从那以后,激光脉冲沉积技术得到了迅猛的发展,最终成为当今最好的薄膜制备方法之一。目前,PLD 技术可用于制备无机氧化物、氮化物、硅化物、有机物等各种材料,尤其是在制备一些高熔点或是难于制备的材料更是体现出其优势,如金刚石薄膜等。近年来,该技术还被运用与制备量子点、纳米阵列等材料。

5.1　激光脉冲沉积镀膜原理

总体来说,PLD 装置属于真空设备。其主要工作原理是把一束强的脉冲激光经过透镜组的聚焦后打到靶材上,从而使靶材被高温烧蚀,产生从靶材指向衬底的等离子体辉光,之后到达衬底上移动、凝结最终形成薄膜。图 5-1 为 PLD 装置沉积薄膜的原理图。具体来说,其主要分为 3 个阶段:激光与靶材的相互作用;等离子体的等温和绝热膨胀;沉积成膜。

1. 激光与靶材的相互作用

首先,瞬间极强的激光能量会被靶材吸收,使得表面一个很薄的区域被加热。由于能量向靶材内部渗透非常有限,使得大多数能量都聚集在表面,导致表面的温度持续上升。接下来,靶材中有一些粒子的热运动会逐渐增强,直到具有足够的能量来摆脱周围粒子对其的束缚,而被激发和离化。之后,这些被气化的离子和原子会进一步吸收激光辐射,直到几乎完全被电离化形成沿靶面法线方向向外的细长等离子体区,并最终形成具有致密内核的等离子体羽辉。

　　2.等离子体的等温和绝热膨胀

　　成膜粒子在空间的传输是指激光脉冲束烧蚀粒子形成等离子体羽辉后到达衬底表面的过程。由于 PLD 真空设备在制备薄膜时,通常会在腔室内通入一定量的气体,因此粒子在传输过程中会经历与工作气体或彼此自身的碰撞、散射和气相化学反应等过程。而这些过程影响了到达衬底使粒子的状态,从而决定了成膜的质量、结构、形貌等状态。

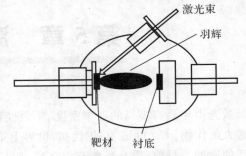

图 5-1　PLD 装置沉积薄膜原理图

　　等温膨胀是指在脉冲激光作用时间内等离子体的膨胀。在这段时间内,等离子体一边膨胀降温,一边吸收激光能量升温,故认为其温度近似保持不变。绝热膨胀是指在脉冲激光作用结束后等离子体的膨胀。此时等离子体的继续膨胀非常迅猛,从而可以忽略等离子体与环境的能量交换。在这一阶段,等离子体温度有所下降。

　　3.沉积薄膜

　　首先是成核过程,即气相离子到达衬底后,仍然具有一定的动能使得可以移动从而彼此在衬底上聚集形成生长核。在这过程中,吸附上的粒子可能经历与衬底原子或是其他吸附粒子的结合,也可能会被后续的高能粒子从衬底上轰击下来或是重新蒸发回到气相。之后随着气相粒子的不断补充,生长核会不断变大,形成岛状结构。接下来,岛与岛之间的区域越来越小,最终彼此接合,形成表面连续的一层薄膜。薄膜也可能会按照二维生长机制,按照层状生长而不形成岛状结构。薄膜的生长是非常复杂的,各种因素对会对最终薄膜的质量造成影响。

5.2　工艺参数对 PLD 镀膜质量影响

　　实验参数优化是制备优质薄膜的关键所在。其主要工艺参数如激光能量密度、沉积气压、衬底等都会对薄膜质量有很大影响,下面就分析 PLD 过程中工艺参数对薄膜质量的影响。

5.2.1　激光能量密度的影响

　　首先激光能量密度要超过一定的阈值才能使靶材消融溅射,这是因为激光能量密度必须大到使靶表面出现等离子体,从而在靶表面出现复杂的层状结构 Knusen 层,这是保证靶膜成分一致的根本原因。当入射激光能量较低时,大部分原扩散能力低,凝聚生长形成的晶粒较小。但当入射激光能量过大,激光轰击靶材形成粒子喷溅的同时,飞向衬底的较大粒子团簇没能完全迁移扩散就会凝结成膜,使结晶质量下降。

5.2.2　沉积气压的影响

　　沉积气压主要影响消融产物飞向衬底这一过程,其对沉积薄膜的影响分为两类:①当环境气压不参与反应时,气压主要影响消融粒子内能和平均动能,从而影响沉积速率;②环境气压参与反应时,气压不仅影响薄膜的沉积速率,更重要的是会影响薄膜成分结构。环境气体与从靶材中溅射出来的等离子体发生碰撞,将离子到达衬底表面的动能降低。当气压较低时,激光融蚀靶材产生的等离子体中离子受到较少碰撞,当它们到达衬底时,动能太大,会导致薄膜晶格位置偏移,且前面的膜层还没来得及调整自己在择优方向生长就被后续原子覆盖固化,降低薄膜质量。当气压较高时,等离子体中粒子与环境气体碰撞增加,等离子体到达衬底表面时动能太小,其在衬底表面迁移扩散能力降低,也会使薄膜晶体质量下降,缺陷增多甚至变为非晶。

5.2.3 衬底对薄膜质量的影响

在 PLD 制备薄膜的过程中,对于衬底基片的要求非常高,很大程度上决定了薄膜是否符合要求,目前国内外对衬底基片的研究非常多,主要是基片的类型、沉底温度。用 PLD 制备的薄膜有超导膜、半导体膜、铁电膜、压电膜等。这些膜大都各向异性,为得到符合要求性能的薄膜,必须保证膜晶粒取向择优生长,因此 PLD 制备薄膜过程中要求基片与膜的晶格常数匹配、物理性能(热膨胀系数,热传导系数)匹配。衬底温度大小及均匀性对薄膜结构、生长速率有影响,基片温度不同,膜的晶粒取向就会不一样,基片温度较低时,粒子在基片表面的迁移扩散能力低,会阻止原子的重新排列。基片温度过高,会引起膜的再蒸发,从而降低沉积速率。目前对于衬底温度的选择尚无系统理论指导,只能通过反复试验,从而确定最佳温度值。

5.3 脉冲激光沉积的优缺点

与其他薄膜制备技术相比,脉冲激光沉积具有下述特点。

5.3.1 脉冲激光沉积镀膜主要优点

(1)靶材选择范围广。脉冲激光由于具有很高能量,因而可以制备金属、半导体、绝缘体、高熔点材料,甚至是有机物。另外由于激光脉冲沉积不需要超高真空,并且靶位的位置非常灵活,从而可以原位沉积多层不同材料的薄膜,实现多层异质结构薄膜器件或超晶格的制备。

(2)能够保持薄膜和靶材成分的一致性。也就是说可以使多组分薄膜的化学计量比与靶材的化学计量比一致。这是由于靶材的复杂烧蚀过程不同于蒸发,其瞬时膨胀会使靶材表面形成超热层,瞬间温度达到 $103 \sim 104$ K,使各组分同时气化并碰撞产生溅射,从而可以使得等离子体羽辉的组分比与靶材相同。所以特别适用于多元素的化合物薄膜,如高温超导薄膜、钙钛矿锰氧化物薄膜等等。此外对于氧化物薄膜,也可以通过氧分压的值精确调控出合适的计量比。

(3)可在较低温度下获得高质量薄膜。由于等离子体羽辉膨胀使得入射离子到达衬底时的能量很高,具有足够的动能移动到合适的位置,可在低温下实现外延生长,并且薄膜的沉积速度也得到了提高。此外,激光脉冲与脉冲之间的较长时间间隔也使得粒子有足够的时间移动,从而获得高质量薄膜。

(4)适用范围广。激光脉冲沉积的设备构造比较简单,并且可以调变的参数较多,包括靶材与衬底的距离、沉底温度、退火温度、气氛压强、靶材的自传和摇摆、激光的能量强度等一系列参数,从而使得可灵活的优化薄膜的沉积条件,得到更加的成膜效果。此外 PLD 系统具有极佳的兼容性,可以与很多真空设备搭建到一起,从而形成原位的生长或者测试,比如 RHEED、扫描隧道显微镜等。

(5)层状生长。激光脉冲沉积中,到达衬底的粒子的动能较高。而入射离子会与衬底发生能量交换,即局部温度会升高,从而促使附近区域粒子的扩散。所以相对其他很多沉积薄膜的方式而言,更容易形成二维生长机制,抑制三维生长。即能够在薄膜非常薄的时候就在大平面范围内连续而不形成岛状形貌,易于制备周期结构的纳米薄膜。

5.3.2 主要缺点

(1)薄膜的均匀性欠佳。激光脉冲沉积中产生的等离子体火焰具有较强的方向性。火焰中各种粒子不同方向的爆炸速率各不相同,从而在空间范围内粒子的动能和密度分布变得不均匀,只能在一很小范围内保证均匀。解决办法包括使基片自传、使靶材自传和摇摆、调整聚焦系统使激光聚焦点移动等。以上方法可以在很大程度上缓解 PLD 技术镀膜的这一劣势。

(2)难以制备大面积薄膜。激光脉冲沉积技术难以应用于实际大规模生产中,而更适合精细的科学研究。这是由于高能量的激光轰击靶材时,经常会轰击出大的颗粒,它们会被直接沉积于基片上,而且等离子体火焰多具有的方向性也会对大面积薄膜的制备带来困难。双激光束技术目前被用来解决这一问题。

5.4 脉冲激光沉积的种类及应用

当前,脉冲激光沉积法制备薄膜的关键是克服薄膜表面大颗粒的产生,提高薄膜均匀性。其中超快脉冲激光沉积法以及将传统制备薄膜方法(比如气相沉积、液相沉积、分子束外延法等)和脉冲激光结合而形成新的方法成为当前研究的热点。

5.4.1 超快脉冲激光(ultra-fast PLD)沉积法

超快脉冲激光沉积法即采用皮秒或飞秒脉冲激光沉积薄膜的技术。随着激光技术的发展,使人们用皮秒、飞秒脉冲激光制备薄膜的探索成为可能。1997 年,澳大利亚的 Gamaly 等最早提出并设计制成了飞秒脉冲激光沉积薄膜装置。随后皮秒和飞秒脉冲激光淀积技术在美国、欧洲和澳大利亚等多个国家兴起,并在相关国际会议上有初步报道。

该技术采用低脉冲能量和高重复频率的方法达到高速沉积优质薄膜的目的,原因是:①每个低能量的超短脉冲激光只能蒸发出很少的原子,故可以相应地阻止大颗粒的产生。高达几十兆赫兹的重复频率可以使产生的蒸汽和衬底相互作用,可以补偿每脉冲的低蒸发率而在整体上得到极高的沉积速率。同时也能有效阻止传统 PLD 技术沉积过程中由于靶材的不均匀性、激光束的波动性及其他的不规律性产生的大颗粒,是除用机械过滤方法来阻止大颗粒到达基片的措施之外来改善薄膜的表面质量的另一个好方法。故 ultra-fast PLD 技术对克服传统PLD 制备薄膜的表面大颗粒的缺点很有效。②由于重复频率达几十兆赫兹,使每个脉冲在空间上很近。这样,可以通过使激光束在靶材上扫描、快速连续蒸发组分不同的多个靶材制得复杂组分的连续薄膜。使用 ultra-fast PLD 可以用来高效优质地生产多层薄膜、混合组分薄膜、单原子层膜。

简而言之,目前已知 ultra-fast PLD 技术的 3 个特点,主要表现在:①采用较低的单脉冲能量来抑止大颗粒的产生;②重复频率足够高,可以快速扫过多个靶材得到复杂组分的连续薄膜,制膜效率较高;③沉积率是传统 PLD 方法的 100 倍。目前,利用飞秒脉冲激光制备薄膜技术在超导领域已经进行了 123 种超导体制备的尝试,初步研究表明,利用飞秒激光能淀积出较纳秒脉冲激光光滑性好、膜基结合力强、外延取向性强的薄膜。此外,在超快脉冲激光与固体交互作用方面仍有许多不为人们理解的有趣现象待人们去研究解释,以加速脉冲激光沉积薄膜技术的实用化进程。

5.4.2　脉冲激光真空弧薄膜制备技术

脉冲激光真空弧(plused laser vacuum arc)薄膜制备技术是结合脉冲激光沉积和真空弧沉积技术而产生的,其装置原理如图 5 - 2 所示。

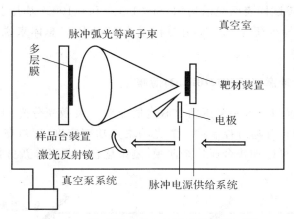

图 5 - 2　脉冲激光真空弧镀膜装置原理图

其基本原理为:在高真空环境下,在靶材和电极之间施加一个高电压,脉冲激光由外部引入并聚焦到靶材表面使之蒸发,从而在电极和靶材之间引发一个脉冲电弧。该电弧作为二次激发源使靶材表面再次激发,从而使基体表面形成所需的薄膜。在阴极的电弧燃烧点充分发展成为随机的运动之前,通过预先设计的脉冲电路切断电弧。电弧的寿命和阴极在燃烧点附近燃烧区域的大小,取决于由外部电流供给形成的脉冲持续时间。通过移动靶材或移动激光束,可以实现激光在整个靶材表面扫描。由于具有很高的重复速率和很高的脉冲电流,该方法可以实现很高的沉积速率。

它综合了前者的可控制性和后者的高效率的优点,可获得一个具有很好可控性的脉冲激光激发的等离子体源,可以实现大面积、规模化的薄膜制备以及一些具有复杂结构的高精度多层膜的沉积。该技术在一些实验研究和实际应用中已经展现出其独特优势,尤其是在一些硬质薄膜和固体润滑材料薄膜的制备方面将有十分广泛的应用,成为一种具有广泛应用前景的技术。

20 世纪 90 年代,德国的 Scheibe 等人首次利用脉冲激光真空弧沉积技术,以高纯多晶石墨作为靶材,在真空度为 10^{-4} Pa、基片采用 Ar 离子轰击预处理、基片温度 50～500℃、无外加偏压条件下,成功制备了厚度约 500nm 的类金刚石薄膜(Diamond-Like Carbon Films,DL-CF),此后又研究了不同的基体上制备 DLC 薄膜的宏观摩擦学。光学、机械、电学等性能,以及沉积过程中各种因素及工艺参数对薄膜质量的影响。通过该技术制得的类金刚石薄膜已经可达到光学应用标准,该技术已经在工业上如钻头、切销刀具、柄式铣刀、粗切滚刀和球形环液流开关等得到了应用。

脉冲激光真空弧薄膜制备技术适用于多层膜和各种金属及合金薄膜的制备研究。其可控制性好,阴极靶材表面的激发均匀且有效,使其很适合于复杂和高精度的多层膜的沉积。自 Ti/TiC 多层膜后,在 Al-C,Ti-C,Fe-Ti,Al-Cu-Fe 等纳米级多层、单层膜上的实验都取得成功,制得的多膜层与膜基结合很好,单层膜光滑致密。

清华大学利用自行研制的 LAD300-I 激光真空弧沉积设备,以普通石墨作为靶材,以硅片为基体,采用氢氟酸清洗的基片预处理方法,在基片有偏压,不加热的条件下,制备了 50nm 厚度的类金刚石薄膜,主要对其微观微摩擦性能进行了研究。原子力显微镜和纳米划痕、压痕仪的实验结果表明薄膜试样表面光洁均匀,Si<111>和<100>基片上成膜的摩擦因数分别为 0.059 和 0.036,临界载荷为 50mN,弹性模量为 120GPa。总体来说,薄膜具有较好的微摩擦性能。

5.4.3 双光束脉冲激光沉积(DBPLD)薄膜

双光束脉冲激光沉积技术是采用两个激光器或对一束激光分光的方法得到两束激光,同时轰击两个不同的靶材,并通过控制两束激光的聚焦功率密度,以制备厚度、化学组分可设计的理想梯度功能薄膜,可以加快金属掺杂薄膜、复杂化合物薄膜等新材料的开发速度。其装置原理如图 5-3 所示。

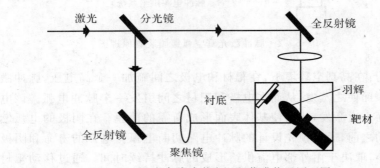

图 5-3　双光束脉冲激光沉积薄膜装置原理图

目前利用双光束脉冲激光沉积技术已经进行的探索主要有:①日本于 1997 年最早进行了用 DBPLD 方法在玻璃上制备了组分渐变的 Bi-Te 薄膜的研究,即在温度 200~350℃时,将一束光分为两束,同时轰击 Bi 和 Te 靶,在靶基距为 30 mm 时制得的薄膜水平面上 10mm 距离内组分分布为 Bi:Te=1:1.1~1:1.5,电热系数和阻抗系数分别为 $170\mu V/K$ 和 $2\times10^{-3}\Omega\cdot cm$,该研究为把 DBPLD 技术应用到设计梯度电热材料做了有意义的探索;②新加坡的 Ong 等用 DB-PLD 技术同时对 YBCO 和 Ag 靶作用,通过精确控制两束光的强度,较如意地实现了原位掺杂,在膜上首次观察到 $150\mu m$ 的长柱状 Ag 结构,这对制备常规超导体和金属超导 Josephson 结有实用意义;③德国的 Schenck 和 Kaiser 采用 DBPLD 技术用 $BaTiO_3$ 和 $SrTiO_3$ 为靶材制备了 BST 系列陶瓷薄膜,他们也在进行 NiO 和 Au 的掺杂研究。

在国内利用 DBPLD 技术也进行了很多研究。①王又青等率先开始了这方面的研究。拟选用金属靶材如 Al,Cu,Mg 和 Ag 等,通过控制各个光束的能量强度和作用时间期望制备出核聚变所需的组分渐变的掺杂浓度薄膜靶。②童杏林等人利用 DBPLD 技术在硅衬底上生长了掺 Mg 的 GaN 薄膜。研究分析表明通过该技术无须任何处理就可直接得到 Mg 掺杂的 p

型 GaN 薄膜,而要通过脉冲激光双光束沉积得到的高空穴载流子浓度的 p 型的 GaN 薄膜,必须选择与最佳掺杂 Mg 量相匹配的沉积参数。③杨慧敏等人采用双光束脉冲激光辐照循环的石墨悬浮液,获得了常温常压下制备纳米金刚石薄膜的高效方法。拉曼光谱的测试和高分辨透射电镜的分析结果均表明,薄膜为平均晶粒尺寸为 5nm 左右的纳米金刚石薄膜。通过有效控制激光能量、激光波长等参数可以获得最佳成膜条件,从而大大提高制备薄膜效率。

5.4.4　激光分子束外延(LMBE)技术

　　激光分子束外延技术是近年来发展起来的一项新型薄膜制备技术,它将 MBE 的超高真空、原位检测的优点和 PLD 的易于控制化学成分、使用范围广等优点结合起来,制备高质量外延薄膜,特别是多层及超晶格膜的有效方法。它的装置如图 5-4 所示。

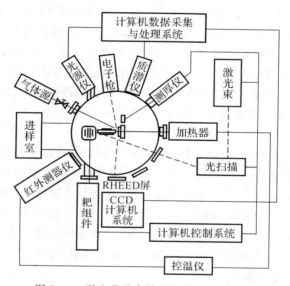

图 5-4　激光分子束外延设备装置原理图

　　激光分子束外延设备主要由以下四部分组成。

　　(1)激光系统:高功率紫外脉冲激光源通常采用准分子激光器(如 KrF,XeCl 或 ArF),激光脉冲宽度约为 20~40ns,重复频率 2~30Hz,脉冲能量大于 200MJ。

　　(2)针孔沉积系统:由进样室、生长室、涡轮分子泵、离子泵、升华泵等组成。进样室内配有样品传递装置,生长室内配备有可旋转的靶托架和基片衬底加热器。其中进样室的真空度为 6.65×10^{-4} Pa;外延生长室的极限真空度为 6.65×10^{-8} Pa,靶托架上有 4~12 个靶盒,可根据需要随时进行换靶;样品架可实现三维移动和转动;加热器能使基片表面温度达到 850~900℃,并能在较高气体分压(如 200 mTorr)条件下正常工作。

　　(3)原位实时监测系统:配备有反射式高能电子衍射仪(RHEED)、薄膜厚度测量仪、四极质谱仪(QMS)、光栅光谱仪或 X 射线光电子谱(XPS)等。

　　(4)计算机精确控制,实时数据采集和数据处理系统。激光光束经过反射聚焦后通过石英窗口打在靶面上,反射镜由计算机控制进行转动以便光束打在靶面上实现二维扫描。

　　激光分子束外延生长薄膜或超晶格的基本过程是,将一束强脉冲紫外激光束聚焦,通过石英窗口进入生长室入射到靶上,使靶材局部瞬间加热蒸发,随后产生含有靶材成分的等离子体羽辉,羽辉中的物质达到与靶相对的衬底表面而沉积成膜,并以单原子层或原胞层的精确实时控制膜层外延生长,交替更换靶材,重复上述过程,则可以同一衬底上周期性的沉积多层膜或超晶格。通常聚焦后的激光束以 $45°$ 度角入射到靶面上,能量密度为 $1\sim5\ J/cm^2$,靶面上的局部温度可达 $2\ 000\sim3\ 000\ K$,从而使靶面加热蒸发出原子、分子或分子团簇。这些在靶面附近的原子、分子进一步吸收激光能量会立即转变成等离子体,并沿靶面法线方向以极快的速度($10^5\ cm/s$)射向底而沉积薄膜。衬底与靶的距离在 $3\sim10\ cm$ 之间可调。对于不同的基片和靶材料,沉积过程中衬底表面加热温度也不同,大约在 $600\sim900℃$ 范围内变化。一般地,薄膜沉积完成之后,还要经过适当的退火处理,达到所需的晶相,并改善晶格的完整性。通过适当选择激光波长、脉冲重复频率,控制最佳的能量密度、反应气体气压、基片衬底的温度以及基片衬底与靶之间的距离等,得到合适的沉积速率和最佳成膜条件,可制备出高质量的薄膜或超晶格。当薄膜按二维原子层方式生长时,在位检测的 RHEED 谱随膜层按原子尺度的增加将发生周期性的振荡。当新的一层开始生长时,RHEED 谱强度总是处于极大值,其振荡周期对应的膜厚就是每一新的外延层的厚度。此外,如发射光谱法、质谱仪、高速 CCD 摄影法、光电子能谱仪、石英晶体振荡膜厚检测仪等也常用于制膜过程中等离子体诊断和结构、成分的实时监控分析。

激光分子束外延集中了传统 MBE 和 PLD 方法的主要优点,又克服了它们的不足之处,具有以下显著的特点。

(1)根据不同需要,可以人工设计和剪裁不同结构从而具有特殊功能性的多层膜(如 $Yba_2Cu_3O_7/BaTiO_3/Yba_2Cu_3O_7$)或超晶格,并用 RHEED 和薄膜测厚仪可以原位实时精确控制薄膜生长过程,实现原子和分子水平的外延,从而有利于发展新型薄膜材料。

(2)可以原位生长与靶材成分相同化学计量比的薄膜,即使靶材成分很复杂,包含五六种或更多种的元素,只要能形成致密的靶材,就能制成高质量的薄膜。比如可以用单个多元化合物靶,以原胞层尺度沉积与靶材成分相同化学计量比的薄膜;也可以用集中纯元素靶顺序以单原子层外延生长多元化合物薄膜。

(3)使用范围广,沉积速率高(可达 $10\sim20\ nm/min$)。由于激光羽辉的方向性很强,因而羽辉中物质对系统的污染很少,便于清洁处理,所以可以在同一台设备上制备多种材料的薄膜,如各种超导膜、光学膜、铁电膜、铁磁膜、金属膜、半导体膜、压电膜、绝缘体膜甚至有机高分子膜等。又因为其能在较高的反应性气体分压条件下运转,所以特别有利于制备含有复杂氧化物结构的薄膜。

(4)便于深入研究激光与物质靶的相互作用动力学过程以及不同工艺条件下的成膜机理等基本物理问题,从而可以选择最佳成膜条件,指导制备高质量的薄膜和开发新型薄膜材料。例如,用四极质谱仪和光谱仪,可以分析激光加热靶后的产物分析、等离子体羽辉中的原子和分子的能量状态以及速率分布;用 RHEED、薄膜测厚仪和 XPS 可以原位观察薄膜沉积速率、表面光滑性、晶体结构以及晶格再构动力学过程等。

(5)由于能以原子层尺度控制薄膜生长,使人们可以从微观上研究薄膜及相关材料的基本物理性能,如膜层间的扩散组分浓度、离子的位置选择性取代、原胞层数、层间耦合效应以及邻近效应等物质起源和材料结构性能的影响。

20 世纪 80 年代发现超导临界温度(T_{c0})超过 90K 的氧化物高温超导材料,开辟了液氮温区的超导强电应用和超导电子学的新领域。高温超导薄膜因其在超导电子学上的重要应用随即成为研究的一个热点。在各种超导结中,平面夹层结构的超导-绝缘-超导 Josephson 隧道结(SIS)是超导电子学的基本单元,最易于集成化,并且其各项参数的特殊性是超导电子学的基础,与低温超导材料相比,高温超导材料相干长度较短,例如 YBCO 的相干的长度约为几埃(c 轴)到几十埃(a 轴),也就是高温 SIS 结的绝缘层(I 层)的厚度必须控制在此几十埃的量级。目前 SIS 研制存在的一个重要困难在于超导薄膜的表面存在颗粒或起伏太大。因此如何去除薄膜表面颗粒,制备出原子尺度光滑表面、界面并具有良好超导特性的超导薄膜,是超导领域研究的一个难题。陈凡等人利用激光分子束外延制备了高质量的 YBCO 薄膜。X 射线衍射测量表明制备的 YBCO 薄膜为单相的 c 轴取向,并具有良好的结晶性能。表面观察不到明显颗粒,背景均匀致密。超导性能测得到 T_c 为 8 587 K,J_c 为 $(0.95 \sim 3.14) \times 10^6$ A/cm^2。在双晶衬底上利用激光分子束外延生长的 YBCO 薄膜制备的 Josephson 直流量子干涉器件具有良好的温度循环稳定性。表明激光分子束外延是一种制备高质量 YBCO 薄膜的很好方法,在制备原子尺度光滑表面的超导薄膜并研制超导 SIS 结上具有很大的潜力。

　　除了在铜基氧化物超导材料广泛应用外,激光分子束外延技术在庞磁电阻材料、具有特殊性能的永磁薄膜以及有机高分子非线性光学薄膜等方面都有广泛的应用。激光分子束外延技术是一种极富有发展潜力的方法,利用激光分子束外延方法发展探索新膜系、新结构,特别是人工合成超晶格,必将产生许多物理内涵丰富的新现象、新效应。其包括非线性光学、声学、电学、磁学、超导和生物等诸多方面,甚至学科间交叉,从而开拓新的重要前沿领域,并带动高新技术产业的发展。

5.4.5　脉冲激光液相外延法

　　脉冲激光液相外延法主要用于制备无机纳米发光薄膜。它利用激光脉冲辐射靶材表面,产生含有中性原子、分子、活性基团以及大量离子和电子的等离子体羽辉,等离子体羽辉在一个激光脉冲周期内吸收激光能量,成为处于高温高压高密度状态的等离子体团,等离子体团与液相体系发生能量交换,并随着激光脉冲的结束而碎灭。在此过程中,体系中的活性粒子相互碰撞发生反应,生成产物与激光能量和反应条件有关,其原理如图 5 - 5 所示。脉冲激光液相外延法不仅具有脉冲激光沉积法所具有的特点,而且拥有液相外延法的优势。该方法的主要缺点是:①晶格的错配度小于 1‰ 时才能生长出表面平滑、完整的薄膜;②外延层的组分不仅和液相的组分有关,还和元素的分配系数有关;③该方法对大液滴的抑制不够理想。1999 年龚正烈等采用该方法在硅基上制备了 Ni - Pd - P 纳米薄膜。2004 年朱杰等采用脉冲激光液相法制备出浓度和均匀度相对较好的纳米硅颗粒。

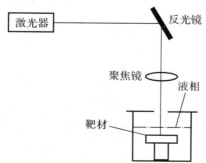

图 5 - 5　脉冲激光液相外延法装置原理图

习　　题

1. 简述 PLD 技术原理，并说明其适用范围。
2. 描述 PLD 镀膜过程的三个阶段。
3. PLD 技术相比其他镀膜技术有什么优缺点？
4. 超快脉冲激光沉积技术相比传统的 PLD 技术有什么优势？
5. 简述脉冲激光真空弧镀膜技术基本原理。
6. 脉冲激光真空弧镀膜技术相比传统 PLD 技术以及真空弧沉积技术有什么特点？
7. 双光束脉冲激光沉积技术有什么特点？
8. 激光分子束外延设备有哪几部分组成？
9. 激光分子束外延技术有什么优点？
10. 简述激光液相外延技术的优缺点。

第6章 离子镀和离子束沉积

应用与离子相关的技术制备薄膜已有 20 多年的历史,大量技术如离子镀、离子束溅射和离子束沉积先后被研制开发出来。这些沉积技术通过增加离子动能或通过提高化学活性,使所获得的薄膜具有如下特点:与基片结合良好;在低温下可实现外延生长;形貌可改变;可合成化合物等。下面着重介绍一下离子镀和离子束沉积。

6.1 离 子 镀

真空蒸发法沉积膜的主要特点是沉积速率高;溅射法的主要特点是可用膜料的范围宽、膜层的均匀性好,但沉积速率低;离子镀是将这两种工艺相结合的方法,最早是由美国 Sandin 公司的 Mottox 在 1963 年提出并付诸行动的。离子镀镀膜过程中,基片始终受到高能离子的轰击,十分清洁,与溅射镀膜和蒸发镀膜相比较,具有一系列的优点,受到人们的重视。下面简要介绍离子镀的原理、离子镀类型及特点、离子轰击的作用和几种离子镀装置。

6.1.1 离子镀原理及成膜条件

离子镀的工作原理如图 6-1 所示。先将真空室抽至 10^{-4} Pa 以下压强,然后通入惰性气体(如氩),使压强达到 0.1~1 Pa。在基片上接上高达 5 kV 的直流负电压后,基片与坩埚之间建立起了一个低压气体辉光放电的等离子区。离化的惰性气体离子被电场加速并轰击基片表面,从而对工件表面进行清洗。这一清洗过程结束后,便是镀膜过程,首先使欲镀物质在坩埚中加热气化蒸发,气化后的蒸气粒子进入等离子区,与离化的惰性正离子与电子相碰撞,一部分蒸汽粒子被离化并在电场的加速下,轰击工件和镀层表面。离子镀过程中不仅有沉

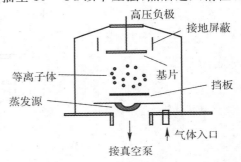

图 6-1 离子镀原理示意图

积作用还有正离子对基片的溅射作用,所以只有当沉积作用大于溅射作用时才能形成薄膜。

假设辉光放电区只有金属蒸发物质,而且只考虑原子沉积作用,则单位时间内入射到单位面积基片上的金属原子数 n_M 可表示为

$$n_M = u \frac{10^{-4} \rho N_A}{60M} \qquad (6-1)$$

式中,u 为沉积原子在基片表面上的成膜速度,$\mu m/min$;ρ 为沉积膜的密度,g/cm^3;M 为沉积物质摩尔质量;N_A 为阿伏伽德罗常数。

如果考虑剥离作用,必须引入溅射率概念。假设撞击基片的是一价正离子,测得离子流密度为 i,则单位时间内撞击基片的离子数为

$$n_i = \frac{10^{-3} i}{1.6 \times 10^{-19}} = 0.63 \times 10^{16} i \qquad (6-2)$$

式中，1.6×10^{-19} 为一价正离子电荷量，C；i 为入射离子形成的电流密度，mA/cm^2。

根据式(6-1)和式(6-2)，离子镀成膜的条件是 $n_M > n_i$。

6.1.2 离子镀的类型和特点

离子镀是指基片表面和沉积膜经受高能粒子轰击的原子级薄膜沉积过程。其中离子轰击起着关键作用，但是对于沉积材料用什么方式蒸发和轰击离子怎么获得并没有规定，所以离子镀种类很多，比如反应离子镀、化学离子镀、溅射离子镀等。离子镀沉积物质加热方式有电阻加热、电子束加热、等离子电子束加热等(见图6-2)。气体分子或原子的离化方式有辉光放电型、电子束型等(见图6-3)。由于这些多种多样的加热方式和离化方式的组合，才开发出了各式各样的离子镀。

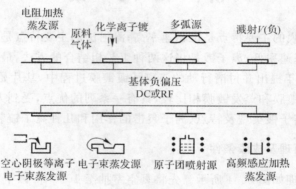

图6-2 离子镀中的各种加热源

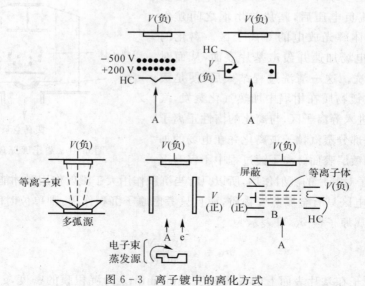

图6-3 离子镀中的离化方式

A—从蒸发源蒸发出的原子或原子团； B—磁场； HC—热阴极

表6-1给出了目前常用的离子镀的种类及其加热方式、离化方式、气体压力、主要优缺点和示意图。

表 6-1　目前常用的离子镀种类及其加热方式、离化方式、气体压力、主要优缺点和示意图

离子镀种类	蒸发源	充入气体	工作压力/Pa(Torr)	离化方式	离子加速方式	能否进行反应性离子镀	基片温升	能否制取光泽膜、透明膜	其他特点	应用	示意图
直流放电二极型(DCIP)	电阻加热或电子束加热	Ar,也可充入少量反应气体	6.65×10^{-1} ~ $1.33(5\times10^{-3}$ ~$10^{-2})$	被镀基体为阴极,利用高电压直流辉光放电	在数百伏至数千伏的电压下加速,离化和离子加速一起进行	可	大	可	绕射性好、基片温度易上升,膜结构及形貌较差,若用电子束加热,必须用差压板	耐蚀、润滑、机械制品	
多阴极型	电阻加热或电子束加热	真空、惰性气体或反应气体	1.33×10^{-1} ~1.33×10^{-1} $(10^{-6}$ ~$10^{-3})$	依靠热电子、阴极放出的电子以及辉光放电	零至数千伏的加速电压。离化和离子加速可独立的操作	良	小。有时需要对基片加热	可	采用低能电子,离化效率高、膜层质量可控制	精密机械制品,电子器件,装饰品	
活性反应蒸镀(ARE)	电子束加热	反应气体如 O_2、N_2、C_2H_2、CH_4 等	1.33×10^{-2} ~1.33×10^{-1} $(10^{-4}$ ~$10^{-3})$	依靠探极和电子束等离子体的低压气体辉光放电二次电子	无加速电压。也有在基片上加有零至数千伏加速电压的 ARE	良	小。要对基片加热	可	蒸镀效率高,能获得 Al_2O_3、TiN、TiC 等薄膜	机械制品,电子器件,装饰品	

续表

离子镀种类	蒸发源	充入气体	工作压力/Pa(Torr)	离化方式	离子加速方式	能否进行反应性离子镀	基片温升	能否制取光泽膜、透明膜	其他特点	应用	示意图
空心阴极放电离子镀(HCD)	等离子束电子束加热	Ar,其他惰性气体或反应气体	1.33×10^{-2} ~ $1.33(10^{-4}\sim10^{-2})$	利用低压大电流的电子束碰撞	零至数百伏的加速电压。离化和离子加速独立操作	良	小。要对基片加热	可	离化效率高,电子束斑较大,金属膜,介质膜,化合物膜都能镀	装饰镀层,耐磨镀层,机械制品	DC 0~200V 基片 HCD枪 Ar
射频放电离子镀(RFIP)	电阻加热或电子束加热	真空,Ar,其他惰性气体,反应气体如 O_2,N_2,C_2H_2,CH_4 等	1.33×10^{-2} ~ 1.33×10^{-1} $(10^{-3}\sim10^{-3})$	射频等离子放电(13.56MHz)	零至数千伏的加速电压。离化和离子加速独立操作	良	小	良	不纯气体少,成膜好,化合物成膜更好。匹配较困难	光学、半导体器件,装饰品,汽车零件	0~5kV DC 基片 RF线圈 真空室 匹配箱 射频电源
增强的ARE型	电子束加热	Ar,其他惰性气体,反应气体如 O_2,N_2,CH_4,C_2H_2 等	1.33×10^{-2} ~ 1.33×10^{-1} $(10^{-4}\sim10^{-3})$	探极除了吸引电子束的一次电子,二次电子外,增强极发出的低能电子促进离化	无加速电压。也有在基片上加有零至数千伏加速电压的ARE增强	良	小。要对基片加热	良	易离化,基片所需功率和放电功率能独立调节,膜层质量、膜厚度都容易控制	机械制品,电子器件,装饰品	探极 基片 DC +200V

续表

离子镀种类	蒸发源	充入气体	工作压力/Pa(Torr)	离化方式	离子加速方式	能否进行反应性离子镀	基片温升	能否制取光泽膜、透明膜	其他特点	应用	示意图
低压等离子体离子镀(LPPD)	电子束加热	惰性气体、反应气体	1.33×10^{-2} ~ 1.33×10^{-1} ($10^{-4}\sim10^{-3}$)	等离子体	DC 或 AC,50 V	良	小。还要对基片加热	可	结构简单，能获得 TiC、TiN、Al_2O_3 等化合物镀层	机械制品、电子器件、装饰品	DC 50 V，基片
电场蒸发	电子束加热	—	1.33×10^{-2} ~ 1.33×10^{-1} ($10^{-6}\sim10^{-4}$)	利用电子束形成的金属等离子体	数百至数千伏的加速电压，离化和加速连动操作	不可	小。还要对基片加热	良	带电场的真空蒸镀，镀层质量好	电子器件、音响器件	DC 1~5 kV，基片，电子枪
感应加热离子镀	高频感应加热	惰性气体、反应气体	1.33×10^{-4} ~ 1.33×10^{-1} ($10^{-6}\sim10^{-3}$)	感应漏磁	DC1~5 kV	可	小	可	能获得化合物镀层	机械制品、装饰品、电子器件	DC，基片，感应线圈
多弧离子镀	电弧放电加热阴极辉点	惰性气体、反应气体	$10\sim10^{-1}$	热电子碰撞理发电离、场致发射电子电离、热离解等	可用 0~120 V 的阳极加速	良	依蒸发功率而定	可	不用熔池、离化率高；高功率下膜层质量差	刀具、机械制品	0~120 V，电弧，-30 V/150 A

续 表

离子镀种类	蒸发源	充入气体	工作压力/Pa(Torr)	离化方式	离子加速方式	能否进行反应性离子镀	基片温升	能否制取光泽膜、透明膜	其他特点	应用	示意图
电弧放电型高真空离子镀	电子束加热	高真空或反应气体	真空 10^{-4} 或 O_2、N_2 等 10^{-4}	蒸发源产生的热电子引起弧光放电，使蒸发粒子电离	$0\sim700$ V 的加速电压	良	依蒸发率而定功率	良	蒸发粒子离化效率高、易进行反应、膜层质量好	刀具、机械制品、SiC、Si_3N_4	
离化闭束镀	电阻加热，从坩埚中喷出的是团束状的蒸发颗粒	真空(反应气体)	1.33×10^{-4} ~ 1.33×10^{-2} $(10^{-6}\sim10^{-6})$	电子发射，从灯丝发出的电子的碰撞作用	零至数千伏的加速电压，离化和加速独立操作	可	小	可	既能镀纯金属膜，又能直接镀化合物膜，如 ZnO 等	电子器件、音响器件	

离子镀与蒸发镀、溅射镀相比有以下特点。

(1)附着力强、镀层不易脱落。

1)在离子镀过程中,利用辉光放电所产生的大量高能粒子对基片表面产生阴极溅射效应,对基片表面吸附的气体和油污进行溅射清洗,使基片面净化,直至整个镀膜过程完成。

2)镀膜初期,溅射与沉积并存,可在膜基界面形成组分过渡层或膜材与基材的成分混合层,称之为"伪扩散层",能有效改善膜层附着性能。

(2)绕射性好。一个原因是镀料原子在压强较高情况下被电离,在其到达基片的过程中与气体分子多次碰撞,可以使镀料离子散射到基片周围;此外被离化的镀料原子在电场作用下沉积到基片表面,所以整个基片都沉积上了薄膜。蒸发镀却不能达到这种效果。

(3)镀层质量高。这是由于沉积下来的薄膜不断受到正离子的轰击引起冷凝物的溅射,提高膜层致密度。

(4)镀料和基片的选择范围大。可在金属或非金属上镀制金属或非金属材料。

(5)与化学气相沉积(CVD)相比,它的基片温度较低,一般在 500℃ 以下。但其附着强度完全可与化学气相沉积膜相比。

(6)沉积速率高,成膜速度快,可镀制几十纳米至微米厚度的薄膜。

离子镀的缺点是:对膜层的厚度还不能进行精确的控制;对要求有精细镀层的情况时,它的缺陷浓度还较高;镀制时将会有气体进入表面,这将改变表面的特性;在有些情况下还会形成空穴和空核(小于 1nm)。

表 6-2 对蒸镀、溅射、离子镀 3 种物理气相沉积技术的主要特性参数进行对比。从表中数据可以看出,从参与沉积的粒子的能量范围来看,离子镀结合了蒸发、溅射两种方法的特点。从沉积速率来看,离子镀与蒸发法相当。从薄膜质量来看,离子镀方法制备的薄膜接近或者优于溅射法制备的薄膜。

表 6-2　主要物理气相沉积方法的特点的比较

方　法		蒸镀法	溅射法	离子镀法
粒子能量 eV	原子	0.1～1	1～10	0.1～1
	离子			数百至数千
沉积速率/(μm·min^{-1})		0.1～70	0.01～0.5 (磁控溅射可接近蒸镀法)	0.1～50
薄膜特点	密度	低温时密度较小,但表面光滑	密度较高	密度高
	气孔率	低温时多	气孔少,但气体杂质多	无气孔,但缺陷多
	附着力	差	较好	很好
	内应力	多为拉应力	多为压应力	依工艺条件而定
	绕射性	差	较好	好

6.1.3　离子轰击在离子镀过程中的作用

1. 离子轰击基片的作用

（1）溅射作用离子溅射基片表面，可以清除其表面的污染物和氧化物。如果离子能量很高时，可与表面化学成分反应，产生易挥发或者易溅射的产物，就形成了化学溅射，从而增加了溅射率。

（2）产生缺陷轰击粒子传递给晶格原子的能量 E_i 决定于离子的相对质量，有

$$E_i = \frac{4M_i M_t}{(M_i + M_t)^2} E \qquad (6-3)$$

式中，E 为入射粒子的能量；M_t 为靶原子质量；M_i 为入射粒子质量。

如果入射粒子传递给靶原子能量超过离位阈（约 25 eV），则晶格原子就会产生离位并迁移到间隙中去，从而形成空位和间隙原子等缺陷。这些缺陷形成错位网格。尽管有缺陷的聚集，但在粒子轰击的表层区域仍然有很高的残留点浓度点缺陷。

（3）破坏表面结晶学，如果离子轰击产生的缺陷是十分稳定的，则表面晶体结构将被破坏而变成非晶态结构。同时，气体的掺入也会破坏表面晶体的结构。

（4）改变表面形貌无论是对晶体或非晶体，离子的轰击作用都会引起表面形貌的改变，造成表面粗糙度增加并引起溅射产额的变化。

（5）温度升高轰击粒子的大部分能量转化为表面热。

（6）表面成分变化由于溅射作用造成表面成分与整体成分的不同，表面区域的扩散会对成分产生明显的影响。高缺陷浓度和高温度会增强扩散。点缺陷易于在表面富集，缺陷的流动会使溶质偏析并使较小离子在表面富集。

（7）气体掺入低能离子轰击会造成气体掺入，并沉积在表面下层的薄膜之中。

不溶性气体掺入能力由迁移率、捕集位置、温度以及沉积粒子的能量决定。一般来说非晶态材料捕集气体的能力比晶态材料强。同时，离子轰击加热作用也会引起气体的释放。

（8）近表面材料的物理混合会造成伪扩散层，因为这种混合不需要溶解度，也不需要扩散即可完成。反冲注入造成氧或碳被埋入到表面区。如果溅射原子被背散射返回样品表面，则发生互混现象。如果被溅射原子电离并被加速返回样品表面，它们就埋入表面区域。

2. 离子轰击对膜基界面的影响

（1）物理混合这一混合可使膜基界面形成上面的伪扩散层 这是由于离子镀膜的膜基界面存在基片元素和膜材元素的物理混合现象这对提高膜基界面的附着力是十分有利的。

（2）增强扩散近表面区的高缺陷浓度和较高的温度会提高扩散率。表面存在点缺陷，小离子有偏析表面的倾向，由于离子轰击，表面偏析作用加强，增强了沉积原子与基片原子的相互扩散。利用这一作用，离子镀可使金属表面合金化。

（3）改善成核模式原子凝结在基体表面上的特性由它与表面的相互作用及它在表面上的迁移特性决定。如果凝结原子与表面之间没有很强的相互作用。原子将在表面上扩散直到它在高能位置上成核或被其他扩散原子碰撞为止。这种成核模式称为非反应性成核。一般说来，这种成核模式会造成核与核之间有较大的间隙，这种间隙造成的界面气泡会引起非浸润型生长。直到这些核达到一定的大小，它们才开始生长到一起。此种形式的成核和生长即是电子.显微镜观察到的小岛—沟道—连续生成模型。

(4)优先去除松散结合的原子表面原子的溅射决定于它与表面的结合状态。因此,对表面进行离子轰击更有可能溅射掉结合得较为松散的原子。这种效果在形成扩散—反应型的界面时更为明显。比如在硅上沉积铂,而后再溅射掉过量的铂,可以获得纯净的铂-硅膜层,此过程就是明显的例证。

(5)改善表面覆盖度增加了绕射性。离子镀绕射性好是由于工作气压比较高,蒸发原子与气体分子碰撞增加了散射效果,也就是说,离子镀中的镀料原子在沉积之前,经气体的散射作用,会向各个方向飞散,从而蒸发原子也可能沉积到与蒸发源不成直线关系的区域。但是在普通的真空蒸镀中,高气压将造成蒸气相成核,并且会以细粉末的形式沉积;而在离子镀的气体放电中,气相成核的粒子将呈现负电性,从而受到处于负电位的基片的排斥作用。

3. 离子轰击在薄膜生长过程中的作用

在离子镀过程中,离子对膜层的轰击作用可能影响到膜的形态、结晶成分、物理性能和许多其他特性。

(1)离子轰击作用消除柱状晶。随着基片负偏压的增高,轰击基片的离子能量越来越高,这就增强了高能离子对基片的轰击和溅射作用,从而破坏了粗大柱状晶的形成条件,反而形成了均匀的颗粒状晶体。

(2)对膜层应力的影响残余内应力是最显而易见的受离子轰击影响的性能之一。当原子之间所处的位置比它们在平衡条件下所处的位置更接近时即出现压应力,而由于大量的间隙原子存在,当原子的间隔比在平衡位置更大时就出现拉应力。在离子镀过程中,离子轰击强迫原子处于非平衡位置,导致了应力的增加。

(3)离子镀可提高金属材料的疲劳寿命。这是由于离子镀过程中高能离子轰击基片使基片表面产生压应力和使基片表面合金化,从而增强了基体表面。

(4)对薄膜组分的影响离子轰击优先溅射掉松散结合的原子,或把原子注入生长的表面形成亚稳相,可以改变沉积材料的组分。极端情况下,离子轰击可以把相当高的原子百分比的不溶性气体掺入到正在沉积的薄膜中。

6.1.4　离子镀过程中的离化率问题

离子镀区别于一般真空镀膜的许多特性,与离子、高速中性粒子参与沉积过程密不可分。因此,离化率是一个重要的参数,它表示被电离的原子数占全部蒸发原子的百分数。特别是在活性反应离子镀中离化率特别重要,因为它是活化程度的主要指标之一。蒸发原子和反应气体的离化程度对镀层的各种性质(如附着力、硬度、耐热耐腐性、结晶结构等)都有着直接影响。下面着重分析不同离子镀的离化率问题,对其进行定量分析。

(1)中性粒子所带的能量 W_v 为

$$W_v = n_v w_v \tag{6-4}$$

式中,n_v 为单位时间单位面积上沉积的粒子数;w_v 为蒸发粒子所带的动能,有

$$w_v = \frac{3}{2}kT_v \tag{6-5}$$

式中,k 为玻尔兹曼常数;T_v 为蒸发物质温度。

(2)离子的能量 W_i 为

$$W_i = n_i w_i \tag{6-6}$$

式中，n_i 为单位时间单位面积上所轰击的离子数；w_i 为离子的平均能量，有

$$w_i = eU_i \tag{6-7}$$

式中，U_i 为沉积离子的平均加速电压。

（3）膜层表面的能量活性系数 ε 为

$$\varepsilon = (W_i + W_v)/W_v = (n_i w_i + n_v w_v)/n_v w_v \tag{6-8}$$

当 $n_v w_v \ll n_i w_i$ 时可得

$$\varepsilon \approx n_i w_i / n_v w_v = \frac{eU_1}{1.5kT_v}\left(\frac{n_i}{n_v}\right) = C\frac{U_i}{T_v}\left(\frac{n_i}{n_v}\right) \tag{6-9}$$

式中，n_i/n_v 便是离子镀过程中的离化率。

由式（6-9）可以看出，在离子镀过程中，由于 U_i 的存在，即使离化率很低，也可以影响到离子镀的能量活性系数。

表 6-3 给出了各种 PVD 镀膜法在各自的离化率和 U_i 数值下，能达到的能量活性系数。

表 6-3　PVD 镀膜法的能量活性系数

镀膜工艺	能量活性系数 ε	参数	
真空镀膜	1	$w_v = 0.2$ eV	
溅　射	5～10	$w_s = 1$～几个 eV	
离子镀	1.2	$n_i/n_v = 10^{-3}$	$U_i = 50$ V
	3.5	10^{-2}	50 V
		10^{-4}	5000 V
	25	10^{-1}	50 V
		10^{-3}	5000 V
	250	10^{-1}	500 V
		10^{-2}	5000 V
	2 500	10^{-1}	5 000 V

从表中可知离子镀的能量活性系数通过改变 U_i 和 n_i/n_v 可以很容易地提高几个数量级。能量活性系数很大程度上依赖于离化率，应该大大提高离子镀装置的离化率。到目前为止，所使用的离子镀装置中，Mattox 直流二极型中，气体分子的离化率为 0.1%～2%；高频离子镀中，蒸发粒子的离化率大约为 10%；空心阴极放电离子镀中金属原子的离化率大约是 22%～40%；多弧离子镀及电弧放电型高真空离子镀的离化率可达 60%～80%。

6.2　几种典型的离子镀方式

6.2.1　直流二极型离子镀

直流二极型离子镀的结构原理图如图 6-1 所示。可以认为它就是直流二极溅射和电子束蒸镀两部分结合而成。先将真空室抽至 10^{-4} Pa 以下压强，然后通入惰性气体（如氩），使压强达到 1～0.1 Pa。将要镀的基片接入二极型直流气体放电的阴极，放电电压为 1～5 kV，蒸发源接地电位。

该离子镀方式有以下优缺点：

优点：(1)离化率低，这是由于放电空间电荷密度较低，但是基片上加的电压较高，所以离子或高能粒子的能量可达几百至几千 eV。

(2)绕射性好，膜层均匀，原因前面已经述说。

(3)设备简单，镀膜工艺容易实现，可用普通的镀膜机改装。

缺点：(1)轰击粒子动能大，对膜层剥离作用特别强，引起基片升温，导致膜层表面粗糙，质量差。

(2)成膜速度缓慢，而且产生污染。

(3)难于控制离子镀的工艺参数，这是因为这种设备的辉光放电电压和离子加速电压不易分别调整。

6.2.2　三极型和多阴极型离子镀

这两种装置也属于直流放电型，是对二极型的改进。示意图如图 6-4、图 6-5 所示。

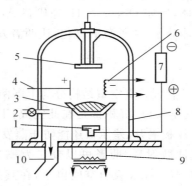

图 6-4　三极型离子镀

1—阳极；　2—进气口；　3—蒸发源；　4—电子吸收极；　5—基片；　6—热电子发射极；

7—直流电源；　8—真空室；　9—蒸发电源；　10—真空系统

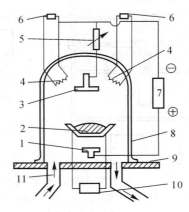

图 6-5　多阴极型离子镀

1—阳极；　2—蒸发源；　3—基片；　4—发生热电子阴极；　5—可调电阻；　6—灯丝电源；

7—直流电源；　8—真空室；　9—真空系统；　10—蒸发电源；　11—进气口

在直流放电离子镀中,如果能将低能电子引入到等离子区中,并且增加其平均自由程,则可显著提高粒子离化率。

在三极型中,热阴极 6 发射出热电子,在收集极 4 作用下横向穿过被蒸发的粒子流并与其发生碰撞,与二极型相比,三极型可明显提高离化率。

多阴极型是把基片作为主阴极,在其两侧添加热阴极,利用热阴极发射的电子促进气体的电离。多阴极型放电开始气压大约为 0.1 Pa,相比于二极型大约提高了一个数量级,可以实现低气压下维持放电,所以镀层质量好,光泽致密。另外,主阴极加的电压不高,同时多阴极灯丝基片处于基片四周,从而扩大了阴极区,改善了绕射性,减少了高能离子对基片的轰击作用,避免了直流二极型离子镀溅射严重造成成膜粗糙、基片温度升高难以控制的缺点。低能电子的引入,大大提高了离化率,可达 10% 左右。

6.2.3　ARE 活性反应蒸镀

活性反应蒸镀法(Activated Reactive Evaporation,ARE)是在离子镀过程中,在腔室中充入与金属蒸气起化学反应的气体,比如 O_2,N_2,CH_4 等代替 Ar 或氩气混合充入,使用不同的放电方式使金属蒸气和反应气体分子、原子激活离化,让两者发生化学反应,在基片上获得氧化物、碳化物、氮化物薄膜。

1. ARE 法的工作流程

图 6-6 所示为典型的 ARE 装置。真空室结构分为上下两室,上面是镀膜室,工作气压是 $10^{-1} \sim 10^{-2}$ Pa,放电、离子化、化学反应、沉积都是在此完成;下面是电子枪室,真空度较高一些,在 10^{-2} Pa 以上。两室用差压板隔开,差压板还能防止蒸发物飞溅到电子枪室中。在坩埚和基片之间设有探极和反应气体散射环,两者可以合二为一为活化电极圈。通常加上 $25 \sim 40$ V 的正偏压,也可加 200 V 左右。探极吸引空间电子,在其余蒸发源之间形成了放电的等离子体,从而使薄膜蒸发加速离子化和活性化,进一步完成化学反应。

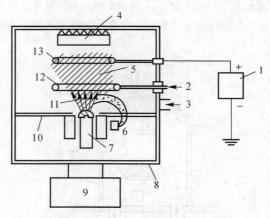

图 6-6　典型 ARE 法示意图

1—电源;　2—反应气体;　3—真空机组;　4—基片;　5—等离子体;　6—电子枪;　7—电子束蒸发源;
8—真空室;　9—真空机组;　10—差压板;　11—镀料蒸发原子束流;　12—反应气体导入环;　13—探测电极

此装置蒸发源一般采用 e 型电子枪,其结构示意如图 6-7 所示。工作流程为:电子枪由钨丝加热产生电子,在经高压电场加速和偏转线圈磁场的偏转作用下,落入坩埚中的镀料上。

此电子束能量可达到几千甚至上万电子伏,不仅熔化镀料还能在镀料表面激发出二次电子,这些二次电子被探极吸引加速。

因此,镀料蒸气和反应气体受到电子束中高能电子、二次电子和一部分一次电子轰击而电离。这些被激发、电离的镀料原子和反应气体化学活性高,在探极周围反应,沉积在基片上。

根据选择的反应气体不同,可制备出不一样的化合物镀层,比如碳化物则应加入甲烷或者乙炔;氮化物则加入氮气;氧化物则加入氧气。若想得到复合化合物镀层,则加入混合气体。

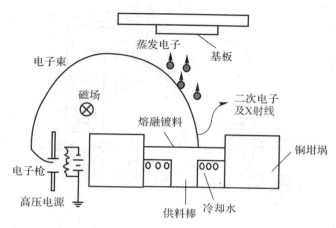

图 6－7　偏转 270°的电子束蒸发源结构

2.ARE 法的特点

(1)电离增加了反应物的活性,与 CVD 法相比,在较低温度下就能获得性能良好的碳化物、氮化物。

(2)可在任何基片上制备薄膜,不仅在金属上还能在非金属上制备性能良好的薄膜,调节镀料蒸发速率及反应气体压力可以十分方便地获得化合物膜层。

(3)沉积速率高,比溅射沉积速率高一个数量级,并且改变电子枪功率、基源距、反应气体压力可以很好地控制镀层生长速度。

(4)化合物的生成反应和沉积物的生长是分开的,可以分别控制,反应主要在探极和蒸发源之间进行,所以基片温度可调。

(5)采用大功率的电子束蒸发源,几乎可以制备所有金属和化合物。

(6)清洁无公害,与化学镀相比,不使用有害物质也无爆炸危险。

ARE 法也有其缺点,电子枪发出的高能离子束,实现镀料原子和气体的离化,但是对于一些光电器件,需要高质量薄膜,不能达到低沉积速率的要求。为了解决这一缺点,在其基础上开发了增强的 ARE,它与普通 ARE 相比,在探极的下方附加了一个发射低能电子的增强极,这些低能电子在受探测极吸引过程中与镀料蒸气及反应气体碰撞,增强离化,把金属蒸发和等离子体的产生分为两个独立的控制过程,从而实现低蒸发功率下(0.5 kW 以下)的 ARE 镀膜工艺。

6.2.4　空心阴极放电离子镀

空心阴极放电离子镀(Hollow Cathode Discharge,HCD)是在空心热阴极技术和离子镀技术的基础上发展起来的一种薄膜沉积技术。

空心阴极放电离子镀与普通二极型离子镀的区别在于利用空心热阴极放电产生等离子体,其示意图如图 6-8 所示。空心阴极蒸发装置原理:在炽热的 Ta 管内,在 10^{-2} Pa 压力下,Ar 气在弧光放电时形成等离子体,又不断地轰击 Ta 管,使 Ta 管温度受热直至电子发射温度,从而产生等离子束。

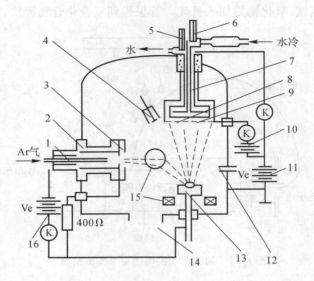

图 6-8　HCD 离子镀装置示意图

1—阴极空心 Ta 管;　2—空心阴极;　3—辅助阳极;　4—测厚装置;　5—热电偶;　6—流量汁;　7—收集极;
8—基片;　9—抑制栅极;　10—抑制电压(25V);　11—基片偏压;　12—反应气体入口;　13—水冷铜坩埚;
14—真空机组;　15—偏转聚焦线圈;　16—主电源

空心热阴极离子镀的特点是蒸发的金属原子的离化率高于直流放电离子镀的方法,可以达到 20%～40%。这是由于空心阴极低电压、大电流的弧光放电特性决定的。大量的电子与金属蒸气原子发生频繁的碰撞,产生出大量的金属离子和高速的中性粒子。将衬底置于负偏压下,被蒸发物质的离子将造成对衬底的高强度轰击,形成致密、牢固的薄膜涂层。此外 HCD 离子镀工作压力范围比较宽,沉积过程在 1～10^{-2} Pa 均可进行,不像 ARE 法采用高压电子枪那样,要用差压板。由于 HCD 工作气压和离化率高,大量金属离子受基片负偏压的吸引,使其有良好的绕射性。

6.2.5　多弧离子镀

1. 原理

多弧离子镀是采用电弧放电的方法,在固体阴极靶材上直接蒸发金属,蒸发物是从阴极弧光辉点放出的靶材物质的离子。其原理如图 6-9 所示。

工作的时候,将蒸镀材料靶接阴极,真空室为阳极,在引弧电极和阴极之间加上一触发电脉冲或使两者相接触的引弧方法,在蒸镀材料制成的阴极与真空室形成的阳极之间引发弧光放电并产生强烈发光的阴极辉点,在这些放电斑点上,电流的密度可以达到很高的水平。于是这一区域的镀料就瞬时蒸发并电离,大量的阴极辉点在阴极表面剧烈、无规则地运动,使整个靶面均匀地被蒸发,通过外加磁场来控制辉点的运动。

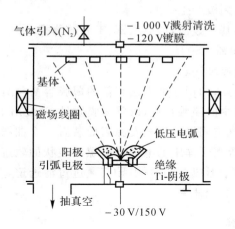

图 6 - 9　多弧离子镀示意图

　　多弧离子镀的原理是基于冷阴极真空弧光放电理论提出的。此理论认为,放电过程电量是借助于场电子发射和正离子电流这两种机制同时存在且相互制约实现迁移的。放电过程,阴极物质蒸发,形成正离子,在阴极表面形成强电场,电子以产生"场电子发射"而逃逸到真空中,然后发射电子密度高的点,电流密度大,电流密度为

$$J_e = BE^2 \exp(-C/B) \tag{6-10}$$

式中,E 为阴极电场强度;B,C 为与阴极材料有关的系数。

　　电流密度大之后,产生焦耳热使阴极物质温度上升又产生热电子,进一步增加发射电子,使电流局部集中。这时候产生的焦耳热足以使阴极材料表面局部等离子化,生成金属离子、发射电子、熔融粒子,并留下放电痕。最后发射的一部分离子又被吸回阴极表面,重复前面的过程。这就是阴极辉点产生的原因,如图 6 - 10 所示。

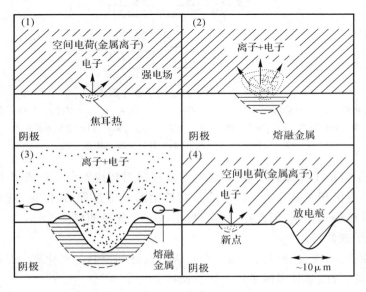

图 6 - 10　弧光放电的阴极弧光辉点形成的过程

2. 多弧离子镀的特点

(1)不需要坩埚,直接从阴极产生等离子体。

(2)入射粒子能量高,对基片轰击,形成致密、牢固的薄膜。

(3)离化率高,可达到 $60\%\sim80\%$。

(4)设备简单、薄膜沉积速度快。

但是其有一个显著的缺点,即用这种方法制备的薄膜容易含有弧光放电过程所产生的显著喷溅颗粒。为了减少薄膜中的喷溅颗粒,改善薄膜质量,开发出了磁过滤式真空阴极电弧沉积(FCVAD)装置。它是在真空阴极电弧蒸发源后面装置一个曲线形的磁过滤通道。在沿轴线分布的磁场作用下,电弧等离子体中的电子将呈螺旋线状的轨迹绕磁力线而通过磁过滤通道。电子的这一运动将对离子形成静电力,引导其通过过滤通道,喷溅的颗粒被过滤器阻挡,这种装置相应地降低了薄膜沉积速率。

6.2.6 射频放电离子镀

射频放电离子镀原理如图 6-11 所示。这种技术放电稳定,采用视频源,其离化率能达到 10%,工作压力在 $10^{-1}\sim10^{-3}$ Pa,比直流二极型真空度高两个数量级。射频线圈一般为 7 圈,高 7 cm,用直径 3 mm 的铜丝绕制而成,安装在蒸发源和基片之间。射频频率为 13.56 MHz 或者 18 MHz,功率为 $1\sim2$ kW,直流偏压 $0\sim-1\,500$ V。

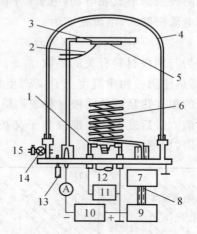

图 6-11 射频放电离子镀原理图

1—熔化坩埚; 2—热电偶; 3—基片架(阴极); 4—真空室; 5—基片; 6—RF 线圈;
7—匹配箱; 8—同轴电缆; 9—高频电源; 10—加速用直流电源; 11—蒸发电源; 12—真空系统;
13—真空计; 14—调节阀; 15—反应气体入口

射频放电离子镀的工作原理很简单,镀料蒸发经过射频线圈离化形成离子,再由加在基片上的偏压加速,然后沉积在基片上。这是能分别控制的 3 个过程,可以调节蒸发源功率、线圈激励功率、基板偏压等来控制,因此在一定程度上改善了薄膜的特性。

射频放电离子镀的特点:

(1)正如上面所说,蒸发、离化、加速 3 个过程可以分别控制。离化靠的是射频激励而不是靠加速的直流电场,所以基片周围不产生阴极暗区。

（2）工作气压低，而且离化率高，所以镀出来的薄膜质量好。

（3）和其他离子镀相比，基片温度低，易控制。

（4）容易进行反应离子镀。

但是这种方法也有不足的地方，其真空度高，所以绕射性差。另外，为了使射频功率能通过射频线圈输入给真空系统，要求射频电源与射频电极之间设置匹配电路，并且应随着镀膜参数进行调节，当使用电子束蒸发源时，蒸发源和射频激励电流可能发生干扰。同时射频是对人体有害的，需要屏蔽。

6.3　离子束沉积

6.3.1　离子束沉积原理

离子束沉积是用离化的粒子作为蒸镀材料，在比较低的基片温度下，形成具有良好性能的薄膜。由于在电子工业领域，超大规模集成电路元件和薄膜器件要求对薄膜具有极好的控制性能，所以对沉积技术提出了更高的要求，而且在金属加工、机械制造领域中，表面镀膜能很好地提高产品质量。离子束技术可以改变电参数来控制离子从而改变或提高薄膜特性，这是其主要特点，所以离子束沉积非常有发展前景。

目前离子束沉积法大致可分为以下五大类：

（1）非质量分离方式离子束沉积技术；

（2）质量分离方式离子束沉积技术；

（3）部分离化方式离子束沉积技术（离子镀）；

（4）离化团束沉积；

（5）离子束辅助沉积。

所有这些方法，改变的参量包括入射粒子种类、离子电流的大小、入射角、离子束的大小、沉积粒子中离子所占百分数、温度和真空度。

金属离子照射到固体表面，根据其能量大小一般有 3 种现象：沉积现象（$E \leqslant 500$ eV）、溅射现象（$E \geqslant 50$ eV）、离子注入现象（$E \geqslant 500$ eV）。

沉积现象是指照射的金属离子附着在固体表面上，离子动能越小，越有可能附着。随着入射离子能量的增加，由于离子的轰击作用把基片原子碰撞出。如果入射粒子的能量进一步增加，则离子会进入表面原子层中，即离子注入现象。

质量分离方式离子束沉积技术就是只用经选择的金属离子进行离子束沉积，则要求入射离子的能量控制在临界值 E_c 以内，否则由于溅射作用，薄膜不会生长。下面是一个具体的实例，在 Si 基片上，用不同能量的 Ge^+ 入射，经一定剂量（5×10^{17} 离子/cm^2）照射后，用 XMA 法对表面沉积的 Ge 量进行测量，测出的沉积量和照射能量的相对关系曲线如图 6-12 所示。

由图可以看出离子能量 300 eV 以下时，沉积现象占主导；随着离子能量的增加，溅射现象占支配地位。当离子能量超过 900 eV 时，Ge 含量上升，这是因为离子注入。表 6-4 给出了几种金属离子由实验求出的临界能量的范围。

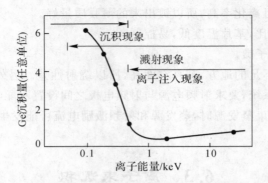

图 6-12　在 Si(111)基片表面进行 Ge⁺ 离子束沉积时,Ge 的沉积量与入射离子能量的关系

表 6-4　在离子束沉积中,成膜所要求的最大临界离子温度

离子种类	临界离子能量/keV	离子种类	临界离子能量/keV
Fe^+	1.5～2.0	Zn^+	0.3～0.4
Co^+	1.0～1.5	Sn^+	0.45～0.5
Ni^+	0.8～1.0	Ge^+	0.4～0.6
Cu^+	0.3～0.4	Si^+	0.7～1.0

在离子束沉积中,除了离子种类及其相应物的固有性质之外,离子的动能、动量、电荷等,都对表面产生影响,因此与真空蒸镀及 CVD 法等薄膜沉积法相比较,离子束沉积法具有许多不同的特征。

6.3.2　离子束沉积技术的各种方式

1.非质量分离方式

这种沉积技术是 1971 年由 Alsenberg 和 Chabot 首先用于碳离子制备类金刚石薄膜。其结构示意图如图 6-13 所示,阴极和阳极主要是由碳构成,工作时往放电室通入氩气,加上外部磁场,使其在低气压条件下发生等离子体放电,依靠离子对电极的溅射作用产生碳离子,同时在基片上加上负偏压,这些离子加速照射到基片上。

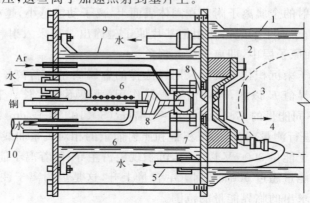

图 6-13　非质量分离方式离子束沉积装置

1—6 in Pyrex 玻璃管;　2—沉积室;　3—硅片;　4—外部磁场;　5—涤纶管;　7—通水路;
8—碳;　9—4 in 玻璃管;　10—真空接管

　　根据 Alsenberg 和 Spencer 的实验数据,用能量 50~100 eV 的碳离子,在室温条件下照射 Si,NaCl,KCl,Ni 基片,即可长出透明度高,机械硬度强,化学性能稳定的薄膜。这种膜的电阻率可达到 10^{12} Ω·m,折射率大约为 2,且不溶于有机酸和无机酸,用电子衍射和 X 射线测得为单晶膜,并且这些膜的性质与金刚石膜相类似。

　　2. 质量分离方式

　　该方式是从离子源引出的离子束进行质量分离,只选择出一种离子束对基片进行照射。与非质量分立方式相比较,杂质混入少,适宜制备高纯度包膜,通常用于基础薄膜形成过程的研究。其结构示意图如图 6-14 所示。

　　这种装置是由离子源、质量分离器以及超真空沉积室等组成的。一般基片和沉积室处于低电位,所以照射到基片上的离子动能由离子源所加正电位 V_a(0~3 000 eV)决定。此外为了从离子源引出更多的离子电流,质量分离器和束输运所必要的部分真空管路还加有负电压 V_{ext}(-10~-30 kV)。

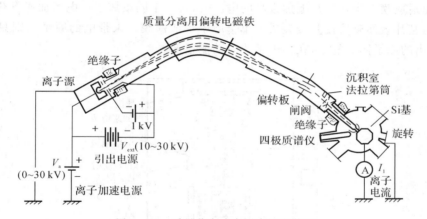

图 6-14　质量分离式离子束沉积装置

　　为了形成不含杂质的优质膜,该方式中最重要的是最大限度地减少沉积室中残余气体在沉积过程中对基片表面的附着,碰撞表面上去的残余气体的束流强度为 Γ_n,有

$$\Gamma_n = 7.05 \times 10^{24} p \text{ 个}/(cm^2 \cdot c) \tag{6-11}$$

式中,p 为工作时真空度,Pa。

　　若照射离子束的电流密度为 $J_i(\mu A/cm^2)$,则离子束流的强度为

$$\Gamma_i = 6.25 \times 10^{12} J_i \text{个}/(cm^2 \cdot c) \tag{6-12}$$

　　若 S_i 和 S_n 分别是离子和残余气体分子对基片的附着系数,则形成优质膜的必要条件为 $S_i \Gamma_i \geqslant S_n \Gamma_n$。

　　为了尽量提高沉积室真空度,离子束沉积装置需要采用多个真空泵进行差压排气,图中离子源部分就是利用两台油扩散泵,质量分离之后采用涡轮分子泵,沉积室中采用离子泵排气。这样离子照射时的真空度为 10^{-8} Torr。这样就保证了沉积过程中 $\Gamma_i \approx 10^{15}$ 个/(cm$^2 \cdot$ c),Γ_n $\approx 10^{12} \sim 10^{13}$ 个/(cm$^2 \cdot$ c),假设 $S_i \approx S_n$,则满足了形成优质膜的必要条件,可以认为残留气体造成的影响是很小的。

　　另外,在很低的基片温度下,离子束沉积也能形成各种物质的单晶薄膜,这与 CVD 法等形成鲜明的对比,这主要是由入射离子的动量和动能传给基片表面的原子,在促进表面清洁化的同时,也会促进表面原子的运动,从而使沉积原子较轻易地运动到合适生长的位置上。

3. 离化团束沉积(ICB)

离子镀有一个显著的缺点,离子轰击作用虽然会明显提高薄膜的附着强度,而且改善膜层的致密性和结晶性,但是也对基板和薄膜造成损伤,因此离子镀一般不适合半导体等功能薄膜的制作。离化团束沉积就是解决这一缺点的而开发出来的,它是利用等离子辉光放电法与离子束法相结合的沉积技术,其原理如图 6-15 所示。原理是:被蒸镀物质放在带有喷嘴的密封坩埚中加热,蒸汽压约为 $1\sim100$ Pa,远大于真空室真空度($10^{-4}\sim10^{-2}$ Pa),所以镀料蒸气就从喷嘴出喷向高真空空间,再利用绝热膨胀的过饱和现象形成原子束状或分子团束状的粒子。这种团束一般是包含 $10^2\sim10^3$ 个原子或分子,是最稳定。然后这些团束状的粒子通过离化区时,与热灯丝发出的热电子碰撞,则每个团束中至少有一个原子或分子电离,形成团束离子。

每个团束所带电量很小,因此在不受空间电荷效应制约的前提下,可向基片大量地输送沉积原子,快速地成膜。当在基片上加很高的电压时,每一个团束离子在电场加速下获得很高的能量,并且与基片表面碰撞使其破裂成为单个原子形成薄膜。未带电的原子团则只具有相当于蒸发喷射出的原子团的能量,在冲击基片时动能很低。

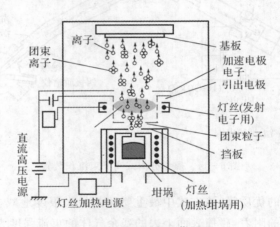

图 6-15 ICB 沉积工作原理

离化团束沉积的特点是将蒸发的高真空度与溅射的适当范围能量的离子轰击相结合,故有下述特点。

(1)膜层致密,与基板的附着力强,薄膜的结晶性好,而且在低温也能控制。

(2)与离子镀比较,平均每个入射原子的能量小,对基板及薄膜的损伤小,从而可用于半导体膜及磁性膜等功能膜的沉积。

(3)与离子束沉积比较,尽管平均每个入射原子的能量小,但由于不受空间电荷效应的制约,可以大流量输运沉积原子,因此沉积速率高。

(4)可独立地调节蒸发速率、团束尺寸、电离效果、加速电压、基板温度等,便于对成膜过程及薄膜性能进行控制。

ICB 沉积的主要缺点是与真空蒸镀和离子镀比较,装置比较复杂。

利用离化团束技术可以沉积各种材料。目前,人们正利用 ICB 沉积对各种用途的薄膜进行广泛的研究,涉及的材料从金属、半导体,到绝缘体、超导体、有机材料等。

4.离子束辅助沉积(IBAD)

离子束辅助沉积是指在气相沉积镀膜的同时,采用低能离子束进行轰击,以形成单质或化合物薄膜技术。与离子镀相比,IBAD 可在更严格的控制条件下连续生长任意厚度的膜层,能更显著地改善膜层的结晶性、取向性,增加膜层的附着强度,提高膜层的致密性,并能在室温或者近室温下形成具有理想化学计量比的化合物膜层。

在各种物理气相沉积和化学气相沉积中,都可以添加一套辅助轰击的离子枪构成 IBAD 系统,一般的 IBAD 工艺有如下两种,如图 6-16 所示。

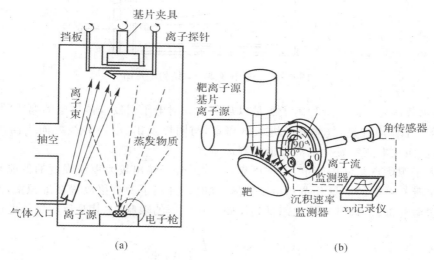

图 6-16　常见的离子束辅助沉积方式
(a)电子束蒸镀离子束辅助沉积(IBAD)；　(b)离子束溅射辅助沉积(IBSAD)

图 6-16(a)所示采用电子束蒸发源,利用离子枪发出的离子束对膜层进行照射,从而实现离子束辅助沉积。其优点是离子束能量和方向可以调节,但是只能采用单质或有限的合金或化合物作为蒸发源,并且合金和化合物各组分蒸气压不同,从而难以获得原蒸发源成分的膜层。

图 6-16(b)所示是离子束溅射辅助沉积,其是利用离子束溅射镀料做成的靶,以溅射产物作为源,在将其沉积在基板的同时,用另一离子源照射实现离子束溅射辅助沉积,故此法又称为双离子束溅射沉积。这种方法优点是被溅射粒子自身具有一定能量,所以与基板有更好的附着力;任意组分的靶材均可以溅射镀膜,还可进行反应溅射成膜;便于调节膜层成分,但是其沉积效率低,靶材价格贵且存在择优溅射等问题。

离子束沉积辅助沉积技术的关键是离子源,它有下述不同形式。

(1)考夫曼离子源。这种离子源是一种可以被用来产生宽束、强离子流的离子源。图 6-17 是其示意图,核心部分是一个装有加热阴极的放电室和装置在放电室外的多孔的离子加速栅极。利用通入放电室的气体与阴极发射出的热电子发生相互碰撞,在放电室两极之间形成放电等离子体。气体分子被大量离化,这些离子被加速栅极引出并加速。轴向磁场延长了电子的飞行距离,因而提高了电子的离化效率。为了限制离子束的发散角,常在栅极外侧安置一个可发射电子的热丝装置,中和离子束所携带电荷。因此最终离子源提供的是中性的高能原子束,可以用来对导电性不佳的绝缘靶进行溅射。

这种离子源优点:提供高强度、能量可变、能量一致性好、方向发散角度小的离子束。

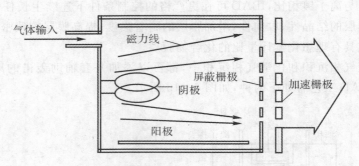

图 6 - 17　考夫曼离子源结构示意图

(2)霍尔效应离子源。这种离子源是以热阴极发射电子引发气体放电的离子源,结构如图6 - 18 所示。工作原理是:气体分子进入电离室,与阴极发出、沿磁力线方向飞向阳极的电子发生碰撞,从而在电离室发生电离和形成等离子体。

这种离子源优点是结构简单,工作可靠,特别适合于输出较大束流强度的低能离子束。但是其离子束具有一定的能量分布和角度发散,同时这种离子源直接放置在沉积室,而阴极热丝放置在离子源外部,所以其工作状态受到镀膜工作气压的限制,尤其是反应气体的影响。

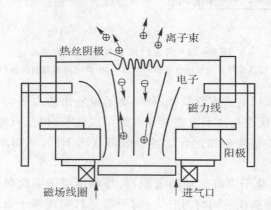

图 6 - 18　霍尔效应离子源结构示意图

前面提到的两种 IBAD 系统都仍存在许多不足,比如离子源的限制以及离子束的直射性问题、加工试样尺寸有限、沉积速率低、绕射性不足等问题,所以现在许多研究者提出或正在使用新 IBAD 系统以改善这些不足,比如将磁控溅射和离子束辅助沉积结合,将多弧离子镀与离子束辅助沉积结合,等离子体源离子束辅助沉积等新工艺。

IBAD 的优越性体现在工艺方法的灵活多样,即由离子轰击和薄膜沉积两个相互独立控制的过程,且均可在大范围内调节,故可以实现理想化学计量比的膜层,以及常温常压下无法制备出的化合物薄膜。

工艺类型大概分为以下 3 种。

1）非反应型 IBAD 工艺。注入的离子为惰性气体离子，主要作用是影响薄膜的形成、成分调制和组织结构等。如采用溅射石墨靶同时辅以 Ar$^+$ 离子束轰击可以制备类金刚石，甚至金刚石薄膜。又如 IBAD 工艺中由于 Ar$^+$ 离子的轰击使沉积的 Cu 膜比纯蒸发 Cu 膜晶粒细小且致密。

2）反应 IBAD 工艺。离子束除了以上作用外，还可以提供形成化合物薄膜的离子。现在氮化物、氧化物、碳化物膜研究比较多，比如应用广泛的 TiN 薄膜、强度高的 TaN 和 CrN 薄膜、硬度仅次于金刚石，热稳定性和化学性极高的立方 BN 薄膜以及 TiC，TaC，WC，MoC 薄膜等。硬度比金刚石还要高的 N_3C_4 正在研究之中。利用氧离子辅助沉积 Zr，Y，Ti，Al 等形成高质量氧化物薄膜，这已是光学膜研究的重要方面。

3）多元膜层制备工艺。采用多个靶或多个独立的蒸发源（或溅射源）同时或交替蒸发（溅射）形成膜层，同时辅以离子束轰击即可形成膜层性能优良的多元膜或多层膜。比如 Ti/TiN、Al/AlN 双层膜，TiN/MoS_2 双层膜，Ti(CN)，(Ti，Cr)N 双元膜等，这些领域都是 IBAD 技术将来要发展的。

IBAD 技术发展了 40 多年，成功地合成了一些新型材料制备了一些高性能薄膜，在电子器件的绝缘膜、保护膜、半导体膜、超导膜、磁性膜、光学膜、激光镜膜及轴承的耐磨、抗蚀、润滑膜等方面都获得了应用。

6.4 应用实例

6.4.1 非平衡磁控溅射离子镀沉积复合涂层

太原理工大学的葛培林利用非平衡磁控溅射离子镀沉积了复合涂层，采用物理气相沉积（PVD）技术在基体表面涂覆抗高温、耐磨的硬质涂层，可以提高材料表面性能。CrN 硬质涂层具有硬度高，耐磨、耐腐蚀性等特点，在铸造、机械加工及成型等领域得到较广泛的应用。但是，由于 CrN 薄膜抗氧化温度较低，高温使用性能差，限制了其在高温领域的应用。添加其他合金元素形成多元合金硬质涂层可有效提高薄膜的高温使用性能，尤其对提高模具的使用寿命有重要意义。所以其应用了闭合场非平衡磁控溅射离子镀在平衡磁控溅射离子镀沉积技术，在 M42 高速钢和 H13 热作模具钢基体上制备具有优异结合强度的 CrAlN 和 CrAlNbN 两种多组元硬质梯度薄膜。制备出的薄膜膜基结合强度最好，表面光滑，致密性好，缺陷较少。图 6-19 是闭合场非平衡磁拉溅射离子镀系统结构简图。

闭合场非平衡磁控溅射离子镀膜沉积系统（CFUBIVIS）结合了磁溅射和离子镀各自的优点，利用辉光放电使 Ar 气电离，离子高速轰击靶材表面使靶溅射出靶材原子，在电场作用下，靶材原子沉积在基体上沉积。该系统在圆形的真空壁上安装 4 块高强的非平衡磁控管，将基体工件固定在在两级旋转的行星架上。这种计结构使被镀工件区域被闭合的磁力线所包围，扩大等离子体区域，增加等离子体密，使电子以摆线的方式在靶材表面区域运动，提高了离子碰撞概率，轰击出更多原子，显著提高溅射效率。制备 CrN 薄膜时，1，3 靶为 Cr 靶，只需要开启 1，3 靶，2，4 靶关闭；制备 CrAlN 薄膜时，同时开启四个靶材，其中 2，4 靶为 Al；制备 CrNbAlN薄膜时，同时开启四个靶，1，3 靶为 Cr 靶，2 靶为 Nb，4 靶为 Al。镀膜试样及热疲劳试样分别放置于 3 轴支架上。制备薄膜时，真空腔体内的真空度为 2×10^{-5} Torr。以 99.

999％的氩气为溅射气体,反应气体为99.999％的氮气。氮气流量由光谱发射(OES)系统调节,通过OEM检测靶材表面金属(光强、亮度),使用快速反应压电阀来控制反应气体中的等离子体密度使其达到预设的水平,密度的设定根据所要沉积的薄膜成分来计算。基体负偏压为直流脉冲,频率250 kHz,脉冲宽度500 ns。

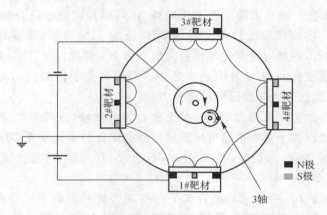

图 6-19　闭合场非平衡磁拉溅射离子镀系统结构简图

6.4.2　电弧离子镀在镁合金上制备金属氮化物薄膜

沈阳工业大学的熊光连为了弥补镁合金的耐磨性差和耐腐蚀性能不好的特点,进一步促进镁合金在更多领域中的应用,利用电弧离子镀技术,在镁合金衬底上成功制备了不同厚度的TiN薄膜和不同调制周期的Cr/CrN多层膜,对这些薄膜的结构和性能进行了研究,电弧离子镀原理和其特点前面已经介绍。

采用电弧离子镀的方法能够在镁合金衬底上制备结合力良好的TiN薄膜和Cr/CrN多层膜都显著地提高了表面硬度和镁合金的抗腐蚀性。

6.4.3　脉冲偏压电弧离子镀制备 Ti-C$_x$-N$_y$ 纳米复合薄膜

Lin Zhang,Guojia Ma等人用脉冲偏压电弧离子镀制备出了 Ti-C$_x$-N$_y$ 纳米复合薄膜,实验设备示意图如图6-20所示。

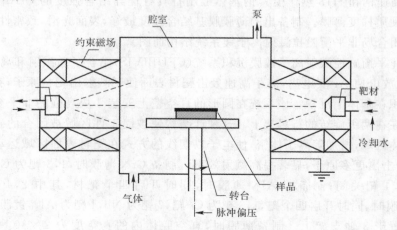

图 6-20　脉冲偏压电弧离子镀

其中左右两边两个圆柱形靶管分别装有纯的石墨和钛粉作为蒸发源,源上下两端还装有磁过滤系统,减少大颗粒沉积到衬底上。沉积之前先加上 900 V 的负偏压除去基片表面杂质,然后在 Si 衬底上镀上一层 Ti 增加附着力。随后在通入氩气和氮气,控制两者的量使工作气压在 0.5 Pa,通过改变石墨和钛粉的电弧电流和气体流量就可以制备出不同的 $Ti - C_x - N_y$ 纳米复合薄膜。

6.4.4　离子束溅射沉积 LaAlO₃(001)衬底上外延生长 SrTiO₃薄膜

Gasidit Panomsuwan,Osamu Takai 等利用离子束溅射沉积 $LaAlO_3$ 衬底上外延生长 $SrTiO_3$薄膜并分析了生长温度对薄膜结构和形态演变的影响。他们控制生长温度在 350℃ ～ 800℃,通过原子力显微镜发现在 750℃ 时,薄膜生长模式从三维岛状生长变为了二维层状生长并且具有很高的沉积速率。

习　　题

1. 离子镀中采用的蒸发源主要有哪几种?
2. 离子镀中采用的离化方式主要有哪几种?
3. 请说明离子轰击的影响。
4. 离子镀与真空镀相比有哪些优点?
5. 说明空心阴极放电离子镀的工作原理。
6. 与直流二极型离子镀相比,HCD 离子镀的离化率为什么高得多?
7. 请指出多弧离子镀的特点。
8. 简述弧光放电的阴极弧光辉点形成的过程 。
9. 简述离化团束沉积的优点。
10. 查阅文献写出一种新型离子束辅助沉积系统。

第7章　化学气相沉积

上述几章所介绍的薄膜制备方法主要是利用物理变化进行的,所以被称为 Physical Vapor Deposition(简称 PVD)。本章所叙述的方法 Chemical Vapor Deposition(简称 CVD)是使用一种或几种气态前驱体(也称源),借助加热、等离子体化等手段促进前驱体化学反应,然后在基片上沉积固态薄膜的一种化学气相沉积方法。

CVD 历史悠久,1880 年用 CVD 碳补强白炽灯中的钨灯丝,是其最早的应用,进入 20 世纪以后,应用于 Ti,Zr 等的高纯金属的提纯;其后,美国对 CVD 法提高金属线或金属板的耐热性与耐磨损性方面进行了深入的研究,其成果于 1950 年在工业上得到了应用;20 世纪 60 年代以后,CVD 法不仅应用于宇航工业的特殊复合材料、原子反应堆材料、刀具、耐热耐腐蚀涂层等领域,在高质量的半导体晶体外延技术以及各种介电薄膜的制备中,大量使用了化学气相技术。同时,这些实际应用又极大地促进了化学气相沉积技术的发展。比如,在 MOS 场效应管中,应用化学气相沉积技术制备的薄膜材料就包括多晶 Si,SiO_2,SiN_x 等多种材料。

CVD 种类繁多,其特点可归纳为下述几方面。

(1)反应温度显著低于薄膜组成物质的熔点。如:TiN 熔点 2 950℃,TiC 熔点 3 150℃,但 CVD - TiN 反应温度为 1 000℃,CVD - TiC 反应温度为 900℃。

(2)由于 CVD 是利用多种气体化学反应生成薄膜,因而薄膜成分容易调控,可制备薄膜范围广,可沉积金属薄膜,非金属膜,多组分膜和多相膜。

(3)因为反应物为气相,只要是气体能够到达之处都能生成薄膜,所以 CVD 具有良好的绕镀性,对于复杂表面和工件的深孔都有较好的涂镀效果。由于绕镀性好,该方法装炉量大,这是其得以工业应用的主要原因。

(4)CVD 膜纯度高,致密性好,残余应力小,附着力好,这对于表面钝化,增强表面抗蚀、耐磨等很重要。

(5)CVD 沉积速率高,沉积速率可达几 $\mu m/h$ 到数百 $\mu m/h$。膜层均匀,膜针孔率低,晶体缺陷少。

(6)辐射损伤低,可用于制造 MOS 半导体器件。

但是 CVD 与 PVD 相比,由于沉积温度较高,工件易变形,基体晶粒粗大。当然一些不耐高温的柔性基板也不适用。同时使用的反应气体以及反应产生的尾气对设备是有腐蚀性的,而且大部分是有一定毒性的,因此 CVD 工艺的应用不如溅射和离子镀那么广泛。

在本章中,首先对化学气相沉积技术所涉及的化学反应类型进行简要的归纳。其后,将介绍化学气相沉积技术所需的热力学知识。在对化学气相沉积技术的动力学问题进行了讨论之后,还要介绍各种常见的化学气象沉积装置以及各种化学气相沉积方法,最后给出几种类型 CVD 的应用。

7.1　CVD沉积基本原理

从 CVD 的本质——用化学反应来理解 CVD 沉积原理是便捷而有效的方法,按照这条路子,首先需要预先计算反应从热力学和动力学角度来看是否可行,之后我们的研究 CVD 反应在何种环境中进行的,结合化学反应物和生成物的输运规律,就能粗略知道设计的 CVD 系统是怎么进行的。图 7-1 所示的 3 个坐标轴依次代表 CVD 中至关重要的 3 个因素:反应器几何结构、反应化学以及输运现象。

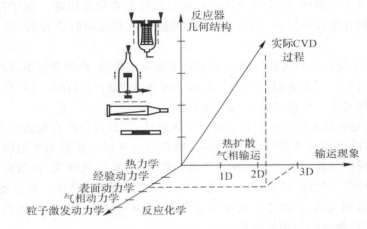

图 7-1　CVD 系统中的三个主导因素

7.1.1　CVD 反应过程

CVD 的基本原理涉及反应化学、热力学、动力学、表面化学、薄膜生长等一系列学科,在弄清楚这些之前,需要了解整个 CVD 过程,细分的话,基本的化学气相沉积反应包括如图7-2所示的 8 个步骤。

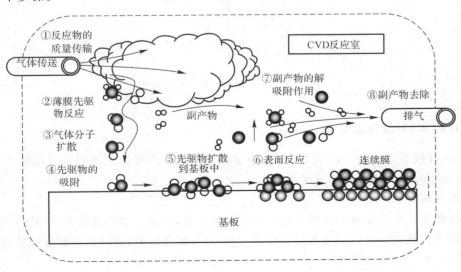

图 7-2　CVD 中的气体传输和化学反应过程

简要描述这几个步骤：①反应气体从反应室入口处流动到基板上方区域；②气相反应产生膜先驱物(中间产物)以及气态副产物的形成；③膜先驱物向基板表面扩散；④膜先驱物吸附在基板表面；⑤膜先驱物在基板表面上扩散聚集；⑥表面化学反应，形核生长最终得到所需固态薄膜；⑦表面副产物解吸；⑧所有副产物排出。

在 CVD 中，物质的移动速度(气体分子向基板表面的输送：扩散系数、边界层的厚度)与表面的反应速率(气体分子在基板表面的反应：气态反应物的吸附，气态反应产物的脱离等)决定着膜层在基板上的沉积速率。

在 CVD 过程中，只有发生在气相-固相交界面的反应才能在基体上形成致密的固态薄膜。如果反应发生在气相中，则生成的固态产物只能以粉末形态出现。由于在 CVD 过程中，气态反应物之间的化学反应以及产物在基体上的析出过程是同时进行的，所以 CVD 的机理非常复杂。

CVD 中的化学反应受到气相与固相表面的接触催化作用，产物的析出过程也是由气相到固相的结晶生长过程。一般来说，在 CVD 反应中基体和气相间要保持一定的温度和浓度差，由两者决定的过饱和度产生晶体生产的驱动力。

图 7-3 所示是由 $TiCl_4$，CH_4，H_2 等混合气体通过 CVD 反应在合金表面析出 TiC 过程的示意图。实际上，除反应气体参与反应之外，从硬质合金基体中扩散出来的碳也参与了反应。硬质合金基体和反应气体交界面上存在一个薄的扩散层，反应气体氢、四氯化钛、甲烷等在基体表面的扩散层中发生反应，形成 Ti-C 键并加入到已形成的晶格中。反应副产品 HCl 等气体从膜表面反扩散到气相，作为废气被排出反应器。TiC 成核以后，晶粒生长，如果基体表面成核率高，就得到柱状结构的多晶薄膜。

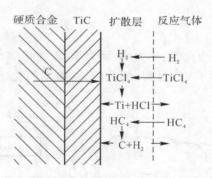

图 7-3　合金表面沉积 TiC 反应模型

7.1.2　CVD 反应类型

CVD 可制备各种各样的薄膜，根据膜层的差异，CVD 可选取不同的反应物以及化学反应，这些化学反应大体可分为下述几类。

1. 热分解反应

热分解反应是最简单的沉积反应。在较低温度下，许多元素的氢化物、羟基和羰基化合物以及金属有机化合物可以以气态形式存在，它们的分解能较低，可以通过热分解反应制备相应的薄膜。

硅烷热分解制备多晶 Si 和非晶 Si 薄膜：

$$SiH_4(g) \xrightarrow{650\sim1\,100℃} Si(s) + 2H_2(g) \tag{7-1}$$

三异丙基铝热分解制备氧化铝薄膜：

$$2Al(OC_3H_7)(g) \xrightarrow{420℃} Al_2O_3(s) + 6C_3H_6(g) + 3H_2O(g) \tag{7-2}$$

羰基镍热分解沉积 Ni 薄膜：

$$Ni(CO)_4(g) \xrightarrow{180℃} Ni(s) + 4CO(g) \tag{7-3}$$

2. 还原反应

许多元素的卤化物、羟基卤化物、含氧卤化物或其他含氧化合物等均能以气态存在，但它们具有相当的热稳定性，需要采用一定的还原剂如 H_2 才能将其置换出来。如利用 H_2 还原 $SiCl_4$ 制备单晶硅膜的反应及各种难熔金属，如 W，Mo 等薄膜的制备反应：

$$SiCl_4(g) + 4H_2(g) \xrightarrow{1\,200℃} Si(s) + 4HCl(g) \tag{7-4}$$

$$WF_6(g) + 3H_2(g) \xrightarrow{300\sim700℃} W(s) + 6HF(g) \tag{7-5}$$

3. 氧化反应

氢化物、金属有机化合物、含氧卤化物等在氧气氛围下氧化：

$$SiH_4(g) + O_2(g) \xrightarrow{450℃} SiO_2(g) + H_2(g) \tag{7-6}$$

4. 化合反应

绝大多数沉积过程都涉及两种或多种气态反应物在一个热基体上发生相互反应，这类反应称化合反应。与热分解反应相比，化合反应的应用范围更为广泛，可制备沉积的化合物更多。它可利用与氧反应制备氧化物薄膜，如 SiO_2，Al_2O_3 等，用卤化物或金属有机化合物来沉积如氮化物、碳化物、硼化物薄膜，如 SiC，Si_3N_4，TiC，TiN，TiB_2 等：

$$SiCl_4(g) + CH_4(g) \xrightarrow{1\,400℃} SiC(s) + 4HCl(g) \tag{7-7}$$

$$3SiCl_2H_2(g) + 4NH_3(g) \xrightarrow{750℃} Si_3N_4(s) + 6H_2(g) + 6HCl(g) \tag{7-8}$$

$$TiCl_4(g) + \frac{1}{2}N_2(g) + 2H_2(g) \xrightarrow{1\,000\sim1\,200℃} TiN(s) + 4HCL(g) \tag{7-9}$$

5. 歧化反应

某些元素具有多种气态化合物，但其化学价及稳定性各不相同，在一定的外界条件下，可使一种价态化合物转变为另一种稳定性较高的价态化合物。歧化反应就是利用此原理实现薄膜沉积，如歧化反应：

$$2GeI_2(g) \xrightarrow{300\sim600℃} Ge(s) + GeI_4(g) \tag{7-10}$$

这里 GeI_2 和 GeI_4 中的 Ge 分别为 +2 价和 +4 价。高温有利于低价化合物 GeI_2 的生成，低温有利于高价化合物 GeI_4 的生成。利用上述特点可以进行 Ge 的转移沉积，即让 GeI_4 气体通过放在高温区（600℃）的 Ge 而形成 GeI_2，在低温区（300℃）时，让 GeI_2 歧化反应生成 Ge，实现 Ge 的转移沉积。

另外，还有 Al，B，Ga，In，Si，Ti，Zr，Be，Cr 等元素也可形成变价卤化物。

6. 化学输运反应（可逆反应）

化学输运反应是源物质（不挥发的物质）借助于适当气体介质与之反应形成一种气态化合

物,经过迁移输运到与源区温度不同的沉积区,在基片发生逆反应,使源物质重新沉积。上述气体介质叫输运剂,化学输运可用于稀有金属的提纯。Ge 的化学输运反应式为

$$Ge(s) + I_2(g) \underset{T_2}{\overset{T_1}{\longleftrightarrow}} GeI_2(s) \tag{7-11}$$

在源区(温度为 T_1)发生输运反应(反应向右进行),源物质与 I_2 作用生成气态 GeI_2,气态生成物被输运到沉积区(温度为 T_2)反应(向左进行),沉积出 Ge 薄膜。图 7-4 是利用类似反应制备 $(Ga,In)(As,P)$ 系列半导体薄膜的装置示意图。图中,In,Ga 两种元素是在与 HCl 气体反应后,以气态 InCl,GaCl 的形式载入的。

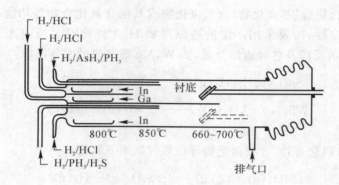

图 7-4　制备 $(Ga,In)(As,P)$ 半导体薄膜的 CVD 装置的示意图

由于化学反应的途径可能是多种的,因而制备同一种薄膜材料可能会有几种不同的 CVD 反应。从上述反应式可以看出,它们有个共同之处是反应物在沉积区必须是气相,而与薄膜对应的产物必须是固相,当然副产物则必须为气相以利于排出。表 7-1 给出了可以用 CVD 法制取的一些金属、合金、氧化物、氮化物、碳化物、硅化物、硼化物等薄膜的材料情况。

7.1.3　CVD 过程热力学

热力学的理论可以使我们预测某个 CVD 反应是否有可能发生以及反应能进行到什么程度。

1. 化学反应的吉布斯自由能变化

从热力学条件看,CVD 的热力学条件实质上是产生沉积物的这一化学反应的热力学条件。首先为引起化学反应,犹如干柴点火,需要对反应系统输入反应活化能。按照热力学原理,化学反应的自由能变化为

$$\Delta G = \sum G_f(生成物) - \sum G_f(反应物) \tag{7-12}$$

以上 $\Delta G < 0$,即反应可沿正方向自发进行。反之,$\Delta G > 0$,反应可沿反方向自发进行,而 ΔG 与反应系统中各分压强有关的平衡常数 K_p 之间有关系式

$$\Delta G = -2.3RT \lg K_p \tag{7-13}$$

$$K_p = \prod_{i=1}^{n} p_i(生成物) \Big/ \prod_{i=1}^{n} p_i(反应物) \tag{7-14}$$

表 7-1　一些用 CVD 法制备的薄膜

薄膜类型		源材料		反应温度/℃	输运或反应气体
		名称	气化温度/℃		
金属	Cu	$CuCl,CuCl_3,CuI$	500～700	500～1 000	H_2 或 Ar
	Be	$BeCl_3$	290～340	500～800	H_2
	Al	$AlCl_3$	125～135	800～1 000	H_2
		$AlCH_2CH(CH_3)_2$	～38	93～100	H_2 或 Ar
	Ti	$TiCl_4$	20～80	1 100～1 400	H_2 或 Ar
	Zr	$ZrCl_4$	200～250	800～1 000	H_2 或 Ar
	Ge	GeI_2	250	450～900	H_2
	Sn	$SnCl_4$	25～35	400～550	H_2
	V	VCl_4	50	80～1 000	H_2 或 Ar
	Ta	$TaCl_5$	250～300	600～1 400	H_2 或 Ar
	Sb	$SbCl_3$	80～110	500～600	H_2
	Bi	$BiCl_3$	240	240	H_2
	Mo	$MoCl_5$	130～150	500～1 000	H_2
		$Mo(CO)_6$		150～600	H_2 或 Ar
	Co	$CoCl_3$	60～150	370～450	H_2
	W	WCl_6	165～230	600～700	H_2
		$W(CO)_6$	50	350～600	H_2 或 Ar
	Cr	CrI_2	100～130	1 100～1 200	H_2
		$Cr[C_5H_4CH(CH_3)_2]_3$		400	H_2 或 Ar
	Nb	NbI_3	200	1 800	H_2
	Fe	$FeCl_3$	317	650～1 100	H_2
		$Fe(CO)_4$	102	140	H_2 或 Ar
	Si	$SiCl_4$	20～80	770～1 200	H_2
		SiH_2Cl_2	20～80	100～1 200	H_2
	B	BCl_3	−30～0	1 200～1 500	H_2
	Ni	$Ni(CO)_4$	43	180～200	H_2 或 Ar
	Pt	$Pt(CO)_2Cl_2$	100～120	600	H_2 或 Ar
	Pb	$Pb(C_2H_5)_4$	94	200～300	H_2 或 Ar

续　表

薄膜类型		源材料		反应温度/℃	输运或反应气体
		名称	气化温度/℃		
合金	Ta/Nb	$TaCl_5 + NbCl_5$	250	1 300～1 700	H_2 或 Ar
	Ti - Ta	$TiCl_4 + TaCl_5$	250	1 300～1 400	H_2 或 Ar
	Mo - W	$MoCl_6 + WCl_6$	130～230	1 100～1 500	H_2 或 Ar
	Cr - Al	$CrCl_3 + AlCl_3$	95～125	1 200～1 500	H_2 或 Ar
氧化物	Al_2O_3	$AlCl_3$	130～160	800～1 000	$H_2 + H_2O$
	SiO_2	$SiCl_4$	20～80	800～1 100	$H_2 + H_2O$
		$SiH_4 + O_2$		400～1 000	$H_2 + H_2O$
	Fe_2O_3	$Fe(CO)_5$		100～300	$N_2 + O_2$
	ZrO_2	$ZrCl_4$	290	800～1 000	$H_2 + H_2O$
氮化物	BN	BCl_3	−30～0	1 200～1 500	$N_2 + H_2$
	TiN	$TiCl_4$	20～80	1 100～1 200	$N_2 + H_2$
	ZrN	$ZrCl_4$	30～35	1 150～1 200	$N_2 + H_2$
	HfN	$HfCl_4$	30～35	900～1 300	$N_2 + H_2$
	VN	VCl_4	20～50	1 100～1 300	$N_2 + H_2$
	TaN	$TaCl_3$	25～30	800～1 500	$N_2 + H_2$
	AlN	$AlCl_3$	100～130	1 200～1 600	$N_2 + H_2$
	Si_3N_4	$SiCl_4$	−40～0	～900	$N_2 + H_2$
		$SiH_4 + NH_3$		550～1 150	Ar 或 H_2
	Th_3N_4	$ThCl_4$	60～70	1 200～1 600	$N_2 + H_2$
碳化物	BeC	$BeCl_3 + C_6H_5CH_3$	290～340	1 300～1 400	Ar 或 H_2
	SiC	$SiCl_4 + CH_4$	20～80	1 900～2 000	
	TiC	$TiCl_4 + C_6H_5CH_3$	20～140	1 100～1 200	H_2
		$TiCl_4 + CH_4$		900～1 100	H_2
		$TiCl_4 + CCl_4$		900～1 100	H_2
	ZrC	$ZrCl_4 + C_6H_5CH_3$	250～300	1 200～1 300	H_2
	WC	$WCl_5 + C_6H_5CH_3$	160	1 000～1 500	H_2
硅化物	MoSi	$MoCl_5 + SiCl_4$	−50～13	1 000～1 800	H_2
	TiSi	$TiCl_4 + SiCl_4$	−50～20	800～1 200	H_2
	VSi	$VCl_4 + SiCl_4$	−50～50	800～1 100	

续表

薄膜类型		源材料		反应温度/℃	输运或反应气体
		名称	气化温度/℃		
硼化物	AlB	$AlCl_3 + BCl_3$	$-20 \sim 125$	$1\,100 \sim 1\,300$	H_2
	SiB	$SiCl_4 + BCl_3$	$-20 \sim 0$	$1\,100 \sim 1\,300$	H_2
	HfB_2	$HfCl_4 + BBr_3$	$20 \sim 30$	$1\,000 \sim 1\,700$	H_2
	TaB_2	$TaCl_5 + BBr_3$	$20 \sim 100$	$1\,300 \sim 1\,700$	H_2
	WB	$WCl_6 + BBr_3$	$20 \sim 35$	$1\,400 \sim 1\,600$	H_2

设 CVD 过程中有下列分解反应：

$$AB(g) \longrightarrow A(s) + B(g) \tag{7-15}$$

则反应的反应平衡常数 K_p 由下式确定,即

$$\lg K = \lg \frac{p_{B(g)}}{p_{AB(g)}} \tag{7-16}$$

一般 CVD 中要求 $\lg K_p > 2$,即有大于 99% 的 AB 分解。但 $\lg K_p$ 太大亦无必要,如果 $\lg K_p = 4$,也仅仅多了 0.99% AB 发生分解反应。

又如温度在 700K 时,下列反应：

$$WF_6(g) + 3/2SiO_2(s) \Leftrightarrow W(s) + 3/2SiF_4(g) + 3/2O_2(g) \tag{7-17}$$

$$WF_6(g) + 3/2Si(s) \Leftrightarrow W(s) + 3/2SiF_4(g) \tag{7-18}$$

的自由能变化 $\Delta G = +420 kJ/mol, -707 kJ/mol$,所以结合上述两个反应,可使 WF_6 在 Si 衬底上选择性沉积 W 薄膜。

由材料学的知识知道,若想得到稳定的单晶生长条件,一个最基本的做法就是只引入一个生长核心,同时抑制其他生长核心的形成。而根据晶体的形核理论,要满足晶体的生长条件,就需要新相形成过程的自由能变化 $\Delta G < 0$。但是,既然要抑制多个晶核的形成,确保单晶的生长条件,就需要过程的 ΔG 在数值上尽可能地接近于零。显然,在满足这一条件的情况下,反应物与反应产物应近似处于一种平衡共存的状态。相反,若 ΔG 为负值但其绝对值很大的话,将会导致大量的新相核心同时形成,破坏所需的单晶生长条件,即其转变产物很可能是多晶体。以上就是热力学方法在 CVD 制备单晶薄膜的一种应用。

2. CVD 中的化学平衡计算化学

热力学计算可以预测反应的可行性,还可以提供化学反应的平衡点位置以及各种条件对平衡点的影响等信息时各组分的分压或浓度,但需要在温度、压力、初始化学组成确定的条件下,求解反应平衡由于实际系统是多元的,因此热力学计算是很复杂的。如在上述化学反应式 (7-4) 中,至少要考虑 8 种气体种类,它们是 $SiCl_4$,$SiCl_3H$,$SiCl_2H_2$,$SiClH_3$,SiH_4,$SiCl_2$,HCl 和 H_2。它们之间由 6 个化学反应方程式联系在一起,即

$$SiCl_4 + 2H_2 \longrightarrow + 4HCl \tag{7-19}$$

$$SiCl_3H + H_2 \longrightarrow + 3HCl \tag{7-20}$$

$$SiCl_2H_2 \longrightarrow Si + 2HCl \tag{7-21}$$

$$SiClH_3 \longrightarrow Si + HCl + H_2 \tag{7-22}$$

$$SiCl_2 + H_2 \longrightarrow Si + 2HCl \qquad (7-23)$$

$$SiH_4 \longrightarrow Si + 2H_2 \qquad (7-24)$$

将各反应的平衡常数记为 $K_1, K_2, \cdots, K_6$，固态 Si 的活度可认为等于 1，在上述 6 个方程的基础上，加上总压为 0.1MPa，以及

$$\frac{Cl}{H} = \frac{4p(SiCl_4) + 3p(SiCl_3H) + 2p(SiCl_2H_2) + p(SiClH_3) + 2p(SiCl_2) + p(HCl)}{p(SiCl_3H) + 2p(SiCl_2H_2) + 3p(SiClH_3) + 4p(SiH_4) + p(HCl) + 2p(H_2)} = 0.01$$

利用查阅各物质对应温度下的 ΔG^0，计算各平衡常数 K_i，带入上述 8 个方程可得到如图 7-5 所示的结果。从各曲线的走势可知，气相中 Si 的含量在 1 300 K 以上时开始下降。表明，高于 1 300 K 的沉积温度有利于 Si 的快速沉积。

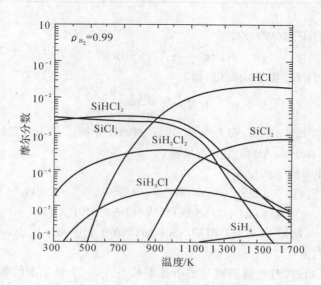

图 7-5　SiCl₄ 与 H₂ 反应系统组分与温度关系

以上热力学计算可以判断化学反应的可能性，分析化学反应条件、方向和限度。但是判断化学反应的可能性也是存在局限性的，例如根据热力学计算，在室温条件下石英玻璃应该可以结晶为石英晶体，但是这个结晶过程进行得很慢，因为在一般情况下我们通常认为这个结晶过程没有发生。为此，需要解决化学反应的动力学问题来判断反应进行的速度。

7.1.4　CVD 过程动力学

在实际情况中，动力学问题包括反应气体对表面的扩散、反应气体在表面的吸附、表面的化学反应和反应副产物从表面解吸与扩散等过程（见图 7-6）。

在 CVD 过程中，气体运输是一个非常重要的环节，因为它直接影响气相内、气相与固相之间的化学反应进程，影响 CVD 过程中的沉积速率、沉积膜层的均匀性及反应物的利用率等。一般 CVD 过程是在相对高的气压中进行，只分析有关黏滞流状态下的气体流动问题。

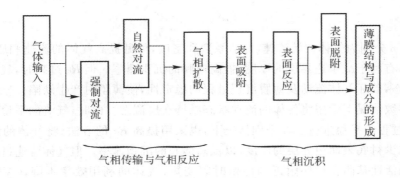

图 7-6　CVD 的各个动力学环节

1. 流动气体边界层及影响因素

气体流动情况如图 7-7 所示。气体在进入管道后，气体流速分布将由一常量 v_0 逐渐变化为具有一定分布。

靠近管壁处，气体分子被管壁造成黏滞作用拖曳，趋于静止不动，形成边界层，图 7-7 中 $\delta(x)$ 为边界层厚度，气体流速分布为

$$v = \frac{\nabla p}{\eta}(r_0^2 - r^2) \tag{7-25}$$

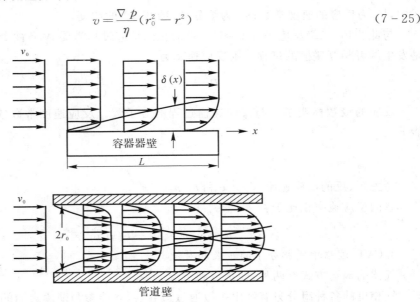

图 7-7　管道内呈层流状态流动的气体的流速分布和边界层

在 CVD 过程中，衬底表面也会形成相应的气体不易流动的边界层。在这里，反应物和反应产物都需要通过扩散通过边界层。

若在管路不很长的情况下，气体流动将受到管壁拖曳作用影响，其边界层厚度 $\delta(x)$ 随气流进入管道的距离增加而增加。其表达式为

$$\delta(x) = \frac{5x}{\sqrt{Re(x)}} \tag{7-26}$$

其中，x 为沿管道长度方向的空间坐标；$Re(x)$ 为 Reynolds 数，其定义为

$$Re(x) = v_0 \frac{\rho x}{\eta} \tag{7-27}$$

式中，v_0，η，ρ 分别为气体初始流速、黏滞系数和密度，可见提高气体的流速和压力、降低气体的黏度系数，有利于减小边界层的厚度，提高薄膜的沉积速率。但 Re 过高时，气体的流动状态会变为湍流态，破坏气体流动及薄膜沉积过程的稳定性，使薄膜内产生缺陷。

因此，多数情况下希望将气体的流动状态维持在层流态。此时，气流的平稳流动有助于保持薄膜沉积过程的平稳进行。在个别情况下，也采用提高 Re 的方法，将气体的流动状态变为湍流态，以减少衬底表面边界层的厚度，以提高薄膜的沉积速率。但气体流速过高又会使气体分子，尤其是活性基团在衬底附近的停留时间变短、气体的利用效率下降，CVD 过程的成本上升。

2. 气相输运过程中的化学反应

在 CVD 系统中，气体在到达衬底表面之前，其温度已经升高，并开始了分解、发生化学反应的过程。当反应速度与物质浓度的一次方成正比时，则反应属于一级反应，如气体分子 $Ni(CO)_4$ 的热解，它的反应速率为

$$R_+ = k_+ \, n_A = k_+ \frac{p_A}{kT} \tag{7-28}$$

式中，k_+ 为反应的速度常数；n_A 为组分 A（羰基镍）的浓度。

与此相仿，二级反应 $A + B \Rightarrow C + D$ 的正向反应过程需要 A，B 两个组元同时参与，或者说是发生两者相互碰撞的过程。则反应速率为

$$R_+ = k_+ \, n_A n_B = k_+ \frac{p_A p_B}{(kT)^2} \tag{7-29}$$

反应的级数标明了参与反应碰撞过程的分子数。反应速度常数依赖于反应过程的激活能 E_+：

$$k^+ = k_0^+ \, e^{-\frac{E_+}{RT}} \tag{7-30}$$

考虑正、反的反应速率：$k_+ \, n_1 e$ 和 $k_- \, n_2 e^{-\frac{G^* + \Delta G}{RT}}$。

总的反应速率正比于：

$$R = k_+ \, n_1 e^{-\frac{G^*}{RT}} - k_- \, n_2 e^{-\frac{G^* + \Delta G}{RT}} \tag{7-31}$$

3. CVD 过程中气相分子的扩散和对流

气体的输运方式有两种，即扩散和对流。

气相里的各种组分只有经由扩散通过边界层，才能参与薄膜表面的沉积过程同样，反应的气相产物也必须经由扩散通过边界层，才能离开薄膜表面（见图 7-8）。因此扩散也是薄膜沉积动力学需要考虑的一个重要环节。

气相组元 i 扩散所遵循的方程为

$$J_i = -D_i \frac{dn_i}{dx} = -\frac{D_i}{RT} \frac{dp_i}{dx} \tag{7-32}$$

对通过衬底表面厚度 δ 的边界层的扩散来说，有

$$J_i = -\frac{D_i}{RT\delta}(p_i - p_{is}) \tag{7-33}$$

式中，p_{is}，p_i 是衬底表面、边界层外该组分的分压。

气相组元 i 的扩散系数由经验公式确定,有

$$D_i = \frac{p_0}{p}\left(\frac{T}{T_0}\right)^n D_{i0} \tag{7-34}$$

式中,D_{i0} 为参考温度 T_0、参考压力 p_0 时的扩散系数,它根据气体的组成不同而不同。

因此降低沉积过程的总压力 p(但保持反应气体组分的分压 p_i)虽然会加大边界层的厚度,但也会提高气体的扩散系数,有利于提高气体的扩散通量,加快化学反应进行的速度和薄膜的沉积速率。同时升高温度,也可在一定程度上促进气体的扩散。

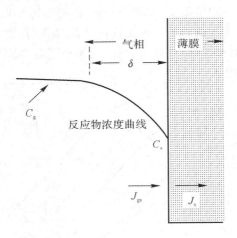

图 7-8 衬底表面气相扩散模型

对流是在重力、压力等外力推动下的宏观气体流动,对流也会对 CVD 进行的速度产生影响。例如,当 CVD 反应器中存在气体压力差时,系统中气体将会产生流动,气体会从密度高的地方流向密度低的地方。又例如,在歧化反应 CVD 过程中,考虑到气体的对流作用,常将高温区放在反应器下部,低温区放在高温区之上,使气体形成自然对流,有利于反应进行,提高反应过程效率。

4. 温度对 CVD 过程的影响

温度通过反应速率 R 和扩散能 J 影响薄膜的沉积速率,设薄膜表面形成了界面层,其厚度为 δ,c_g 和 c_s 为反应物在界面层表面的浓度和界面层与衬底表面交界处的浓度(见图 7-8)。

有扩散至衬底表面反应物通量:

$$J_g = \frac{D}{\delta}(c_g - c_s) \tag{7-35}$$

衬底表面化学反应消耗的反应物通量正比于衬底表面反应物浓度:

$$J_s = k_s c_s \tag{7-36}$$

式中,k_s 是一系数,由 $J_s = J_g$,得

$$c_s = c_g \Big/ \left(1 + \frac{k_s\delta}{D}\right) \tag{7-37}$$

式(7-37)表明,$k_s \gg D/\delta$ 时,衬底表面反应物浓度 c_s 为零,反应物扩散过程较慢,在衬底表面反应物已贫化,此时称扩散控制沉积过程;与此相反,当 $k_s \ll D/\delta$ 时,有 $c_s = c_g$,此时反应过程由较慢的表面反应控制,称为表面反应控制沉积过程。反应引起的沉积速率为

$$R = \frac{J_s}{N_0} = \frac{k_s n_g D}{N_0 (D + k_s \delta)} \qquad (7-38)$$

式中，N_0 为表面原子密度。沉积速率随温度的变化取决于 k_s，D，δ 等随温度的变化情况。由于 $k_s = e^{-E/RT}$，E 是反应激活能，气相组元的扩散系数 $D \propto T^{1.8}$，而随 T 变化不大，即随温度变化较大，D/δ 随温度变化较小。可以说，在低温时 R 是由衬底表面反应速度所控制的，其变化趋势受 $e^{-E/RT}$ 项的影响；在高温时，沉积速率受扩散系数 D 控制，随温度变化趋势缓慢，如图7-9所示。

由上面的分析可知，在一般情况下，化学反应或化学气相沉积的速度将随着温度的升高而加快。但是，有时化学气相沉积的速率随着温度的升高，出现先增大又减小的情况。出现这种情况的原因在于化学反应的可逆性，在此不再详述，如需了解，可翻阅相关书籍。

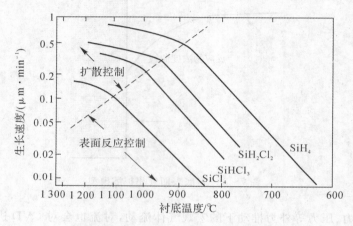

图 7-9　沉积速率与衬底温度的关系

7.1.5　CVD 的装置和应用

一整套 CVD 系统一般包括气体净化系统、气体测量控制部分、反应器、尾气处理系统、真空系统等。反应器是 CVD 中最基本的部分，其器壁可分为热态和冷态，冷壁式 CVD 装置的特点是它们使用感应加热方式对有一定导电性的样品台进行加热，而反应器壁则由导电性差的材料制成，且由冷却系统冷却至低温。冷壁式装置可减少 CVD 产物在容器壁上的沉积。热壁式 CVD 装置的特点是使用外置的加热器将整个反应器加热至较高的温度。显然，这时薄膜的沉积位置除了衬底上以外，还有所有被加热到高温且接触反应气体的所有部分。图7-10 中(a)和(b)为冷壁 CVD，(c)为热壁 CVD。

CVD 装置的加热方法包括普通的电阻加热法、射频感应加热法以及红外灯加热法等(见图7-11)。此外，还可以采用激光局部加热法，对衬底的局部进行快速加热，实现薄膜的选择性沉积。

按照反应器放置方式分为卧式和立式两种。图7-10(a)所示为卧式，图(c)所示为立式。

上面介绍的为常用的开口式 CVD 反应器，其特点是：连续供气、排气、气体流量在管内保持动态平衡；物料输运靠蒸发或载气输运；反应处于非平衡态(至少有一种反应产物可连续排出)；工艺容易控制，重复性好；工件易取放，同一装置可反复使用，可以用来制备各种薄膜。还有一种封闭式 CVD 装置,其过程需要对石英管反应器进行熔断密封,反应过程外界污染少,原料转化率高,对温度、压强需严格控制,反应器一次性使用,不适合工业大批量生产,主要在实验室用来制备单晶和提纯。

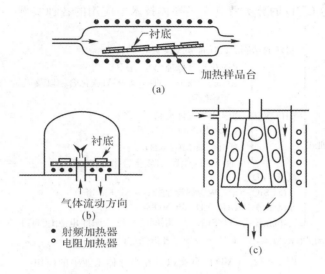

图 7-10　热壁型 CVD 和冷壁型 CVD

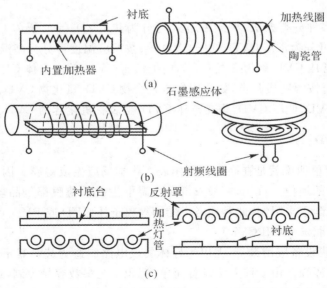

图 7-11　CVD 装置可用的不同加热方式
(a)电阻加热；　(b)感应加热；　(c)红外线加热

　　与 PVD 方法相比,由于 CVD 利用的是气相反应,而且 CVD 过程的气压一般较 PVD 高(随需求不同而不同),气体的流动状态多处于黏滞流状态,气体分子的运动路径不再是直线,决定了 CVD 薄膜可被均匀地涂覆在复杂零件的表面,而较少受到 PVD 时阴影效应的影响。原则上讲,暴露与反应空间的表面均可以成膜,无论凹凸严重的表面、台阶的侧面、深孔的底面,只要是暴露于气相反应的空间,都可以成膜,而且能保证膜层的均匀性。

CVD 技术应用面很广,以半导体工业为例,从集成电路到电子元器件无一不用到 CVD 技术。图 7-12 所示为 CVD 的分类及其在半导体技术中应用的各种实例。

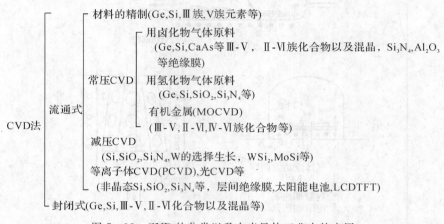

图 7-12   CVD 的分类以及在半导体工业中的应用

7.2   常用的化学气相沉积方法

CVD 技术有多种分类方法,按激发方式可分为热 CVD、等离子体 CVD、激光辅助 CVD 等;按反应室压力可分为常压 CVD、低压 CVD 等;按反应温度可分为高温 CVD、中温 CVD、低温 CVD。有人把常压 CVD 称为常规 CVD,而把低压 CVD、等离子体 CVD、激光 CVD 等列为非常规 CVD。也有按源物质归类,如金属有机化合物 CVD、氯化物 CVD、氢化物 CVD 等。这里主要介绍常压 CVD、低压 CVD、等离子体 CVD、金属有机化合物 CVD、激光 CVD,等等。

7.2.1   热 CVD

热 CVD 法,简单地说就是在高温下利用表面化学反应生成薄膜。因此高温在热 CVD 中处于一个非常重要的地位。首先,一般来说在高温下生成的薄膜都是品质优良的;其次,又因为高温在用途上受到很多限制,此时须考虑使用等离子体 CVD 或 PVD。

1. 常压化学气相沉积(NPCVD)

常压 CVD 镀膜设备应用最早,尤以半导体集成电路制造为甚。其不采用真空装置,反应器内压强即为大气压强。由于该方法设备简单,沉积工艺参数容易控制,适合批量生产。沉积反应采用热激活,沉积温度高(800~1 000℃),膜层与基体结合力好。但是载气气体用量大,加热装置须额外维护。常压 CVD 的装置在 CVD 的装置一节中已有简单介绍,如今,研究者们围绕着如何使加热均匀、反应气体到达均匀表面的流动方式、面向大批量生产的基板装卸载方式等方面对装置进行了不懈的改进。

2. 减压 CVD(LPCVD)

减压 CVD(Low Pressure CVD,LPCVD)是在常压 CVD 的基础上,为提高膜层质量,改善膜厚与电阻率等特性参数分布的均匀性,以及提高生产效率而发展起来的。如今,以 LPCVD 为基础派生出很多类型的 CVD 方法,用途也更加广泛,在整个薄膜领域发挥着越来越重要的作用。LPCVD 的主要特征有:

反应室内减压至 $10\sim10^3$ Pa,反应气体及载气的平均自由程和扩散系数变大,加快了气体的输运过程(提高反应气体、气相反应产物通过边界层的扩散能力),缩短了沉积时间,膜的厚度以及电阻率等特性参数的分布更加均匀。反应气体以及载气的消耗量也小。

NPCVD 一般是由高频电磁波或红外线对基片直接加热,其反应器处于冷壁状态,而随之发展的 LPCVD 主要靠电阻加热,其反应器整个被加热,处于热壁状态。

图 7-13 所示为广泛用于集成电路生成中的低压 CVD 装置示意图,图 7-14 所示简要描述了以上反应室内气体流动状态。与常压 CVD 装置的主要区别之一在于它需要一套真空获得系统维持装置的工作,而将衬底垂直排列会大大降低颗粒物污染的概率。

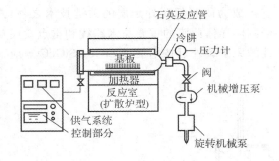

图 7-13 热壁型减压 CVD 装置示意图

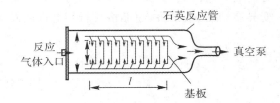

图 7-14 减压 CVD 反应室内气体流动状态

利用上图装置制作的薄膜质量优良,性能均匀稳定。以每批量处理 50 块 6 in 硅圆片的工艺为例,其膜厚分布及电阻率的分布的分散性均可保证每片中在 ±3%,片与片之间在 ±4%～±5% 的范围内。正是基于上述优点,LPCVD 在薄膜制备领域成为最普遍采用的方式。表 7-2 是工业生产中 LPCVD 与 NPCVD 产品性能的比较。

表 7-2 LPCVD 与 NPCVD 产品性能比较

指 标	LPCVD	NPCVD
质量	均匀性好,稳定	均匀性差,不稳定
温度	高温:600～700;低温:<450	高温:600～1 200℃;低温:200～500℃
生产效率	10	1
经济效益	生产成本为 NPCVD 的 1/5 左右	1
操作	方便,简单	烦琐
氧化物夹层	无	有
单片均匀性	±(3～5)%	±(8～10)%
片与片均匀性	±5%	±10%
批与批均匀性	≤±8%	无法测量
晶粒结构	细而致密(≤0.1μm)	颗粒疏松

3. 超高真空 CVD(UHV/CVD)

超高真空 CVD(UHV/CVD)是在低压化学气相沉积的基础上发展起来的一种新的外延生长技术,其本底真空一般达 10^{-7} Pa。其构想最先由 Donahue 等人于 1986 年提出,同年,IBM Waston 研究中心的 B. S. Meyerson 正式建立了一套 UHV/CVD 系统,它与一般的 CVD 不同,不需要用 $T>1\,000℃$ 高温来清洁处理生长表面。生长室的本底真空度为 10^{-9} Torr,生长时压力约为 10^{-3} Torr,生长温度为 550℃,生长速率为 0.3~8 nm/min。550℃生长时,水及氧的分压<10^{-10} Torr,掺杂及组分控制由改变入口气体的组成来实现,可获得原子级的外延生长并可减轻界面互扩散。图 7-15 所示为浙江大学研制的 UHV/CVD 设备示意图。

UHV/CVD 低温(<900℃)生长外延膜有如下优点:

(1) UHV 背景有利于保持衬底表面干净和生长高纯材料;

(2)气体流动方式介于黏滞流与分子流之间,减少气体之间的干扰,从而减少匀相成核;

(3)膜厚更均匀,能获优质外延层;

(4)容易批量生产,有可能实现工业化生产。

由于 UHV/CVD 低温外延具有上述的优点,它已成为研制超薄外延层的关键技术之一,受到全世界半导体领域的重视。它是当前国际上研制半导体薄膜的重要技术路线和重点发展方向之一,受到广泛关注,且将作为一种更富实用性的原子级外延技术促进 SiGe,SiGeC 等应变异质结构、量子阱、超晶格材料和器件的发展。

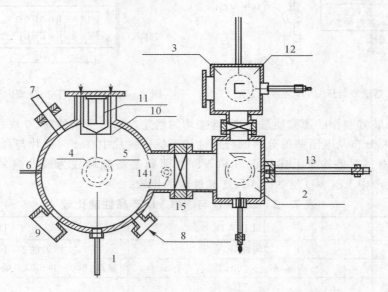

图 7-15　UHV/CVD 系统示意图

1—生长室；　2—预处理室；　3—进样室；　4—样品架；　5—加热器；　6—进气口；　7—RHEED；　8—荧光；
9—观察窗；　10—内烘烤；　11—升华泵；　12—样品架；　13—磁力杆；　14—出气孔；　15—闸板阀

7.2.2　等离子体 CVD(PCVD)

在集成电路和电子元件的制作中,越来越多地遇到这种情况:好不容易由微细加工技术制成的元件,最终往往难以承受几百摄氏度的高温,为此等离子体 CVD 应运而生。

等离子体化学气相沉积(Plasma Chemical Vapor Deposition，PCVD)也称等离子增强化学气相沉积(Plasma Enhanced Chemical Vapor Deposition，PECVD)。它是利用辉光放电产生的等离子体中与反应气体产生非弹性碰撞，使反应气体分子电离或激发(见图 7 - 16)，从而降低化合物分解或化合所需的能量，显著地降低反应温度。

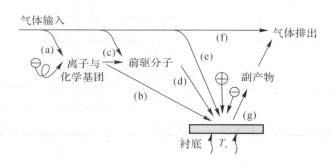

图 7 - 16　PECVD 中的微观过程

PCVD 与常规的 CVD 主要区别是化学反应的热力学原理不同。在常规 CVD 中气体分子的离解是可以通过热激活能的大小进行选择。但是，在等离子体中气体分子的离解是非选择性的。所以，PCVD 沉积的薄膜与常规 CVD 沉积的薄膜有许多不同，如膜成分、结晶取向等。PCVD 产生的相成分可能是非平衡的独特成分，它的形成过程已超出了平衡热力学和动力学的理论范围。

PCVD 具有以下优点。

(1) PCVD 沉积温度低，沉积速率快。

表 7 - 3 给出了 PCVD 与热 CVD 制备一些薄膜的温度范围。可以看出，PCVD 的沉积温度比热 CVD 的低得多，这是因为在 PCVD 装置中，辉光放电形成的等离子体中的电子平均能量可达 1～10 eV，电子和离子的密度可达 10^9 个/cm^3～10^{12} 个/cm^3，在如此多高能粒子碰撞下，反应气体完全可以离解和激发，形成高活性的离子和化学基团。这对半导体工艺掺杂是十分有利的。如硼、磷在温度超过 800℃时，就会产生显著扩散，使器件变坏。采用 PCVD 可以较容易地掺杂衬底上沉积各种薄膜。另外，在高速钢上沉积 TiN，TiC 等硬膜，若采用热 CVD，则基体就会退火变软。若采用 PCVD 可以使沉积温度降到 600℃ 以下，避免基体退火。

由于沉积温度低，对基体影响小，可避免高温造成晶粒粗大及膜-基体之间产生的脆相，而且低温沉积有利于非晶和微晶薄膜生长。

(2) PCVD 工艺可对基体进行离子轰击，特别是直流 PCVD，可对基体进行溅射清洗，增加了膜与基体的结合强度。另外，由于离子轰击作用，有利于在膜与基体之间形成过渡层，也提高了膜与基体的结合力。

(3) PCVD 可减少因薄膜和基体材料热膨胀系数不匹配所产生的内应力。因为 PCVD 制备的薄膜成分均匀，针孔少，组织较密，内应力较小。

表 7-3　PCVD 和热 CVD 制备一些薄膜的温度比较

沉积薄膜	沉积温度/℃	
	热 CVD	PCVD
硅外延膜	1 000~1 250	750
多晶膜	650	200~400
Si_3N_4	900	300
SiO_2	800~1 100	300
TiC	900~1 100	500
TiN	900~1 100	500
WC	1 000	325~525

PCVD 也有以下缺点。

(1)在等离子体中电子能量分布较宽。除了电子碰撞外,其余离子的碰撞和放电时产生的射线作用也可产生新的粒子。由此可见,PCVD 中可能同时存在几种化学反应,以致反应副产物难以控制,所以采用 PCVD 一般难以得到纯净物质的薄膜。

(2)PCVD 沉积温度低,反应过程中的副产物气体与其他气体的解吸不彻底,经常残留在薄膜中。如在 PCVD-TiN 的薄膜中经常含有一定量的残余氯,以致影响膜的力学性能和化学性能;在沉积 DLC 薄膜(类金刚石)时,存在大量的氢,对 DLC 的力学、电学和光学性能有很大影响。另外,PCVD 制备氮化物、碳化物、硅化物时,很难保证它们的化学计量比。

(3)PCVD 中的离子轰击对某些基体易造成损伤。如对Ⅲ~Ⅴ,Ⅱ~Ⅵ族化合物半导体材料。特别是离子能量超过 20 eV 时,特别不利。

(4)PCVD 装置复杂,价格较高。

就其优缺点相比,PCVD 的优点是主要的。目前,PCVD 正获得越来越广泛的应用。

根据产生等离子的方式不同,PCVD 技术可分为:直流等离子化学气相沉积(DC-PCVD);脉冲等离子体化学气相沉积(PL-PCVD);射频等离子化学气相沉积(RF-PCVD);微波等离子化学气相沉积(MW-PCVD)。

1.直流等离子化学气相沉积(DC-PCVD)

DC-PCVD 是利用直流辉光放电产生的等离子体来激活反应气体,是化学反应进行。图7-17 所示是直流等离子化学气相沉积装置的示意图。从图中可知,DC-PCVD 主要包括炉体、直流电源与真空系统、气源与供气系统等。

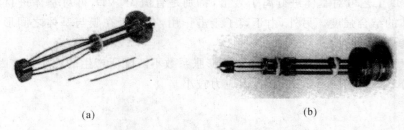

(a)　　　　　　　　　　(b)

图 7-17　DC-PCVD 装置示意图

在此装置中,镀膜室接电源正极,基板接负极,基板负偏压为 $1\sim2\ kV$。使用其制备氮化钛薄膜,首先用机械泵将其抽真空至 10 Pa;通入氢气和氮气,接通电源后产生辉光放电;产生的氢离子和氮离子轰击基板,进行预轰击清洗净化并使基板温度上升;达到 500℃ 以后,通入四氯化钛,气压调至 $10^2\sim10^3\ Pa$,以进行等离子化学气相沉积。

反应室一般用不锈钢制作。阴极输电装置与离子镀、磁控溅射等相同,此膜会受到阳极附近的空间电荷所产生的强磁场的影响,为了避免发生这种情况,必须要有可靠的间隙屏蔽措施。基板或是工件可以吊挂,也可以采用托盘结构。由于 PCVD 采用的源物质和产物多为有毒性和腐蚀性气体,因而有必要装备处理这些气体的特气系统。

目前,DC-PCVD 技术基本上实现批量生产,它所沉积的超硬膜有 TiN,TiC,Ti(CN) 等膜层。直流 PCVD 的缺点是不能应用于绝缘基体或薄膜,因为在阴极上电荷产生积累,并会造成积累放电,破坏正常的反应。

2. 脉冲等离子化学气相沉积(PL-PCVD)

20 世纪 80 年代,德国 Brauschweig 技术大学的 K. T. Ric 教授将脉冲放电引入等离子化学气相沉积,从此引起了世界各个科技工作者的关注。脉冲等离子化学气相沉积是在直流等离子化学气相沉积基础上发展起来的。它是利用脉冲的功率可调,峰值电压可调,占空比可调和频率可调等优点,其工艺参数更便于控制,特别是利用脉冲电流特性可以使工件的一些盲孔、深孔的内表面沉积上薄膜。图 7-18 所示为西安交通大学研制的脉冲直流等离子体化学气相沉积设备示意图。

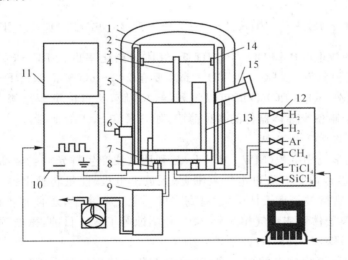

图 7-18　脉冲直流等离子体化学气相沉积装置示意图

1—钟罩式炉体；　2—屏蔽罩；　3—带状加热器；　4—通气管；　5—工件；　6—过桥引入电极；　7—阴极盘；
8—双屏蔽阴极；　9—真空系统及冷阱；　10—脉冲直流；　11—加热及控制系统；　12—气体供给控制系统；
13—热电偶；　14—辅助阳极；　15—观察窗

3. 射频等离子体化学气相沉积

射频等离子化学气相沉积(RF-PCVD)是以射频辉光放电的方法产生等离子体的化学气相沉积方法。射频放电一般有电容耦合与电感耦合两种。

图 7-19 和 7-20 分别是电感耦合式和电容耦合式反应室的截面图。在电容耦合式反应

室中,电极将能量耦合到等离子体中,电极表面会产生较高的鞘层电位,它使离子高速撞击衬底和阴极,会造成阴极溅射和薄膜污染。同时在功率较高、等离子体密度较大的情况下,辉光放电会转变为弧光放电,损坏放电电极,这使可以使用的电源功率以及所产生的等离子体密度都受到了限制。而电感耦合式的 PECVD 可以克服上述的缺点,即它不存在离子对电极的轰击和电极的污染,也没有电极表面辉光放电转化为弧光放电的危险,因而可产生高出两个数量级的高密度的等离子体。

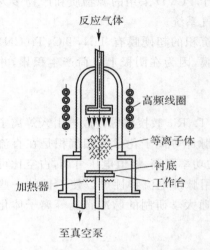

图 7-19 电感耦合的射频 PECVD 装置

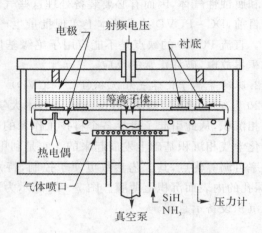

图 7-20 电容耦合的射频 PECVD 装置

RF-PCVD 的放电气压较 DC-PCVD 低,气体的离化率也较 DC-PCVD 高,因而在较低的温度下即可沉积薄膜,如 DC-PCVD-TiN 要在 500～600℃ 沉积,RF-PCVD 在 300℃ 以下即可沉积。另外,RF-PCVD 既可以沉积导电薄膜,又可以沉积绝缘介质薄膜。因此,RF-PCVD 常用于制备半导体器件的各种薄膜,如 SiN 和 SiO_2 等薄膜。

4. 微波等离子化学气相沉积

微波等离子化学气相沉积(MW-PCVD)是利用微波产生辉光放电激活化学反应的方法(见图 7-21)。微波放电具有放电电压范围宽、无放电电极、能量转换率高、可产生高密度的等离子体等优点。在微波等离子体中,含有高密度的电子和离子,还含有各种活性自由基团。因此,利用微波等离子体可实现气相沉积、聚合和刻蚀等工艺。目前,微波等离子放电采用的微波频率有 2.45GHz 和 915MHz。

由于微波放电比直流放电的离化率高,因而 MW-PCVD 具有较低的放电气压(10^{-2} Pa 放电)和较低的沉积温度。微波等离子体 CVD 装置一般由微波发生器、波导系统、发射天线、模式转换器、真空系统与供气系统、电控系统与反应腔体等组成,图 7-22 是一台典型的微波等离子体 CVD 装置示意图。

从微波发生器产生的 2.45GHz 频率的微波能量耦合到发射天线,再经过模式转换器,最后在反应腔体中激发流经反应腔体的低压气体形成均匀的等离子体。微波放电非常稳定,对制备沉积高质量的薄膜极为有利。然而,微波等离子体放电空间受限制,难以实现大面积均匀放电,对沉积大面积的均匀优质薄膜尚存在技术难度。

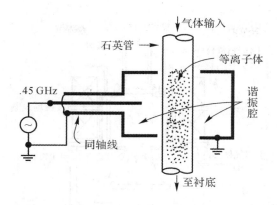

图 7-21　1/4 波长谐振腔式微波 PECVD 装置

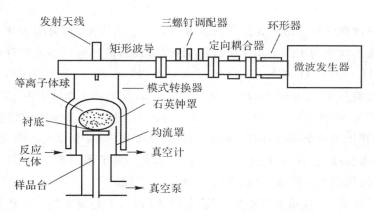

图 7-22　钟罩式微波等离子体 CVD 装置的示意图

另外，在传输微波的波导四周加上磁场，使电子在电场和磁场的共同作用下进行螺旋运动，即形成微波电子回旋共振（Electron Cyclonic Resonance，ECR）CVD 装置。在磁场 B 中，电子的回旋共振的频率为

$$\omega_{\mathrm{m}} = qB/m$$

一般情况下，微波的频率为 2.45GHz，代入上述公式得 ECR 条件所要求的外加磁场强度为：$B = 875\mathrm{Gs}$。

ECR 气体放电的原理：在磁场中当输入的微波频率等于电子回旋共振频率 ω 时，微波能量可有效地耦合给电子；获得能量的电子可使气体更有效地电离、激发和解离。典型的微波电子回旋装置如图 7-23 所示，电子在向下游方向运动的同时，围绕磁力线方向发生回旋共振，不仅有效地吸收微波能量（能量转换率达 95%），还使气体分子大量电离（10%～50%）；在等离子体的下游即可获得薄膜的低温沉积。该装置具有两大优点：一是可大大减轻因高强度离子轰击造成衬底损伤。如在 RF 放电等离子体反应器中，离子能量可达 100eV，很容易使亚微米尺寸的线路器件的衬底造成损伤；二是可比 RF-PCVD 沉积温度更低，可进一步减小对热敏感衬底在沉积过程中破坏作用。

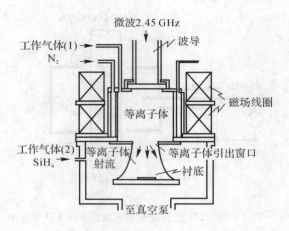

图 7-23   ECR-CVD 装置示意图

微波等离子体化学气相沉积在薄膜制备方面有广泛的应用,如采用 MW-PCVD 制备金刚石膜。采用微波功率为 1kW,频率为 2.45GHz 的微波,通过矩形的波导管传送入石英放电管中,可通入 $CH_4(5\%)-H_2$,$CH_4(5\%)-Ar$ 或 $CH_4(1\%\sim10\%)-H_2O(0\sim7\%)-H_2$ 等混合气体。混合氢的流量为 $1.5cm^3/s$,压力为 $13\sim530Pa$,放电功率为 150W,放电管温度 $600\sim800℃$,沉积基片为 Si 单晶片,沉积时间为 3h。当通入 CH_4-H_2 时,产生粒状金刚石。通入 CH_4-Ar 时,沉积出膜状金刚石,同时伴随有石墨,在 CH_4-H_2 中加入水蒸气,可明显提高沉积速率,这是因为水蒸气的存在加速了 CH_4 的分解,在等离子体中产生的 OH-加速了对石墨的刻蚀,从而把沉积的石墨清除,沉积出优质的金刚石薄膜。

微波等离子体 CVD 技术也有不足之处,如设备昂贵,工艺成本高。在选用微波等离子体 CVD 沉积薄膜时,应考虑利用其沉积温度低和沉积的膜层质优的优点。因此,MW-CVD 应主要应用于低温、高速沉积各种优质薄膜或半导体器件的刻蚀工艺。目前,MW-CVD 应用于制备优质的光学用金刚石薄膜较多。

7.2.3   激光辅助 CVD

激光辅助 CVD 技术是采用激光作为辅助的激发手段,促进或控制 CVD 过程进行的一种薄膜沉积技术。

激光化学气相沉积装置主要由激光器、导光聚焦系统、真空系统、送气系统和沉积反应室等部件组成。其沉积设备结构示意图如图 7-24 所示和导光系统示意图如图 7-25 所示,激光器一般用 CO_2 或准分子激光器,沉积反应室由带水冷的不锈钢制成,内设有温度可控的样品工作台及通入气体和通光的窗口。沉积反应室与真空分子泵相连,能使沉积反应室的真空度低于 $10^{-4}Pa$,气源系统装有 Ar,SiH_4,N_2,O_2 的质量流量计,沉积过程中工作总炉压通过安装在沉积反应室与机械泵之间的阀门调节,通过容量压力表进行测量。

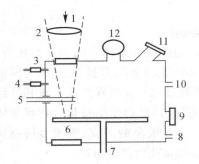

图 7-24　激光相沉积设备结构示意图

1—激光；　2—透镜；　3—窗口；　4—反应气体进管；

5—水平工作台；　6—试样；　7—垂直工作台；

8—真空泵；　9—测温加热电控；　10—复合真空计；

11—观察窗；　12—备留口

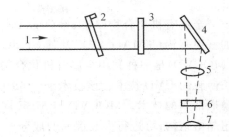

图 7-25　装置光路图

1—激光；　2—光刀马达；　3—折光器；　4—平面反射镜；

5—透镜；　6—窗口；　7—试样

激光作为一种强度高、单色性和方向性好的光源,在 CVD 过程中发挥着重要的作用,其中主要作用有以下两种(见图 7-26)。

(1)热作用:激光能量对基片的加热作用可以促进衬底表面的化学反应,从而在对基片加热不太高时也能达到化学气相沉积的目的。

(2)光作用:高能量光子可以直接促进反应物气体分子的分解。由于许多常用反应物分子(如 SiH_4,CH_4 等)的分解要求的光子波长均小于 220nm,因而一般只有紫外波段的准分子激光才具有这一效应。

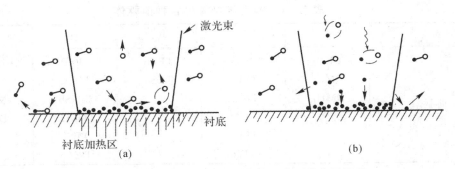

图 7-26　激光束在 CVD 沉积衬底表面的两种作用机理

(a)热解；　(b)光活化

激光辅助 CVD 技术的另一个特点是,利用上述热效应和光活化效应,可以实现反应物在基体表面的薄膜选择性沉积,即只在需要沉积的地方才用激光束照射基体表面,从而获得所需的沉积图形,现在在计算机控制下能准确选区定域沉积,获得直径在微米级的点和宽度在微米级的线沉积,适宜于在微电子和微机械制造中应用。

激光化学气相沉积如今在国外微电子工业应用广泛。诸如集成电路的互连和封装,制备欧姆接点、扩散屏障层、掩膜、修补电路以及非平面三维图案制造等。以上所列的加工制造用其他技术来加工非常困难,如高为几毫米宽仅几微米的图案,又深又窄的沟槽和小孔的填充等,使用激光化学气相沉积很方便、快捷。

7.2.4　金属有机化合物 CVD(MOCVD)

金属有机化合物(Metals Organic，MO)是指有机基团与金属元素结合而形成的化合物，如三甲基铝(TMAl)、三甲基镓(TMGa)、二乙基锌(DEZn)等。金属有机化合物气相沉积(MOCVD)是一种利用金属有机化合物为源材料热分解后通过化学反应在衬底上气相外延生长薄膜的 CVD 技术。该技术于 1968 年由 Manasevit 首先提出，是如今生长化合物半导体薄膜最常用的技术。MOCVD 与 MBE 同样，具有下述优点：生长极薄的薄膜；实现多层结构及超晶格结构；可进行多元混晶的成分控制；以化合物半导体批量化生产为目标。

MOCVD 和 MBE 几乎同步，目前在世界范围内有大量的机构和人员对其进行研究开发，其中部分已达到实用化。

常见的化学气相沉积前驱体主要有金属氢化物、金属卤化物和金属有机化合物。与金属氢化物和金属卤化物相比，金属有机化合物具有更低的沉积温度、更低的毒性和对反应系统的腐蚀性，并且大多数的金属有机化合物都是易挥发的液体或固体，易于随载气进入反应室。具有使用价值的金属有机化合物应具备以下特点：①室温下化学性质稳定；②蒸发温度低、饱和蒸汽压高；③稳定的蒸发速率或升华速率；④分解温度低、沉积速率合适，低的沉积速率可应用于沉积半导体材料薄膜，高的沉积速率可应用于沉积较厚的涂层；⑤分解沉积过程中不会产生其他的固态杂质；⑥无毒、不易爆炸和自燃且未反应的前驱体易于清除；⑦较高的纯度；⑧成本低。

大多数金属有机化合物前驱体已被广泛地应用于沉积Ⅱ～Ⅵ，Ⅲ～Ⅴ及Ⅳ～Ⅵ族半导体材料，表 7-4 给出了已经被用来制备半导体材料的各种前驱体。

表 7-4　制备半导体的各种前驱体

列Ⅱ	Ⅲ	Ⅳ	Ⅴ	Ⅵ	
	DEZn	TMGa	TEPb	TMP	DMSe
	DMCd	TEGa	TESn	TMAs	DETe
前驱体	DMHg	TMAl		TMSb	MATe
		TEAl		TEAs	DIPTe
		TMIn		TESb	
		TEIn		DEAs	

DE：Diethyl（二乙基）；DM：Dimethyl（二甲基）；TM：Trimethyl（三甲基）；TE：Triethyl（三乙基）；MA：Methylallyl（甲代烯丙基）；DIP：Diisopropyl（二异丙基）

由于 MOCVD 原材料一般是易燃易爆、毒性较大的材料，并且经常要生长多组分、大面积均匀薄膜。因此 MOCVD 要求系统密封性好，流量、温度可精确控制，组分变换迅速，系统紧凑等。一般来说，其设备由源供给系统、气体输运和流量控制系统、反应室及温度控制系统、尾气处理系统、安全防护系统、自动操作及控制系统等部分组成。

图 7-27 所示为 $Ga_{1-x}Al_xAs$ 生长所用的垂直式生长装置。使用的原料为三甲基镓(TMG)、三甲基铝(TMA)、二乙烷基锌(DEZ)、AsH_3 和 n 型掺杂源 H_2Se。高纯度 H_2 作为携载气体将原料气体稀释并充入到反应室中。在外延生长过程中 TMA，TMG，DEZ 发泡器分别用恒温槽冷却，携载气体 H_2 通过净化器去除其中包含的水分、氧等杂质。反应室用石英制造，基片由石墨托架支撑并能够加热（通过反应室外部的射频线圈加热）。导入反应室内的气体在加至高温的

GaAs 基片上发生热分解反应,最终沉积成 n 型或 p 型掺杂的 $Ga_{1-x}Al_xAs$ 膜。

　　我国的 MOCVD 技术起步于 20 世纪 80 年代,1986 年国内首台微机全自动控制的 MOCVD 设备在中国科学研究院上海冶金所成功组装,国内及国际上用 MOCVD 技术制备的半导体材料及其用途见表 7 - 5。

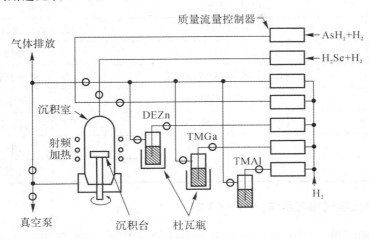

图 7 - 27　$Ga_{1-x}Al_xAs$ 生长所用的垂直式生长装置示意图

表 7 - 5　MOCVD 制备的半导体材料和用途

化合物	源材料	材料应用
GaAs	$(C_2H_5)_3Ga(TEGa) - AsH_3$	光电二极管
GaP	$TMGa - PH_3$	发光二极管
GaAsP	$TMGa - AsH_3 - PH_3$	激光二极管
InP	$TMIn - PH_3$,$TEIn - PH_3$	双异质结双极型晶体管
InGaAsP	$TMIn - TMGa - AsH_3 - PH_3$	量子阱激光器
InGaAs	$TMIn - TMGa - AsH_3$,$TEIn - TMGa - AsH_3$	红外探测器
AlGaAs	$TMAl - TMGa - AsH_3$,$TMAl - TEGa - AsH_3$	红外探测器
GaSb	$TEGa - TMSb$	长波长光纤通信器件
GaAsSb	$TMGa - AsH_3 - SbH_3$,$TMGa - AsH_3 - TMSb$	双异质结双极型晶体管
GaN	$TMGa - NH_3$	发光二极管、激光二极管
AlN	$TMAl - NH_3$	发光二极管
InSb	$TEIn - TESb$	红外探测器
InAs	$TEIn - AsH_3$	近红外探测器
InAlGaN	$TMIn - TMAl - TMGa - NH_3$	蓝色发光二极管
ZnS	$DEZn - H_2S$	发光粉
ZnSe	$DEZn - H_2Se$	太阳能电池
ZnTe	$DEZn - DMTe$	发光二极管
ZnMgSSe	$DMS - H_2S(MeCd)_2Mg - DMSe - DTBSe$	发光二极管、激光二极管

续表

化合物	源材料	材料应用
CdS	DECd－H_2S	太阳能电池
CdSe	DECd－H_2Se	电子发射器
CdTe	DMCd－DMTe	太阳能电池、红外探测器
HgTe	Hg－DMTe	红外探测器
HgCdTe	Hg－DMCd－DMTe	红外探测器
SnTe	$(C_2H_5)_4$Sn－DMTe	太阳能电池
PbSnTe	TEPb－TESn－H_2Te	红外激光器、红外探测器
PbS	$(CH_3)_4$Pb－H_2S	红外探测器
PbTe	$(CH_3)_4$Pb－DMTe	红外探测器

7.2.5 热丝化学气相沉积法(HW－CVD)

热丝化学气相沉积法(Hot Wire CVD),也叫触媒 CVD。1979 年 Wiesmann 等人首先提出了这种制膜方法,而后受到了广泛的关注,HW－CVD 是一种新近发展起来的薄膜制备方法。它采用高温热丝分解前驱气体,通过调节前驱体组分对比和热丝温度而获得大面积的高质量沉积膜。热丝化学气相沉积法具有装置简单、沉积温度低、不引入等离子体等优点。如采用热丝化学气相沉积法在 Si (100)衬底上,于较低的衬底温度(40℃)下制备出良好结晶的立方碳化硅薄膜。近年来,HW－CVD 技术发展较快,例如,使用 HW－CVD 工艺制备了 μc－3c-SiC 薄膜,掺入 n 型材料的电导率为 5S/cm,p 型材料的电导率可提高到 10^{-2}S/cm。而该法制备的 μc－GeC 薄膜的吸收谱,移向较高光子能量侧(与晶体 Ge 比较)。

当然,如果热丝在高温下蒸发,也是会对薄膜产生污染的。

HW－CVD 装置如图 7－28 所示,在一定真空度下,反应气体进入钟罩,流过热丝,热丝释放的热电子使气体原子由基态变为激发态或离化,并相互反应生成所需固态反应物,沉积于基底。这种方法在多晶硅、金刚石、氮化硅薄膜的制备中也常使用。

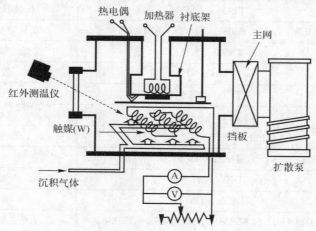

图 7－28　HW－CVD 装置示意图

7.3　CVD 应用镀膜实例

CVD 技术在薄膜制备领域具有广泛的应用,从涂层的制备到异质外延生长,CVD 技术都能胜任,同时也是二维纳米材料石墨烯和过渡金属硫族化合物的主要制备方法之一。

7.3.1　W-CVD

对 W-CVD 来说,有掩盖(blanket)法和选择(selective)法两种。掩盖法 W 像是铺地毯,即在 Si,SiO$_2$ 等所有材料上生长,整个表面都覆盖一层 W;选择法 W 是 W 在 Si 及金属等表面生长得快,而在 SiO$_2$ 等绝缘膜上生长慢得多,即非等同生长。这样,通过选择工艺条件,可以实现仅在 Si 及金属表面成膜,而在 SiO$_2$ 表面不成膜。这是一种十分方便的成膜方法。

图 7-29 表示掩盖 W 和选择 W 生长的工艺参数范围。两者都采用 WF$_6$ 气源,只是基片温度和反应气压不同。选择 W 生长的基片温度为 200～300℃,反应气压为 0.1 Pa(10^{-3} Torr 量级),其发生的反应为 Si 置换 WF$_6$ 中的 W,从而在 Si 表面生长 W 层,即

$$WF_6(g) + (3/2)Si(s) \xrightarrow{200\sim300℃,0.1Pa} W(s) + (3/2)SiF_4(g) \tag{7-39}$$

掩盖 W 生长的基片温度为 300～500℃,反应气压为 100 Pa(1 Torr 量级),其发生的反应为 H$_2$ 或 SiH$_4$ 还原 WF$_6$ 中的 W,从而在整个表面都覆盖一层 W,即

$$WF_6 + 3H_2(g) \longrightarrow W(s) + 6HF(g) \tag{7-40}$$

$$2WF_6(g) + 3SiH_4(g) \longrightarrow 2W(s) + 3SiF_4(g) + 6H_2(g) \tag{7-41}$$

对于选择 W 生长来说,WF$_6$ 通过扩散进入 W 与 Si 的界面,在此界面上 WF$_6$ 被 Si 还原,生成 W 和 SiF$_4$。W 继续生长,而 SiF$_4$ 通过 W 向外扩散。在 W 膜生长初期,生长速率很快,随着膜厚增加,气体在其中的扩散越来越困难,生长减慢,最后自动停止。而对于掩盖 W 生长来说,生长发生在气固相界,由表面向外生长,因此,生长膜厚基本上与时间成正比。

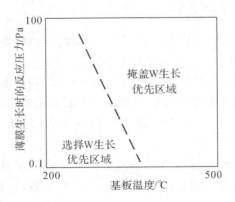

图 7-29　掩盖 W 和选择 W 生长的工艺参数范围

7.3.2　TiN-CVD

常用的 Al,Cu,W 等布线,可以由前面介绍的 CVD 或溅射等方法制作,这些金属的电阻率低,但易与 Si 发生反应。为了解决这一问题,需要在金属和 Si 之间加一层防止反应的阻挡

层。常用的阻挡层材料有 TiN,Ti,W,Ta 等。在选择阻挡层材料时,应考虑其与布线材料之间的关系。

现在最常使用的阻挡层材料为 TiN。TiN 的电阻率高(溅射膜的电阻率为 $100\sim209\ \mu\Omega\cdot cm$,而铜膜约为 $2\mu\Omega\cdot cm$,前者是后者的 50 倍以上),因此,采用尽量薄而完整的 TiN 膜层,即可实现 Si 与金属布线层的完全隔离。

TiN 可以使用从热 CVD 到等离子体 CVD 的方法,原料气体也从无机系列到有机系列都可实现。无机系列使用 $TiCl_4$ 与 NH_3 及 N_2 发生反应即可形成 TiN 阻挡层。最近有人通过实验发现,若在其中添加甲肼$[(CH_3)HNNH_2:MMH]$,可降低反应温度,涂敷性也得到明显改善,不仅能获得更薄的膜层,而且也能细孔埋入,如图 7-30 所示。对于有机系气源来说,采用 $Ti(N(CH_3)_2)_4$ 或 $Ti(N(C_2H_5)_2)_4$,可以在反应中加入 NH_3,利用热 CVD 即可形成 TiN 膜。相对于无机 CVD-TiN 中含有 Cl 而言,有机 CVD-TiN 中含 C 较多,从而电阻率更高些,但孔底涂敷性和埋入特性更好。如在有机 CVD 反应中加入 NH_3,得到的膜层电阻率稳定性好,而涂敷性较差。

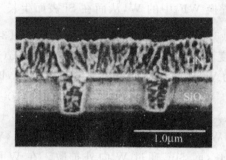

图 7-30 孔中 TiN 阻挡层 SEM 图

7.3.3 MOCVD 生长 ZnO 薄膜

ZnO(Zinc Oxide)是一种宽禁带 Ⅱ-Ⅵ 族 N 型半导体材料,该种半导体材料具有良好的透光性、高的电子迁移率、宽带隙、室温下发光强等优良性能。

制备 ZnO 的 MOCVD 反应源分别装在鼓泡器中并内置于温控系统中,由于有机锌源和氧源之间反应剧烈,会导致严重的预反应并在薄膜表面形成颗粒,实际大多使用低压沉积并采用活性较低的先驱体,二乙基锌(DEZn)是最常用的 Zn 有机源,活性较低的氧源包括 CO_2,H_2O,N_2O 和乙醇等。

使用 DEZn 和 H_2 反应源生长 ZnO 薄膜的过程中,DEZn 和 H_2O 分子首先预反应,生成亚稳态 $Zn(OH)_2$ 和 C_2H_6,然后亚稳态的 $Zn(OH)_2$ 分解生成 ZnO 和 H_2O,反应产生的气态物质被抽走,ZnO 在衬底表面附着生长。

通常在制备 ZnO 薄膜的实验中可调节的参数有衬底类型及其温度、反应源 H_2O 和 DEZn 的流量、沉积室的反应压力和源温度等。研究发现衬底温度对于薄膜的晶面取向生长尤为显著,严重影响 ZnO 薄膜的表面形貌,反应压力决定着薄膜的结晶质量,源物质配比影响着薄膜的电学稳定性能。

大量实验证明在 a 面蓝宝石衬底上使用 MOCVD 技术能获得高质量的单晶外延 ZnO 薄

膜(见图 7-31),而要在广泛使用的 Si 衬底上外延生长单晶 ZnO,由于 Si 与 ZnO 存在巨大的热失配和晶格,膜层在降温时容易开裂,从而需在 Si 衬度上引入缓冲层,比如 AlN,SiO$_2$ 等。

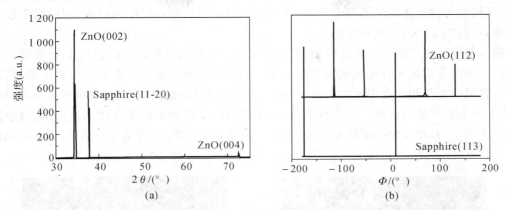

图 7-31　生长在 a 面蓝宝石衬底上的 ZnO 薄膜的 XRD 图谱

(a)$\theta-2\theta$ 扫描;　(b)Φ 扫描

7.3.4　HW-CVD 制备多晶硅薄膜

薄膜晶体管是薄膜晶体管液晶显示器的重要组成部分,它的有源层一般采用多晶硅或非晶硅材料。多晶硅薄膜与非晶硅薄膜相比,具有更高的霍尔迁移率,可以使晶体管做得更小,使显示器的分辨率提高。

该方法制备多晶硅薄膜一般以 SiH$_4$ 和 H$_2$ 为反应气源,利用热丝高温催化分解反应气体,经过一系列气相反应后,主要以-SiH$_3$ 的形式在衬底上沉积,再由表面反应去氢而最终成膜。金属钨为催化热丝,采用如图 7-32 所示的装置,在 300℃ 的玻璃衬底上沉积多晶硅薄膜,制备过程中钨丝电流为 9.5 A,温度达到 1 800℃。

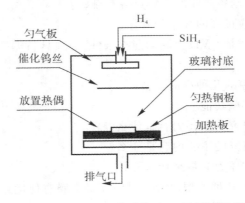

图 7-32　制备多晶硅薄膜热丝 CVD 装置示意图

图 7-33 所示为刻蚀前和刻蚀后的多晶硅薄膜 SEM 图,通过 XRD 谱分析各种因素对薄膜结晶性的影响有以下结论:

HW-CVD 技术供了大量的高能原子氢,它使网络充分弛豫,有利于薄膜的晶化,但当 H

原子的量过多时,它的表面刻蚀作用使结晶度下降。

当衬底与钨灯丝的距离丝为 2.5 cm 和 5 cm 时薄膜的结晶除了(111)取向,还存在(220)取向,而钨丝与衬底距离增加到 7.5 cm 时,薄膜只存在(111)面的结晶取向,同时结晶度也明显增强,可归结于三者气相反应的差别。

张玉等人分析了薄膜的生长机制,提出薄膜生长是分步成核,成核后沿(111)而纵向生长的观点。认为反应基元首先随机吸附在衬底上,在 H 原子的作用下在一些位置上成核,而在其他位置形成非晶相。已形成的晶核逐渐长大并沿(111)而纵向生长;已形成的非晶相也在生长,但上面不断有晶核形成。当薄膜达到一定厚度时,非晶相表面完全被晶核占据,整个薄膜表而成为多晶相,此后整个薄膜处于沿(111)面的纵向生长阶段,直至反应结束,完整的晶粒结构呈柱状。

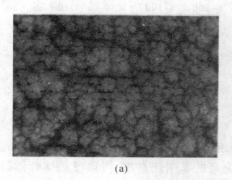 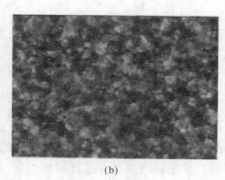

(a)   (b)

图 7 - 33   刻蚀前和刻蚀后的多晶硅薄膜 SEM 图

(a)未刻蚀；   (b) 2min 刻蚀后

习　　题

1. 何谓 CVD 镀膜,其制备薄膜的优缺点各有哪些?

2. 简述 CVD 镀膜反应过程的几个步骤。

3. 合适的 CVD 反应物是 CVD 镀膜的前提条件,必须具备哪些特点,其大概可以分为哪几类?

4. 举例说明 CVD 镀膜的几种反应类型。

5. CVD 装置应具备哪些功能?

6. CVD 过程热力学研究的主要内容是什么?

7. CVD 过程动力学研究的主要内容是什么?

8. CVD 反应中低工作压力会带来什么好处?

9. 等离子体 CVD 有哪几种类型,相比于热 CVD 镀膜有何优越性?

10. MOCVD 的优缺点有哪些?

11. 查阅相关文献,提出你对 CVD 各个步骤的一些改进想法。

第8章　原子层沉积(ALD)镀膜

随着纳米技术的发展及半导体集成电路对器件尺寸不断减小的要求,迫切需要具有高质量、高均匀性和纳米级厚度的薄膜材料。传统的化学气相沉积(CVD)和物理气相沉积(PVD)已经很难满足未来对于薄膜性能的要求,这对传统的薄膜制备技术提出了挑战。原子层沉积(Atomic Layer Deposition,ALD)技术,最初被称为原子层外延(Atomic Layer Epitaxy,ALE)或者原子层化学气相沉积(Atomic Layer Chemical Vapor Deposition,ALCVD),能在原子层级别精确控制膜层厚度,薄膜具有光滑、均匀、重复性好等特点,因此为 ALD 在微电子科学、光学薄膜、纳米科技等领域中的应用提供了技术支撑。

ALD 最初由芬兰科学家于 20 世纪 70 年代提出并用于多晶荧光材料 ZnS:Mn 以及非晶 Al_2O_3 绝缘膜的研制,这些材料用于平板显示器。早期的 ALD 沉积方法主要用于 Ⅱ～Ⅵ族化合物以及非晶氧化膜,但是由于 ALD 的生长速率慢,限制了它在实际中的应用。直到 20 世纪 90 年代的中期,随着半导体技术的发展,集成电路中的器件尺寸向纳米级发展,ALD 自身存在沉积速率低的缺点,不再是主要矛盾。ALD 能够生长原子层级膜厚的薄膜,促使了该方法在微电子集成电路中的应用。

本章主要从 ALD 的原理、技术特征及优点、种类以及应用举例等方面予以介绍。

8.1　ALD 的原理

8.1.1　ALD 的基本步骤

ALD 是在速率可控的条件下,将两个独立的挥发性前驱体,在不同的时间段内脉冲进入反应室内到达基底,在其表面发生物理和化学吸附或者发生表面饱和反应,并在两个脉冲间隔向反应室通入惰性气体清洗反应室,将物质以单原子膜的形式一层一层沉积在基底表面的方法。

ALD 的沉积周期分为 4 个步骤(见图 8-1):

(1)第一种反应前驱体与基片表面发生化学吸附或反应;

(2)用惰性气体将多余的前驱体和副产物清除出反应室;

(3)第二种反应前驱体与基片表面上的第一种前驱体发生化学反应,生成薄膜;

(4)反应完成后,再用惰性气体将多余的前驱体及副产物清除出反应室,每个周期生长的薄膜都是一个单原子层,从而实现厚度的精确控制。

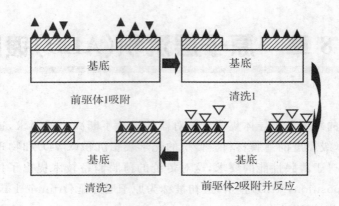

图 8-1　ALD 技术的基本步骤

8.1.2　前驱体及前驱体种类

由上述可知沉积反应前驱体物质能否在被沉积材料表面化学吸附是实现原子层沉积的关键。从气相物质在基体材料的表面吸附特征可以看出,任何气相物质在材料表面都可以进行物理吸附,但是要实现在材料表面的化学吸附必须具有一定的活化能,因此能否实现原子层沉积,选择合适的反应前驱体物质是很重要的。通常,ALD 的前驱体须满足以下条件。

(1)好的挥发性。以此降低对整个工艺条件的需求。

(2)高的反应性。因为高反应性前驱体应能迅速发生化学吸附,或快速发生有效的反应,可以保证使表面膜具有高的纯度,并避免在反应器中发生气相反应而增加薄膜缺陷。

(3)良好的化学稳定性。反应前驱体必须有足够好的化学稳定性,在最高的工艺温度条件下不会在反应器和衬底材料表面发生自分解。

(4)不会对薄膜或基片造成腐蚀且反应产物呈惰性。这样反应产物不会腐蚀或溶解衬底及薄膜,不会再吸附到膜层表面而阻碍自限制薄膜的继续生长,否则将阻碍自限制薄膜的生长。

(5)液体或气体为佳。这样可以避免物料结块,以免发生堵塞或结垢等问题。

(6)材料没有毒性,防止发生环境污染。

研究人员围绕前驱体材料,多年来研究广泛,试验了各种不同类型的前驱体,总体来讲,前驱体分为无机类和金属有机类,也可按物质状态分为气态、液态和固态。表 8-1 给出了常用的前驱体种类。

表 8-1　前驱体分类

分　类		前驱体举例
无机类前驱体	单一元素前驱体	Zn,Ga,In,Sn 和 Cd 等
	卤化物前驱体	$ZnCl_2,TaCl_5,MnCl_2,AlCl_3,TaCl_5(ZnCl_2)$ 等

续 表

分　类		前驱体举例
金属有机类前驱体	烷基前驱体	$Zn(CH_3)_2,Ga(CH_3)_3,Al(CH_3)_3,$ $(C_5H_5)_2Mg,Se(C_2H_5)_2$ 等
	β 二酮前驱体	$Ca(thd)_2,Sr(thd)_2,Ba(thd)_2,La(thd)_3,Y(thd)_3$ 等, 其中 thd 为 2,2,6,6 -四甲基- 3,5 -庚二酸
	环戊二烯基前驱体	$Cp_2Zr(CH_3)_2,Cp$ 为 cy - clopentadieny
	醇盐前驱体	$Ta(OC_2H_5)_5,Zr[OC(CH_3)_3]_4$ 等
	烷基胺和硅胺基前驱体	$Ti[N(C_2H_5CH_3)_2]_4,Pr[N(SiMe_3)_2]_3,$ $Ti(NMe_2)_4$ 等
	酰胺前驱体	$Cu(^iPrAMD),La(^iPrAMD)_3$ 等

8.2　ALD 的技术特征及优点

8.2.1　ALD 的技术特征

在 ALD 进行薄膜生长时,将适当的前驱反应气体以脉冲方式通入反应器中,随后再通入惰性气体进行清洗,对随后的每一沉积层都重复这样的程序。ALD 沉积的关键要素是它在沉积过程中具有自限制特性(Self - limiting),这种自限制特征正是 ALD 的基础。不断重复这种自限制反应,在非常宽的工艺窗口中一个单层、一个单层地重复生长,直至制备出所需厚度的薄膜。根据沉积前驱体和基体材料的不同,ALD 有两种不同的自限制机制,即化学吸附自限制(Chemical Self - limiting, CS)和顺次反应自限制(Response Self - limiting, RS)过程。

1. CS - ALD

CS - ALD 首先在基片表面进行化学吸附的自饱和过程,然后进行交换反应。以 $ZnCl_2$ 和 H_2S 制备 ZnS 为例,如图 8 - 2 所示,描述一个 CS - ALD 的生长周期。

(1)第一种前驱体以气体脉冲的形式进入反应室,反应室内的基片暴露在气体脉冲中,接着通过化学吸附作用将 $ZnCl_2$ 饱和的吸附于基片表面,如图 8 - 2(a)所示;

(2)利用惰性气体去除反应室里多余的 $ZnCl_2$,净化反应室,如图 8 - 2(b)所示;

(3)第二种前驱体 H_2S 以气体脉冲的形式通入反应室,在反应室中两种前驱体在基片表面,进行下面的化学反应:

$$ZnCl_2+H_2S=ZnS+2HCl$$

这样基片表面就产生了一层 ZnS 原子层薄膜,如图 8 - 2(c)所示;

(4)再次通入惰性气体,排除反应生成的挥发性物质 HCl 和残余的 H_2S,净化反应室,完成一个周期,如图 8 - 2(d)所示。

对于 CS - ALD,自限制归于第一种前驱体在基片表面进行的自饱和化学吸附,而第二种前驱体只能与吸附在基片表面上的第一种前驱体进行分子交换反应,形成单层膜,进行多次

CS-ALD 周期可以得到多层的薄膜。

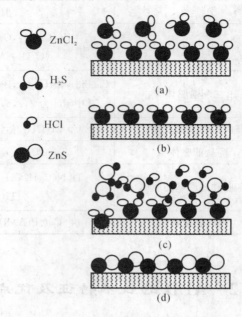

图 8-2 CS-ALD 生长周期示意图

2. RS-ALD

RS-ALD 过程通过活性前驱体物质与活性基体材料表面化学反应来驱动的,每一种前驱体与基片直接的主要作用是表面化学反应,而不是化学吸附。如图 8-3 所示,描述一个 RS-ALD生长周期。

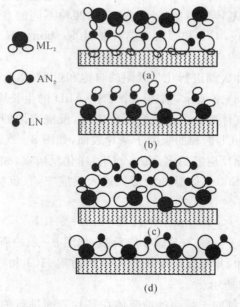

图 8-3 RS-ALD 生长周期示意图

(1)首先输入活化剂(AN),活化基片表面,如图 8-3(a)所示;

(2)表面暴露在第一种前驱体(ML_2)中,发生化学反应:

$$AN + ML_2 = AML + LN \uparrow$$

形成具有另一种活化剂 AML 的新表面,随后通入惰性气体净化反应室,除去反应副产物 NL 和多余的 ML_2,如图 8-3(b)所示;

(3)将第二种前驱体(AN_2)通入反应容器中,与 AML 发生化学反应:

$$AML + AN_2 = MAN + LN$$

最后,同样利用惰性气体脉冲除去反应副产物和多余的前驱体,见图 8-3(c)、(d)所示。

所有的 ML 功能团转换为 MAN 后,MAN 不能与前驱体 AN_2 反应,达到自饱和。这时,AN 功能团重新出现在表面,为下一次进行 RS-ALD 做好准备。整个 RS-ALD 过程的自限制性是由基片表面上参与反应的相关活化剂的有限量决定的。

8.2.2　ALD 的优点

ALD 最初是从 PVD 的基础上发展而来,ALD 与 CVD 也有许多相似的地方,比如相似的前驱体,沉积的机理也是通过前驱体之间的化学反应,但是 ALD 最大的特点是反应的自限制特性,这一点是 PVD 和传统 CVD 都无法比拟的。表 8-2 给出了 ALD 与传统技术的主要特点比较。

表 8-2　ALD 与传统技术的主要特点比较

	ALD	PVD	CVD	MBE	Sputtering
沉积原理	表面自限制反应	阻蒸/电子束蒸发	气相反应沉积	分子束外延	溅射
沉积过程	层状生长	形核长大	形核长大	形核长大	形核长大
台阶覆盖率	优秀	一般	好	一般	一般
沉积速率	慢	快	快	慢	快
沉积温度	低	中	高	高	低
真空度	低	高	低	超高	低
沉积层均匀性	优秀	一般	较好	一般	一般
界面品质	优秀	好	好	好	一般
厚度控制	反应循环次数	沉积时间	沉积时间 气相分压	沉积时间	沉积时间 压强、功率
成分	均匀,杂质少	无杂质	易含杂质	杂质少	无杂质
工业应用	好	优秀	好	一般	好

ALD 的主要优点。

(1)较宽的温度窗口。ALD 反应温度一般在 $200 \sim 400\,^{\circ}\mathrm{C}$ 区间内,相对于温度敏感的 CVD 过程而言,这一温度窗口要宽得多。如图 8-4 所示,温度过低,前驱体因表面化学吸附和反应势垒作用而难以在基体材料表面充分吸附和反应,甚至出现反应物质的冷凝,因而严重影响膜层质量,降低反应速度;温度过高,由于金属前驱体的热分解,或者是沉积材料的热解吸,导致薄膜生长速度会随着温度升高而升高或者下降,自限制性破坏。

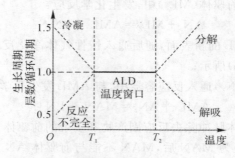

图 8 - 4 ALD 的温度窗口

(2)原子层厚度薄膜。由于 ALD 的自限制特性,通过两种或者多种的气相前驱体交替暴露生长,可以实现对原子层级的膜层厚度和组成成分的控制。

(3)自饱和性。一定的生长温度,在基片表面由于化学吸附达到自饱和条件下,生长速度不会受前驱体流量的影响,表现一定的自限制性。同时前驱体的饱和吸附,保证生成大面积均匀性薄膜。

(4)三维保形性。可生成极好的三维保形性化学计量薄膜,作为台阶覆盖和纳米孔材料的涂层。

(5)广泛适用于各种形状的衬底。ALD 生长的金属氧化物薄膜用于栅极电介质、电致发光显示器绝缘体、电容器电介质和 MEMS 器件。

ALD 的主要缺点是其沉积速率太低。大多数情况下,每一个循环只能生成不到一个原子层的厚度,对于不断缩小的集成电路而言,所用材料厚度已至 1nm,该缺点已不是主要矛盾。

8.3 ALD 的种类

自 ALD 技术产生以来,由于常规的热 ALD 沉积速率过低和对某些沉积薄膜的沉积温度要求过高等原因,使其在实验研究和工业应用中受到限制。为了克服 ALD 技术在这些方面的不足,研究人员提出了不同的解决方法,将 ALD 技术与其他技术或物质结合,进一步发展了一系列新的 ALD 技术,例如等离子体增强 ALD 、电化学 ALD 、磁场增强等离子体辅助 ALD ,强氧化剂辅助 ALD 等,现在介绍常用的前 3 种 ALD 技术。

8.3.1 T - ALD

热 ALD (Thermal - LAD,T - ALD)法是传统的 ALD 方法。它是利用加热法将两种或者多种前驱体,使气态前驱体交替通入到反应室中,并在中间过程中通入惰性气体清洗反应副产物和多余前驱体。实验装置的示意图如图 8 - 5 所示,主要包括前驱体容器、反应室、机械泵、加热温控装置等。

8.3.2 PE - ALD

21 世纪初,在铜互连扩散阻挡层的研究过程中,IBM 研究人员把等离子体引入原子层沉积工艺中,成功制备了钽和钛等金属材料,由此引发了对等离子体增强原子层沉积(PE-ALD)的研究。PE-ALD是等离子体辅助和ALD技术的结合,通过等离子体离解单体或者反应气体,提供反应所需的活性基团,替代原来ALD技术中的加热装置。PE-ALD的反应原理与T-ALD很相似,但由于在生长中引入等离子体取代了普通的反应剂,因此需要增加等离子体发生装置,使原子层沉积系统变得复杂。从等离子体引入方式来看,有3种常见的设备构造:自由基增强ALD、直接等离子体ALD和远程等离子体ALD。

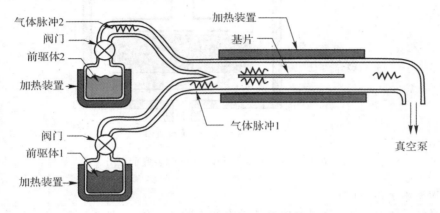

图 8-5　T-ALD实验装置示意图

1. 自由基增强 ALD

图8-6为自由基增强ALD的装置示意图。如图所示,等离子体在远离反应室的地方通过微波或者其他方式产生,然后通过管路流向反应室与前驱体反应。在等离子体经管路流向反应室的过程中,等离子体与管壁经历多次碰撞,造成离子与电子在表面重新复合成中性分子,活性自由基浓度急剧降低。

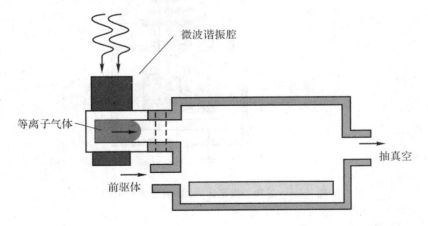

图 8-6　自由基增强 ALD 的装置示意图

2. 直接等离子体 ALD

直接等离子体ALD特征是衬底直接参与等离子体的产生过程,如图8-7所示,一种电容耦合式的等离子体产生于两个电极之间,一个电极接射频信号,另一个电极接地,衬底处于接地的电极上。等离子体在沉积表面附近产生,这种结构的优点一方面是到达表面的等离子体自由基浓度高,反应活性大,另一方面是保证了沉积条件的一致性,从而获得均匀性薄膜。

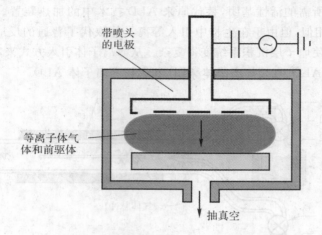

图 8-7　直接等离子体 ALD 的装置示意图

3.远程等离子体 ALD

远程等离子体 ALD 在远离反应室的地方产生等离子体,一般处于反应室上方。如图 8-8 所示,远离沉积表面的等离子体源,可以更好地控制等离子体成分。与自由基增强 ALD 的区别在于到达衬底表面时仍为等离子体,该结构使等离子体流动过程中,其中的离子和电子没有完全复合消失,仍具有一定的活性浓度。

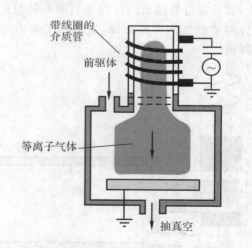

图 8-8　远程等离子体 ALD 的装置示意图

4.PE-ALD 的优势

与 T-ALD 相比,PE-ALD 具有很多优势。

(1)具有更快的沉积速率和较低的沉积时间。等离子体对吸附的粒子在表面的迁移成膜起到了增强作用,故相比 T-ALD 具有更高的沉积速率。

(2) 降低了薄膜生长所需的温度。在较低的环境温度下,等离子体可以为 ALD 提供反应活性较高的粒子,因此有效地降低了薄膜生长所需温度。同时,传统 ALD 需要通过加热来提供前驱体在沉积表面化学吸附的能垒,而等离子体的高活性使得不需要很高的温度来克服化学吸附能垒。除此之外,离子的动能、粒子在表面复合释放的能量以及等离子体辐射等都会为克服化学吸附能垒提供一定能量。

(3)改变薄膜性质。研究指出,利用 PE－ALD 生长的薄膜比 T－ALD 生长的薄膜还具有更加优异的性质,如较高的薄膜密度、低的杂质含量、优异的电学性能。

(4)拓宽前驱体和生长薄膜材料种类。反应剂活性的提高,使其可以与更多种类的前驱体发生反应,即使是热稳定性和化学稳定性都较好的前驱体,也能进行反应,从而使 ALD 生长的前驱体选择范围变广。

(5)功能增多。等离子体可以用作其他的方面,比如对衬底进行原位处理,清洗衬底表面和反应室等。

8.3.3　EC－ALD

电化学原子层沉积(EC－ALD)是将电化学沉积和 ALD 技术结合起来,用电位控制表面限制反应,通过交替欠电位沉积化合物组分元素的原子层来形成化合物,又可以通过欠电位沉积不同化合物的薄层而形成超晶格。该方法最先由 Stickney 提出,基本流程图如图 8－9所示。

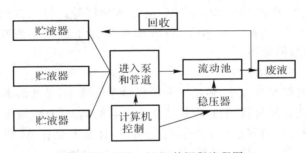

图 8－9　EC－ALD 的沉积流程图

EC－ALD 的原理就是将表面限制反应推广到化合物中不同元素的单原子层沉积,利用欠电位沉积形成化合物组分元素的原子层,再由组分元素的单原子层相继交替沉积从而外延形成化合物薄膜。如果将各组分元素单原子层的相继交替沉积组成一个循环,则每个循环的结果是生成一个化合物单层,而沉积物的厚度也将由循环次数也就是化合物单层的层数决定。

EC－ALD 通过对欠电位沉积和 ALD 技术的结合,融合了两者的特点,主要包括以下几个方面:

(1)工艺设备投资较小,降低了制备技术的成本;

(2)作为一种 ALD 技术,可以沉积在设定面积或形状的复杂基底上;

(3) 不使用有毒气源,对环境无污染;

(4) 它是一层叠一层的生长,避免了三维沉积的发生,实现了原子水平上的
控制;

(5) 由于沉积的工艺参数(沉积电位、电流等)可控,因而膜的质量重复性,均匀性,厚度和化学计量可精确控制;

(6)室温沉积,使互扩散降至最小。同时避免了由于热膨胀系数的不同而产生的内应力,保证了膜的质量;

(7)反应物选择范围广,对反应物没有特殊要求,只要是含有该元素的可溶物都可以,且一般在较低浓度下就能够成功制备出超晶格。

8.4 ALD 的应用举例

ALD 技术由于其沉积参数的高度可控型(厚度,成分和结构),优异的沉积均匀性和一致性使得其在微电子、纳米材料和光学薄膜等领域具有广泛的应用潜力。本节从这三方面进行详细的介绍。

8.4.1 ALD 在微电子方面的应用

根据摩尔定律,集成电路的尺寸减小,集成度不断增大,要求半导体器件尺寸不断减小,而ALD 优异特性,比如保形性、均匀性、高台阶覆盖率和原子层厚度等,使其在该领域中得到广泛应用。主要包括晶体管栅介质层光电元件的涂层,晶体管中的扩散势垒层和互联势垒层(阻止掺杂剂的迁移),有机发光显示器的反湿涂层和薄膜电致发光(TFEL)元件,集成电路中的互连种子,DRAM 和 MRAM 中的电介质层,集成电路中嵌入电容器的电介质层,电磁记录头的涂层,集成电路中金属-绝缘层-金属(MIM)电容器涂层等。另一方面,在微电子机械系统(Micro-electromechanical System,MEMS)方面也得到了应用。现在从三方面具体介绍ALD 技术在微电子领域的应用。

1.高介电常数(ε)介质薄膜

随着半导体集成电路尺寸减小,传统电介质材料厚度减小,导致漏电流增大。利用高ε的新型介质材料替代传统介质材料,能在保持或增大电容的同时,有效减少漏电流,提高可靠性。利用 ALD 制备高ε栅介质材料已经成为研究的热点,目前主要有 Al_2O_3,ZrO_2,HfO_2等 3 种材料,以及稀土元素氧化物,一些 Zr,Hf,Al 的氮化物、硅酸盐混合的纳米层状结构材料。

(1)高ε栅介质。在 CMOS(Complementary Metal Oxide Semiconductor Transistor)技术中,利用厚度接近原子层间距的栅氧化层代替原有的 SiO_2 可以解决传统条件下漏电流增大的问题。

Chi On Chui 等在 Ge-CMOS 上利用 HfO_2 作为栅极,当栅极点为 -1 V 时,等效氧化厚度为 2.62 nm,漏电流密度减小到 3.29×10^{-7} A/cm^2。Ye 等通过 ALD 制备了厚度为 16 nm 的 Al_2O_3 栅介质,应用于 GaAs-MOSFET,使漏电流小于 10^{-4} A/cm^2。Tsai 等用 $ZrCl_4$ 和 H_2O 作为前驱体,在温度为 300℃,制备了了 2.26 nm 的 ZrO_2 薄膜。

(2)高ε电容介质。随着 DRAM 存储器容量的不断增大,其内部的电容器数量随之剧增,而单个电容器的尺寸将进一步减小,电容器内部沟槽的深宽比也越来越大。大约到 2010 年,电容器中的深沟槽将需要更高的薄膜表面积。这给沉积技术提出了更高的要求,而 ALD 的单原子层生长特点正好满足这一要求。它不但能保证薄膜的均匀性和阶梯覆盖率,而且还能精确控制膜厚。集成电路中金属-绝缘层-金属(MIM)电容由于具有高电容密度及较低的寄生电容,有很好的应用前景。采用高ε介质材料或者减小介质膜层的厚度可以提高 MIM 的电容密度。然而,减小介质膜层厚度可能会增大漏电流,势必影响电容的性能。因此可以采取前一种改进方法。

Yu 等利用 $HfCl_4$ 和 H_2O 作为前驱体,利用 ALD 制备了 10 nm 厚的 HfO_2 介质膜。通过测试发现这种膜的电容密度最高 13 fF/μm^2,电容电压系数为 6.07×10^{-7}/V,室温下 1 V 的漏电流密度为 3.29×10^{-7} A/cm^2。Ding 等用 ALD 技术分别沉积了层状结构(Al_2O_3(1 nm):HfO_2(12 nm))和三明治结构(Al_2O_3(1 nm):HfO_2(55 nm):Al_2O_3(1nm))的电介质薄膜,经过比较,发现具有层状结构的介质膜具有更小的漏电流。

2. IC 互连技术

目前铜工艺和铝工艺是应用于互连技术的常见工艺,由于铜的电阻率(1.7 mΩ/cm)比铝(3.1 mΩ/cm)的低,铜本身具有抗电迁移能力且能在低温下沉积,所以目前 Cu 工艺已经取代 Al 工艺成为互连技术的主流技术。但铜存在一个最大的不足就是铜的扩散速度很快,容易在电介质内部移动使器件"中毒",因此在镀铜之前必须首先沉积一层防扩散的阻挡层。目前,ALD 工艺在沉积铜扩散阻挡层 TaN 薄膜方面取得了很大的进展。有报道将 ALD 沉积 TaN_x 铜覆盖层融合到 Cu/多孔低 ε 介质镀铜工艺中,能够提高电迁移时间 3 倍多,从而减少大约 5% 的 RC 延时。T. Cheon 等采用 ALD 制备的 RuAlO 薄膜,作为无籽 Cu 的互连接防扩散阻挡层。在 RuAlO 薄膜上经过电镀得到 10 nm 厚的 Cu 层,有利于解决由于尺寸效应而引起 Cu 阻抗增加的问题。

3. MEMS 的保护膜

微电子机械系统(Micro‐electromechanical Systems,MEMS)是一种采用微加工技术(微电子技术和微机械技术),将微电子器件和微机械器件集成在同一芯片的系统。为了防止电气短路,提高耐磨性,防止微结构之间的黏合,进一步提高 MEMS 的稳定性和使用寿命,通常要在释放(Released)MEMS 器件表面镀制一层保护膜。这层保护膜可以通过其他的方法,比如 CVD、自组装等来获得。但是相比于这些方法,ALD 可以沉积 MEMS 的各个表面,而且厚度均匀。ALD 可在较低的温度下,在由复合材料(如多晶硅、金)组成的器件表面沉积保护膜,而不会损伤器件。

Hoivik 等用 $Al(CH_3)_3$ 和 H_2O 做前驱体,用 N_2 做输运气体,在温度 177℃,用 ALD 在隔离 MEMS 的器件表面沉积了 Al_2O_3 保护膜,并通过悬臂梁装置测试了 ALD 沉积层的性能,如图 8‐10 所示,取得了较好的机械和电气性能测试结果。Baumer 等利用 ALD 制备了单晶 Si 薄膜的 Al_2O_3 包覆层,抗疲劳测试表明:Al_2O_3 包覆层使得疲劳寿命增加了两个数量级。Baumert 等用 ALD 在隔离 MEMS 的器件表面沉积了 Al_2O_3 保护膜,并研究了界面破裂和寿命性能,主要包括高的测试频率,十亿循环累积,负载系数等。

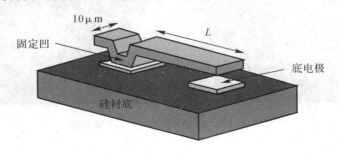

图 8‐10　测量隔离 MEMS 的器件表面 ALD 沉积层的装置示意图

8.4.2 ALD 在纳米材料方面的应用

ALD 技术精确控制薄膜生长,使薄膜厚度达到原子层级,因此 ALD 在纳米材料方面应用广泛,包括中空纳米管、纳米孔道尺寸的控制、高的高宽比纳米图形、纳米颗粒和纳米管的涂层、量子点涂层、光子晶体等。

Wang 等利用 GaO_3 有机纳米线为模板,以三甲基铝和蒸馏水为前驱体,制备了均匀性好、高宽比高、厚度可控的 Al_2O_3 纳米管。GaO_3 有机纳米线可以通过后期的甲苯活着加热处理除去,这为制备其他种类的氧化物纳米管提供了新的方法和思路。图 8-11 所示为 TEM 下的 GaO_3 纳米线和 Al_2O_3 纳米管结构。

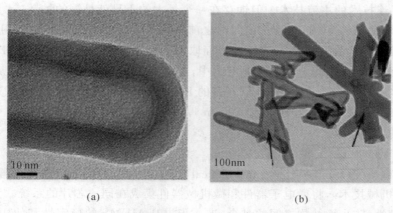

(a)　　　　　　　　　　　　　　　(b)

图 8-11　TEM 下的 GaO_3 纳米线和 Al_2O_3 纳米管

(a)去除 GaO_3 后的 Al_2O_3 纳米线;　(b)去除 GaO_3 前后 Al_2O_3 纳米管

Pourret 等利用 ALD 制备 ZnO 层,使其能够成功的渗透和修饰 CdSe 量子点薄膜,这充分说明了 ALD 是一种改进密度纳米晶性能的有效方法。姚宗妮等首先利用聚焦离子束在 Si_3N_4 薄膜刻蚀直径大于 20 nm 的纳米阵列,然后利用 ALD 系统在 Si_3N_4 薄膜上沉积 Al_2O_3,沉积速率为 0.1 nm/循环。通过 TEM 观察发现,随着 ALD 循环数的增加,纳米孔的直径减小了近 1/3,如图 8-12 所示,因此可证明利用 ALD 的方式在 Si_3N_4 薄膜上沉积 Al_2O_3 薄膜,能够达到有效缩孔目的。

图 8-12　Al_2O_3 沉积前后的 TEM 图像

8.4.3　ALD 在光学薄膜方面的应用

利用 ALD 技术制备光学薄膜，一般选择金属卤化物、有机金属以及 H_2，NH_3，H_2O 等作为反应前驱体，单晶 Si 或玻璃作为基片材料。制备的光学薄膜主要包括氧化物、氟化物、部分 Ⅱ～Ⅵ族化合物以及单质材料。介质薄膜可以广泛用于滤光片、减反膜、高反膜等光学器件。不同材料的薄膜按一定顺序叠置两层或多层，利用光的干涉效应可以改变器件的光学性能。由于 ALD 精确控制膜厚的特性，大面积均匀性和良好的台阶覆盖能力，可以使厚度变化在 1％以内，并且同一批基板特性相同，这样可以提高减反射效率和抗激光性能；可以实现常规方法难以完成的梯度折射率膜的制备；可以使其在二维波状结构薄膜制备上有明显的优势；可以制备紫外截止薄膜。ALD 制备光学薄膜方面的应用主要包括以下几方面。

1. 减反膜

减反膜是光学系统中不可缺少的薄膜元件。传统的制膜方法，如真空蒸镀等，得到均匀性好、精度高的光学薄膜需要大的真空室和复杂的控制设备，成本高且制备的薄膜的缺陷多。而 ALD 的精确控制膜厚和大面积均匀性特点可以提高减反射效率和抗激光损伤能力。

在可见光波段，Riihela 等采用 ALD 技术，制备了以 Al_2O_3，ZnS 为高、低折射率材料的减反膜、高反膜、Fabry-Perot 滤光片等光学器件，测试光谱特性与理论光谱特性之间误差较小，可以通过增加层数或选择其他材料来降低反射率。

2. 二维波状结构薄膜

二维光子晶体具有很多独特的光学特性，成为近期研究的热点。目前该方向的研究难点在于制备困难，需要在已具有一维周期性结果的基底上制造出二维结构薄膜，关键在于保证沉积薄膜能够很好地复制基片的形状。而 ALD 的突出优点就是控制膜厚、好的均匀性和台阶覆盖能力。

Hausmann 等以烷基酰胺和水为前驱体用 ALD 法制备了 Ta_2O_5 薄膜，沉积在有图形的衬底上的薄膜台阶覆盖率为 100％，其中的小孔形态比＞35。Seehrist 等在蛋白石上沉积 Al_2O_3 薄膜，模拟 ALD 薄膜在光子晶体的生长。通过 Al_2O_3 修改蛋白石的空隙可以改变蛋白石结构布拉格反射的位置和强度（见图 8-13）。

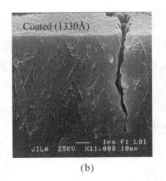

(a)　　　　　　　　　　(b)

图 8-13　蛋白石结构 SEM 图

(a)未包覆的蛋白石；　(b)沉积 100 循环 Al_2O_3 膜的蛋白石

3.折射率可调的薄膜

在光学上,折射率任意可调的薄膜十分有用。ALD 可以制作常规工艺无法制备的超宽波段减反膜和褶皱滤光片(Rugate filter)等器件。采用高低折射率交替组合的极薄膜层可以近似成中间折射率薄膜。调节两种材料的厚度比例,就可以合成高低折射率之间的任意折射率。ALD 制备的氧化物中,Al_2O_3 常被用作低折射率材料,而氟化物中,如 CaF_2,SrF_2,ZnF_2 等,折射率都较低,在 1.5 以下。高折射率材料主要有 ZnS,TiO_2,Ta_2O_5,Nb_2O_5 等,其中 ZnS 和 TiO_2 易形成多晶结构,而后两种都是无定形的。ALD 方法的突出特点是可以精确控制极薄层膜的厚度,采用这种方法就可以实现常规方法难以完成的梯度折射率膜的制备。Zaitsu 等用 AID 交替沉积了 $TiO_2 - Al_2O_3$ 纳米薄膜,沉积比例为

$$C_{Al_2O_3} = 1 \bigg/ \left(1 + \frac{g_{TiO_2}}{g_{Al_2O_3}} \frac{N_{TiO_2}}{N_{Al_2O_3}}\right)$$

图 8-14 显示了薄膜折射率与 TiO_2/Al_2O_3 沉积比例之间的关系。当 Al_2O_3 单层薄膜的厚度保持不变时,薄膜的折射率可以随着 TiO_2 单层的厚度变化而线性变化,变化范围从 TiO_2 的折射率 2.39 到 Al_2O_3 的 1.61。这样通过简单地调节两种二元氧化物材料的沉积比例就可以得到折射率渐进变化的薄膜。

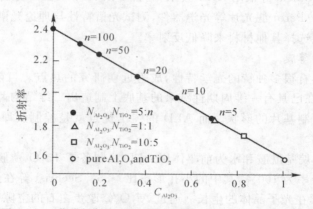

图 8-14 薄膜折射率变化与沉积 TiO_2/Al_2O_3 沉积比例关系

4.紫外截止薄膜

溶胶-凝胶法是目前制备紫外截止膜常用的方法,但是该方法在玻璃基片上沉积的薄膜致密性和均匀性很差,厚度难以控制。ALD 制备紫外截止薄膜还具有零多孔性、低应力、不需要烘烤和无收缩性,优秀黏附力和较少废物产生的优点,在汽车挡风玻璃和遮光板方面有极大的应用潜力。King 等使用 ALD 沉积 $TiO_2 - ZnO$ 复合粒子制备紫外截止薄膜。在 320 nm 处,紫外透过率降低为 45%。

习　　题

1.原子层沉积(ALD)的原理是什么? 简要概述包括哪些基本步骤。

2.前驱体必须满足的条件有哪些,并将前驱体进行分类。

3.比较化学吸附自限制和顺次反应自限制的步骤,两者的不同点是什么?

4. 简要叙述 ALD 的优缺点有哪些。

5. 简要叙述 ALD 的种类有哪些。

6. 比较热型 ALD 和等离子体增强 ALD 的特点。

7. 举例说明 ALD 技术的应用都有哪些方面。

8. 通过实例说明电化学 ALD 的原理及特点。

9. 通过文献查阅,说明磁场增强等离子体辅助 ALD 强氧化剂辅助 ALD 的原理和特点。

10. 查阅最新的 ALD 制备方面的论文,写综述性的总结。

第9章 溶液镀膜法

溶液镀膜法是指在溶液中利用化学反应或电化学反应等化学方法在基片表面沉积薄膜的技术。溶液镀膜的主要方法包括电镀技术、化学镀膜法、溶胶-凝胶(Sol-Gel)法、阳极氧化技术、LB技术等。由于溶液镀膜技术不需要真空条件,仪器设备简单,可在各种基体表面成膜,原料容易获得等优点,因而溶液镀膜法在电子元器件、表面涂覆和装饰灯方面得到了广泛的应用。本章主要介绍各种常见的溶液镀膜法。

9.1 电 镀 技 术

电镀是指在电流通过电解液中的流动而产生化学反应,最终在阴极上沉积金属薄膜的过程。电镀时,被覆盖的金属零件浸于电镀液中,以它作为阴极,通常把用于镀膜的金属材料(常为板状)亦浸于同一电镀液中作为阳极,在直流电场的作用下,阳极的金属失去电子而变为金属离子跑到溶液中去,而溶液中的金属离子则跑向阴极,在阴极获得电子后变为金属原子沉积在阴极上成膜。电镀过程中利用外加滞留电场使阴极的电位降低,达到所镀金属的析出电位,才有可能使零件表面真正镀上一层金属膜,只有在外间电位比阳极标准状态下的电位大得多时,才有可能使阳极金属不断溶解并使其溶解量超过阴极的沉积,才能保持电镀过程的正常进行。电镀方法只适合在导电的基片上沉积金属和合金,电镀中在阴极放电的离子数以及沉积物的质量遵从法拉第定律:

$$\frac{m}{A} = \frac{jtMa}{nF} \qquad (9-1)$$

式中,m/A代表单位沉积面积上沉积物的质量;j为电流密度;t为沉积时间;M为沉积物的分子量;n为价数;F为达拉第常数;a为电流密度。

电镀中所用的电解液称为电镀液或镀液,一般用来镀金属的盐类可以分为单盐和络盐两类,含单盐的镀液如硫酸盐、氯化物等,含络盐的镀液如氰化物等。单盐使用安全,价格便宜,但所得的膜层比较粗糙;络盐价格贵,毒性大,但容易得到致密的膜。使用时可以根据不同的要求,使用不同的镀液。生产中通常用单盐镀液来镀镍、铂等,用络盐镀液来镀铜、银、金等。但这也不是绝对的,例如有时也用单盐镀液($CuSO_4$和H_2SO_4组成)直接镀铜。

电镀的生长速度较快,可以通过沉积的电流控制,所得的薄膜大多是多晶的。少数情况下可以通过外延生长获得单晶。基片可以是任意形状,并且膜厚容易控制,因而在电子工业中得到广泛的应用。影响镀层质量的因素还有镀液的成分、浓度、电流密度、温度等。此外,镀液和阳极材料是否纯洁也对镀层有显著的影响,为此,镀液要定期进行过滤或更换,同时经常检查电镀液的酸碱度(PH)。在电镀前一般要经过研磨、脱锈、脱脂、活性化四种工序。现在研磨机械化程度相当高,抛光研磨由于液状抛光研磨剂的出现而实现了自动化;传动带研磨由于传动带的改进和传动带研磨剂的发展而提高了生产效率;滚筒研磨由于滚筒研磨机的性能不断提高和人工数据库装置的开发而得到迅速发展。

脱锈也叫除锈,借助前道研磨工序,研磨面得到了机械脱锈。但还必须除去非研磨面的锈污和研磨面研磨后产生的锈污。用酸液浸渍以溶解锈污时,可添加酸蚀抑制剂,降低氢脆性。为了加快除锈速率,可以在酸液中通入超声波。在碱液中进行电镀脱锈时,利用 PR 电解可收到良好效果。

脱脂可以采用在碱性脱脂液中浸渍的方法,也可以采用在脱脂液中电镀的方法,但事先要用二氯乙烯等有机溶剂进行预脱脂。一般不一定非要进行活性化,但为了增强电镀层与基团间的黏着性,活性化是一种有效的方法。活性化大多采用在无机酸水溶液浸渍几秒钟的方法,目前开发了许多含有各种添加剂的活性化剂。

限制电镀应用的最重要因素之一是拐角处镀层的形成,在拐角或边缘电镀层厚度大约是中心厚度的两倍,但多数被镀件是圆形的,可降低上述效应的影响。

9.2　化　学　镀

化学镀通常称为无电源电镀,它是利用还原剂从所镀物质的溶液中以化学还原作用,在镀件的固液两相界面上析出和沉积得到镀层的技术。在镀层生成过程中,溶液中的金属离子被生长着的镀层表面所催化,并不断地还原而沉积在基体表面上。在这种过程中基体材料表面的化学催化作用相当重要,周期表中的Ⅷ族金属元素都具有在化学镀过程中所需的催化作用。对于无催化性能的基体材料,可以人为地赋予催化能力,例如,塑料、陶瓷、玻璃等可以通过催化等处理来加以活化,以利于化学还原沉积。化学镀在电子工业等部门中广泛应用,并为非金属材料镀覆金属膜层开辟了广阔的前景。

在化学镀中,所用的还原剂的电离电位必须比沉积金属的电离电位低,但两者电位不宜相差过大。常用的还原剂有次磷酸盐和甲醛,前者用来镀镍,后者用来镀铜。此外,也可以用硼氢化物以及氨基硼烷类和肼类衍生物等物质作还原剂。无论采用什么还原剂都必须能在自催化的条件下提供金属离子还原时所需的电子,即

$$M^{2+} + 2e(来自还原剂) \xrightarrow{\text{表面上的催化}} M \qquad (9-2)$$

这种反应只能在具有催化性质的镀件表面上进行,才能得到镀层,而且一旦沉积下来,沉积出来的金属还必须能继续这种催化作用,以便沉积过程连续进行,镀层才能加厚。就这个意义而言,化学镀必然是一种受控自催化的化学还原作用。这种自催化反应,目前已经广泛应用于镀镍、钴、钯、铂、银、金等金属薄膜以及含上述金属的一些合金(如还有磷和硼的金属合金)。另外,也用于某些本来就不能直接依靠自身催化而沉积的金属元素和非金属元素所形成的合金镀层或形成复合镀层。

例如化学镀镍,它利用镍盐溶液在强还原剂次磷酸盐(NaH_2PO_2)的作用下,使镍离子还原成镍原子,同时次磷酸盐分解析出磷,因而在具有催化功能的基体表面上,获得镍磷合金的沉积膜。对使用次磷酸盐作还原剂的化学镀镍的反应机理,争论颇多。其中,为多数人所接受的是镍的沉积反应为依靠基体材料具有的催化表面,使次磷酸盐分解释放出初生态原子氢,同时,先沉积的镍膜是活泼的,具有自催化性质。这个理论的反应过程为

$$H_2PO_4^- + H_2O \xrightarrow{\text{表面催化}} HPO_3^{2-} + H^+ + 2H \qquad (9-3)$$

$$Ni^{2+} + 2H \longrightarrow Ni + 2H^+ \tag{9-4}$$

$$2H \longrightarrow H_2 \uparrow \tag{9-5}$$

$$H_2PO_2^- + H \longrightarrow H_2O + OH^- + P \tag{9-6}$$

由这一理论导出次磷酸氧化和镍离子还原的总反应式为

$$Ni^{2+} + H_2PO_2^- + H_2O \longrightarrow HPO_3^{2-} + 3H^+ + Ni \tag{9-7}$$

但有的理论认为,次磷酸盐分解不释放出原子氢,而是氧化后放出还原性更强的氢化物离子(H^-),而后,氢化物离子使镍离子和氢离子(H^+)还原,即

$$Ni^{2+} + H^- \longrightarrow Ni + H^+ \tag{9-8}$$

$$H^+ + H^- \longrightarrow H_2 \uparrow \tag{9-9}$$

化学镀镍所得的镍层并非纯镍,而是还有大约 3%～5%(质量分数)磷的镀层,具体含量视沉积参数(镀液成分和各组分的浓度、镀液温度及 PH 等)而定。

自催化化学镀膜有很多优点,如可以在复杂形状的镀件表面形成薄膜;薄膜的孔隙率较低;可直接在塑料、陶瓷、玻璃等非半导体表面制备薄膜;薄膜具有特殊的物理、化学性能;不需要电源,没有导电电极等。除了金属膜的制备,化学镀也被用于制备氧化物薄膜,其基本原理是,首先控制金属的氢氧化物的均匀析出,然后通过退火工艺得到氧化物膜。

9.3 溶胶-凝胶(Sol-Gel)法

溶胶-凝胶法制备薄膜是采用金属有机化合物等溶液水解的方法,可制备所需氧化物薄膜。这种溶液水解镀膜是将某些Ⅲ,Ⅳ,Ⅴ族完成合成烃基化合物及利用一些无机盐类如氯化物、硝酸盐、乙酸盐等作为膜物质,将其溶于某些有机溶剂如乙酸或丙酮中成为溶胶镀液,采用浸渍和离心甩胶等方法涂覆于基体表面,因发生水解作用而形成胶体膜,经脱水而凝结成固体薄膜。膜厚取决于溶液中金属有机化合物的浓度,溶胶液的温度、黏度,基板拉出或旋转速度、角度及环境温度等。

此法制备膜对膜材的要求:使用的有机极性溶液要有足够宽的溶解度范围,一般不使用水溶液;有少量水参与则容易水解;水解后形成的薄膜应不溶解,生成的挥发物应容易从表面去除;水解生成的各种氧化物薄膜能在较低温度下充分脱水;薄膜与基板表面要有良好的附着力。

工艺程序是首先将金属醇盐溶于有机溶剂中,然后加入其他成分混溶制成均质溶液,在一定温度下溶解-聚合,形成凝胶。反应如下:

水解反应:

$$M(OR)_n + H_2O \longrightarrow (RO)_{n-1}M-OH + ROH \tag{9-10}$$

聚合反应:

$$(RO)_{n-1}M-OH + RO-M(OR)_{n-1} \longrightarrow (RO)_{n-1}M-O-M(OR)_{n-1} + ROH \tag{9-11}$$

式中,M 为金属元素;R 为烷氧基。如以钛酸乙酯和硅酸乙酯制备 TiO_2 和 SiO_2 薄膜,反应过程为

$$Ti(OC_2H_5)_4 + 4H_2O \longrightarrow H_4TiO_4 + 4C_2H_5OH \tag{9-12}$$

$$H_4TiO_4 \xrightarrow{\text{加热}} TiO_2 + 2H_2O \tag{9-13}$$

$$Si(OC_2H_5)+4H_2O \longrightarrow H_2SO_4+4C_2H_5OH \qquad (9-14)$$

$$H_2SO_4 \xrightarrow{\text{加热}} SiO_2+2H_2O \qquad (9-15)$$

乙醇挥发,加热脱水后即形成 TiO_2 和 SiO_2 薄膜。是制备玻璃、氧化物、陶瓷及其他无机材料薄膜或粉体的常用方法之一,制备功能陶瓷薄膜广泛采用的方法。

溶胶-凝胶法具有以下优点:①起始原料首先被分散在溶剂中而形成低黏度的溶液,因此在很短时间内就可以获得分子水平上的均匀性,在形成凝胶时,反应物之间很可能是在分子水平上均匀地混合,从而能制备较均匀的材料;②所制材料具有较高的纯度;③材料组成成分较好控制,尤其适合制备多组分材料;④反应时温度比较低;⑤具有流变特性,可用于不同用途产品的制备;⑥可以控制孔隙度。

当然溶胶-凝胶法也具有以下不足之处:①原料成本较高;②存在残留小孔洞;③热处理时温度处理不当,可能会导致残留的碳;④较长的反应时间;⑤有机溶剂对人体有一定的危害性。

9.4　阳极氧化法

铝、钽、钛、铌、钒等金属,在相应的电解液中作为阳极,用石墨或者金属本身作为阴极,加上合适的直流电压时,会在这些金属的表面上形成硬而稳定的氧化膜,这个过程称为阳极氧化,此法制膜称为阳极氧化法。和其他的电解过程一样,阳极氧化法也遵循法拉第定律,即一定量的金属按照电量能严格地转化为金属(如铝)的氧化物。然而在阳极氧化过程中,会有一定量的氧化物又溶解在电解液中,所以金属表面上的氧化物的有效质量要比理论值低些。可以认为,阳极氧化过程存在着金属溶解和氧化膜形成两个相反的过程,而成膜是两者的综合结果。即氧化物的形成是一种典型的不均匀反应,膜生长时认为有如下反应过程。

金属 M 的氧化反应:

$$M+nH_2O \longrightarrow MO_n+2nH^++2ne \qquad (9-16)$$

金属的溶解过程:

$$M \longrightarrow M^{2n+}+2ne \qquad (9-17)$$

氧化物 MO_n 的溶解过程:

$$MO_n+2nH^+ \longrightarrow M^{2n+}+nH_2O \qquad (9-18)$$

阳极氧化机理以阳极氧化制备氧化铝膜为例进行说明,阳极氧化过程是由铝的溶解、离子在水中的迁移和电极放电以及氧化反应(成膜)等步骤所组成,直流电阳极氧化过程中,其反应表达式为

$$Al-3e \longrightarrow Al^{3+} \qquad (9-19)$$

$$2Al^{3+}+3O^{2-} \longrightarrow Al_2O_3 \qquad (9-20)$$

在强的外加电压的影响下,Al^{3+} 自金属点阵中逃逸出来并越过金属(阳极)/氧化物界面进入氧化膜,进而向外迁移,而在电解液/金属界面上形成的 O^{2-},以相反的方向迁移,当它们相遇时,就形成了氧化膜。不过 O^{2-} 来自什么基团,还不是十分清楚,有可能来自 OH^- 离子,而 OH^- 离子可能按照以下方式离解:

$$H_2O \longrightarrow OH^-+H^+ \qquad (9-21)$$

$$6OH^- \longrightarrow 3H_2O+3O^{2-} \qquad (9-22)$$

实际上,阳极氧化是一个极其复杂的过程,它包括一系列的化学、电化学及物理化学过程,而这些过程又互相影响。因此,对阳极氧化形成的机理有各种不同的解释,在此不作过多介绍。按照 Sehog 和 Migata 的见解,阳极氧化膜由两层组成,即靠近金属基体的是与金属直接结合在一起的薄而致密的 Al_2O_3(阻挡层);紧密层外面是垂直于金属表面生长的较厚的水化了的 Al_2O_3 多孔层,如图 9-1 所示。

阳极氧化技术只局限于少量金属的氧化,其中铝的氧化膜是迄今最重要的钝化膜,经常作为纳米材料及器件领域应用的模板。现在重点介绍阳极氧化技术制备的氧化铝膜的特点。

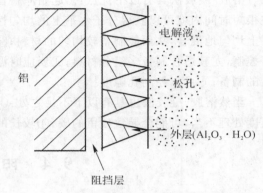

图 9-1　阳极氧化氧化铝薄膜结构组成

1. 氧化膜的多孔性

氧化膜具有蜂窝状结构。膜层的孔隙率常常由于电解液的溶解能力和膜层的生长速率不同而不同。也就是说,膜层的孔隙率取决于电解液的类型和氧化的工艺条件。一般来说,在硫酸溶液中形成的氧化膜,每平方微米大约800 个孔(孔径为 $0.015\mu m$,孔隙率为 13.4%),而在草酸液中得到的膜层每平方微米大约有 60 个孔(孔径为 $0.025\mu m$,孔隙率为 8%),所以,可以根据氧化膜的不同要求选择不同类型的电解液。

2. 氧化膜的吸附性能

由于氧化膜呈现多孔结构,且微孔的活性较高,因而膜层有很好的吸附性。氧化膜能吸附相当于膜层本身体积 10 倍的 1‰铬酸,对各种染料、盐类、润滑剂、石蜡、干性油、树脂等表现出很高的吸附能力。因此,可以将氧化膜染成各种不同的颜色,作为装饰及区别于不同用途的标记,这是当前铝阳极氧化用途最广泛的领域。此外,氧化膜用润滑剂吸附填充后,可增加耐磨性和降低摩擦因数;用石蜡、干性油和树脂填充后,可以提高耐蚀能力和绝缘性;通过在阳极氧化膜上沉淀固体润滑剂(如 MoS_2),可以获得润滑性的功能膜。

3. 氧化膜的硬度

纯氧化铝(Al_2O_3)是一种硬度很高的材料,为 1 960 HV,而带孔隙的氧化铝的硬度要低得多。普通阳极氧化的氧化膜的硬度大约在 196~490HV,如果采用硬质阳极氧化工艺,所得氧化膜的硬度可达到 1 176~1 470 HV。氧化膜因为硬度高,所以有很好的耐磨性。松孔吸附润滑剂后,能进一步提高其耐磨性,膜层的硬度大小与膜层厚度、膜层的形成条件及材料的合金成分等都有很大的关系。

4. 氧化膜的绝缘性

由于铝的阳极氧化膜的阻抗较高,因而是热和电的良好绝缘体。氧化膜的导热性很低,约为 0.004 1~0.012 5J/ cm·s·℃,其稳定性可达 1 500℃。在瞬间高温工作的零件,氧化膜的存在,可防止铝及其合金的融化。经过阳极氧化的铝线,可用来绕制各种不同用途的线圈。氧化膜的电阻随温度升高而增大,在 15~25℃时,纯铝氧化膜的电阻系数为 $10^{13}\Omega/cm^2$。

5. 氧化膜的结合力

阳极氧化膜与基体金属的结合力很强,即使膜层随基体弯曲到破裂的程度,但仍然与基体金属保持着良好的结合。但氧化膜塑性小,脆性较大,当膜层受到较大冲击负荷和弯曲变形时,会产生龟裂,从而降低了膜的防护性能,所以氧化膜不适宜于在机械作用下使用,可以作为油漆层的底层。

9.5 LB 技 术

朗缪尔-布罗格特(Langmuir – Blodett)制膜技术产生于 20 世纪 30 年代,但是直到 70 年代以后,由于其制膜技术日趋完备,实际应用前景良好,才收到越来越多的关注。它是利用分子表面活性在水-气界面上形成凝结膜,并将该膜逐次转移到固体基板上,形成单层或多层类晶薄膜的一种制膜方法。Langmuir – Blodett 法,简称 LB 法,所制得的相应膜层称为 LB 膜。这是一种由某些有机大分子定向排列组成的单分子层或多分子层薄膜,其制膜原理与其他成膜技术截然不同。在有机物质中存在具有表面活性的物质,其分子结构有共同特征,同时具有"亲水性基团"和"疏水性基团"(或称亲油性基团)。如果作为分子的整体亲水性强,则分子就会溶于水;如果疏水性强,则会分为两相。如果以同时具有亲水集团和疏水基团的有机分子材料为原料,由于两者平衡即适当保持"两亲媒性平衡"状态,这样的有机分子就会吸附于水-气界面。如果把这种具有表面活性的物质溶于苯、二氯甲烷等挥发性溶剂中,并把该溶液分布于水面上,待溶剂挥发后就会留下垂直站立于水面上的定向单分子膜。这种在水面的单分子一端呈亲水性一端呈疏水性,即具有二维特性。当分子稀疏地分散于水面上,即分子面积 S 与表面压力 σ 之间符合二维理想气体的公式:

$$\sigma S = KT \tag{9 – 23}$$

式中,K 为常数;T 为温度。这种膜称为"气体膜",如果 S 特别小就变为固体状态的凝结膜(或称固体薄膜);处于两者之间的称为二维液体状态。

由于上述分子所具有的两端各有亲水和疏水的性质,它将能与任一具有亲水或疏水性的固体表面相吸。如果沉积层只在基片下降时得到,这样的沉积或制造的膜称为 X 形;当基片下降或抽取实现膜的沉积则称为 Y 形,这一类型最为常见;当只有在基片抽取时发生膜的沉积,此时获得的膜称为 Z 形,这一沉积模式是不常见的。下面重点介绍一下 Y 形膜的沉积过程。

制备 Y 形膜的沉积过程如下:如图 9-2 所示,首先当具有疏水性表面的基片通过单分子层垂直而缓慢地插入水中时,单分子层在基片运动方向上折起,然后平铺在基片上(见图(a)),分子亲水端能与亲水端相吸,疏水端能与疏水端相吸。当垂直缓慢的抽取基片时,分子层沿基片运动方向卷起,形成第二层(见图(b)),基片下一个向下运动沉积第三层(见图(c)),依次形成多层薄膜。

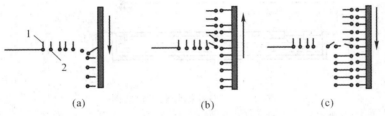

图 9-2 在疏水性基片上 Y 形多层膜的沉积示意图

(a)基片第一次向下运动; (b)基片抽取; (c)基片再次向下运动

1—甲基团; 2—羧基团

当具有亲水性表面的基片浸入到水中时会完全浸湿,形成如图9-3所示的弯液面。当沉积发生时,弯液面在与基片运动的同一方向卷曲。故此,在基片最初的浸润时,将不会形成沉积。在抽取基片时,薄膜将沉积在基片上(弯月形曲线-分子层沿基片运动方向折起,如图9-3(b)所示),分子的亲水基团附在基片表面,此时基片变成疏水性。在第二个浸入过程中,发生薄膜沉积,导致表面重新变成亲水性。重复这一过程,最终形成多层膜。由此可见,薄膜不是在第一次浸润时形成,而是在抽取时和随后的沉积时形成。

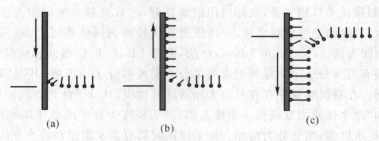

图9-3 在亲水基片上沉积 Y 形多层分子膜

(a)基片第一次浸润; (b)基片抽取; (c)基片第二次浸润

综上所述,对于疏水性表面,垂直上、下通过水面 n 次,就在其上可获得 $2n$ 层单分子层;若为亲水表面,由于第一次向下时没有附着膜层,因而为 $2n-1$ 层。

LB 膜的制备装置比较简单,如图9-4所示,它主要是由一个扩展单分子层的水槽和转移膜层的拉膜装置所组成。制备 LB 薄膜时,根据需要来调节原料分子的亲水性和疏水性,转移到基板上的 LB 膜可以使单分子层或多分子层;可以是同种分子的多分子层,也可以是多异种分子的 LB 薄膜组成的多层结构。以前成膜分子多为直链脂肪酸、直链铵、叶绿素、磷脂质等生物体有关物质。近年来,随着材料科学的进展,根据两亲媒性的平衡的原则,对成膜分子进行设计和合成,所用分子种类明显增加。

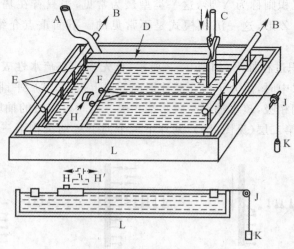

图9-4 LB膜制作装置模式图

A—供水管; B—连接吸收泵; C—基片上下移动管; D—聚丙烯框架; E—吸附喷管; F—聚丙烯浮子; G—基片; H—磁铁; H′—浮子移动可动磁铁; J—滑轮; K—重物; L—方形水槽

表 9-1 给出了各种成膜分子制备 LB 膜的主要条件。在这些例子中将水相条件相似的组合在一起，容易得到异质结构膜。基片在提升或浸渍后对水相条件、重物质量进行微调，也可使单分子膜重新展开。

表 9-1　各种成膜分子制备 LB 膜的主要条件

成膜分子种类		叠积形式	水相组成	pH	温度/℃	表面压力 10^{-3} N/m²
饱和脂肪酸						
直链脂肪酸						
$CH_3(CH_3)_{n-2}$—COOH	Ba 盐	Y	3×10^{-5} MBaCl₂ 4×10^{-4} MKHCO₃	$7.0\sim7.2$	<22	30
($n=16\sim22$)	Ca 盐	X	5×10^{-4} MCaCO₃	7.4	15	30
	Ca 盐	Y	10^{-4} MCuCO₃	$6.4\sim6.6$	22	16
	Cd 盐	Y	10^{-4} MCdCl₂	$6.0\sim7.0$	—	—
	Co 盐		$\begin{cases} 5\times10^{-5}\,MCOCl_3 \\ NH_4Cl-NH_3 \\ 调节\ pH\ 值 \end{cases}$	$9.2\sim9.6$	—	30
	Mn 盐	Y	-10^{-3} MMn²⁺	>6.5	—	—
	Pb 盐	Y	$\begin{cases} 10^{-4}\,MpbCl_2 \\ 10^{-4}\,MFeCl_3 \\ 2\times10^{-5}\,MHCl \\ 5\times10^{-5}\,MKI \end{cases}$	5.02	—	—
饱和脂肪酸						
ω-廿三碳酸						
$CH_2=CH-(CH_2)_{20}-COOH$						
游离酸		Y	未添加	—	—	32.5
	Ca 盐	Y	10^{-3} MCaCl₂	$7.5\sim80$	$32\sim35$	
α-十八烷基丙烯酸						
$CH_3(CH_2)_{12}-\underset{\underset{CH_3}{\|}}{C}-COOH$　Ba 盐		Y	10^{-4} MBaCl₂	—	21	25
联乙炔诱发体						
$CH_7(CH_2)_{n-1}-C≡C-C≡$ $C-(CH_2)_n=COOH$						
$n=9,10$	Cd 盐	Y	$\begin{cases} 10^{-3}\,MCdCl_2 \\ NaOH-HCl \\ 调整\ pH\ 值 \end{cases}$	>6.5	12	20

续 表

成膜分子种类	叠积形式	水相组成	pH	温度/℃	表面压力 10^{-3}N/m²
$n=12,14$ Cd盐	Y	同上	>6.5	20	20
芳香族香芹酮酸慈诱发体 R=C$_2$H$_4$ C$_6$H$_{13}$ C$_8$H$_{17}$ (CH$_2$)$_2$COOH	Y	$\begin{cases} 2.5\times10^{-4}\text{M}CdCl_2 \\ NaOH—HCl \\ 调整 pH 值 \end{cases}$	4.5	—	15
R=C$_{12}$H$_{25}$	Y	同上	4.5	—	2.0
直链胺 十八烷基胺 CH$_3$(CH$_2$)$_{17}$—NH$_2$	Y	$\begin{cases} 10^{-2}\text{M}Nu_2HPO_4 \\ NaOH—HCl \\ 调整 pH 值 \end{cases}$	7.7 （最佳值）	—	30

LB 膜与其他膜相比有以下特点：①膜的厚度可以从零点几纳米至几纳米；②高度各向异性的层状结构；③理论上几乎没有缺陷的单分子层膜。因此 LB 膜技术可以在分子水平上进行设计，按人们预想的次序排列和取向，制成分子组合体系，这是实现分子工程的重要手段。正因为有这些其他技术无法比拟的优越性质，激发了科学家们对 LB 膜的研究热情，使 LB 膜技术在材料学、光学、电化学和生物仿生学等领域显示了巨大的理论价值和应用潜力。

9.6　溶液镀膜法应用举例

9.6.1　电镀与化学镀

在 70 多种金属元素中，有 33 种可以通过电镀法制备，最常用的电镀法制备的金属有 14 种，即 Al，As，Au，Cd，Co，Cu，Cr，Fe，Ni，Pb，Pt，Rh，Sn，Zn。目前电镀法已经开始用于制备半导体薄膜。这些半导体薄膜在光电子领域有很大的应用潜力，比如应用于薄膜太阳能电池的 CuInSe$_2$，CuInS$_2$，CdTe，CdS 等都可以通过电镀法沉积制备。Meadows 等利用电镀制备了 CuInSe$_2$ 前驱体，然后用 1 064 m 的激光以 0.3～60.0 s 的速率合成 CuInSe 吸收层。W. B. Wu 等在铜箔上先电沉积 Cu‐In 预制薄膜，硫化后得到 p 型 cuInS$_2$ 薄膜吸收层。用喷涂法在 CuInS$_2$ 上制 n 型的缓冲层，最后用磁控溅射沉积窗口层 ZnO 和透明电极，所制备的薄膜太阳能电池的光电转换效率达到 9.2%，电池组件效率可达 7%。

化学镀技术废液排放少，对环境污染小以及成本较低，在许多领域已经逐步取代电镀，成为一种环保型的表面处理工艺。目前，化学镀技术已经在电子器件、阀门制造、机械、石油化工、汽车、航空航天等工业中得到广泛的应用。佟浩等利用化学镀在 p 型 Si（100）表面制备了 NiP 薄膜，化学镀液的组成为 NiSO$_4$ · 6H$_2$O＋NaH$_2$PO$_2$ · H$_2$O＋Na$_3$C$_6$H$_5$O$_7$ · H$_2$O，研究表明随着化学镀时间的增加，表面覆盖趋于饱和，颗粒大小逐渐均一，并分布均匀。李海华等利用化学镀方法制备了 COFeB 薄膜，研究表明 CoFeB 薄膜中的非晶磁性来源是由于近邻原子间的交换作用和局域磁各向异性这种短程有序确定的。

9.6.2　溶胶-凝胶法

溶胶-凝胶法可制备的材料主要有以下几大类型:纤维材料、涂层和薄膜材料、超细粉末材料及复合材料等。

1.纤维材料

溶胶-凝胶法可用于制备纤维材料。当分子前驱体经化学反应形成类线性无机聚合物或络合物间呈类线性缔合时,使体系黏度不断提高,当黏度值达到 $10\sim100Pa\cdot s$ 时,通过挑丝法可从凝胶中拉制成凝胶纤维,经热处理后可转变成相应玻璃或陶瓷纤维。近年来溶胶凝胶法在制备 ABO_3 钙钛矿型钛酸盐系列陶瓷纤维中已得到广泛应用,如 $BaTiO_3$,$PbTiO_3$,钛酸锆铅(PZT)等。

2.薄膜涂层材料

制备薄膜涂层材料是溶胶-凝胶法最有前途的应用方向。工艺过程:凝胶制备—基材制备—涂膜—干燥—热处理,目前应用已经制备出光学膜、波导膜、着色膜、电光效应膜、分离膜、保护膜等。

3.超细粉末

运用凝胶-溶胶法,将所需成分的前驱物配置成混合溶液,形成溶胶后,继续加热使之成为凝胶,将样品放于电热真空干燥箱在高温抽真空烘干,得干凝胶,取出在玛瑙研钵中研碎,放于高温电阻炉中煅烧,取出产品,冷却至室温后研磨即可得超细粉末。目前采用此法已制备出种类众多的氧化物粉末和非氧化物粉末,如 $NdFeO_3$ 的制备。

4.复合材料

溶胶-凝胶法制备复合材料,可以把各种添加剂、功能有机物或分子、晶种均匀地分散在凝胶基质中,经热处理致密化后,此均匀分布状态仍能保存下来,使得材料更好地显示出复合材料特性。由于掺入物可多种多样,因而运用溶胶-凝胶法可生产种类繁多的复合材料,主要有:不同组分之间的纳米复合材料、组分和结构均不同的纳米复合材料和有机-无机复合材料等。如有机掺杂 SiO_2 复合材料,这类材料可作为发光太阳能收集器、固态可调激光器和非线性光学材料等。起初是将有机着色剂分子直接添加到溶液里通过溶解而引入到 SiO_2 中,凝胶化后着色分子分布于 Si - O 网络中。这种材料的一个明显缺点是常存在联通的残余气孔,原因是有机物在高温下会产生分解,故凝胶化后不能将其加热到足够高的温度使 SiO_2 致密化,而用溶胶-凝胶法则克服了这一缺陷。

9.6.3　LB 技术

1.LB 膜在制备超薄膜制备上的应用

LB 膜技术是一种在纳米尺度上对分子进行有序组装的行之有效的方法。利用 LB 技术制备有序纳米材料超薄膜具有许多优点:可以制备单层纳米膜,也可以逐层累积,形成多层膜或超晶格结构,组装方式可任意选择;可以选择不同的纳米材料,累积不同的纳米材料形成交替或混合膜,使之具有多种功能;成膜可在常温常压下进行,不受时间限制,基本不破坏成膜纳米材料的结构;可控制膜厚和膜层均匀度;可有效地利用纳米材料自组装能力,形成新物质;LB 膜结构容易测定,易于获得。因此,LB 技术成为制备纳米材料的主要方法之一。

锑掺杂 SnO_2 薄膜(ATO)是一种极具应用价值和潜力的薄膜材料,由于同时具有良好的光透过性和导电特性,故它在建筑玻璃、液晶显示器、透明电极以及太阳能利用等领域得到了广泛的应用。冀鸽等选用 $SnCl_4 \cdot 5H_2O$ 和 $SbCl_3$ 为基本原料采用共沉淀法制得了掺锑氧化锡(ATO)沉淀,经胶溶制得 ATO 纳米水溶胶,将其溶于纯水并作为亚相,采用 LB 膜技术制备了 10mm × 30mm ATO 复合膜,烧结处理后制得 ATO 超薄膜,并采用紫外光谱、X-射线衍射、原子力显微镜等手段对热处理前后的薄膜进行了形貌、组成、结构表征。结果表明,制得的是均匀性和覆盖度较高的 ATO 超薄膜。这种 ATO 超薄膜同时具有单分子膜及 ATO 粉体的优点,对于纳米尺度电子器件的制备,具有极大的应用价值。

2.LB 膜应用于生物膜的化学模拟

生物膜是构成生命体系中最基本的有组织单元,它将细胞和细胞器与周围的介质分隔开来,形成许多微小的具有特定功能的隔室,起着维持膜两侧浓度的浓度差和电位差的作用。人们通常采用化学模拟的方法去寻找和建立各种比较简单的模拟体系。LB 膜的物理结构和化学性质与生物膜很相似,具有极好的生物相溶性,能把功能分子固定在既定的位置上,因而单分子膜和 LB 膜常被用作生物细胞的简化模型。Pastorino 等运用"保护板"法沉积了具有PGA(青霉素 G 酰基转移酶)活性层的生物催化剂,LB 技术的易选择性和吸附层为 PGA 保持功能创造了适宜的环境。通过测试酶活性值及 PGA 在溶液中分离的程度,表明能够满足生物催化应用的需要。陈佺等利用 LB 膜技术组装磷脂和蛋白质等各种有机分子,仿制生物膜结构,研究生物膜的理化特征及其在生物能量转换和物质传输过程中所起的各种作用,进一步揭示了人的生命本质。

3.LB 膜在光学上的应用

LB 膜是目前人们所能制备的缺陷最少的超分子薄膜,它在作为光电探测器、光电池、光电开关、光电信息存储、光合作用的处理与模拟、非线性光学材料的构成等方面有很大的应用前景。

曾昊等利用椭圆偏振光谱法(SE)对 Y 型花菁染料 LB 膜在紫外-可见光范围内($\lambda = 27\,515 \sim 82\,616$ nm)的光学特性进行了表征,同时得到了该薄膜的光学常量(复介电常数、消光系数、吸收系数、反射系数、折射率等);讨论了 LB 薄膜对不同频率光的较高吸收特性及其成膜结构之间的关系,对其物理机理给予了解释;采用洛伦兹振子模型对所得的光学参量进行了理论拟合,结果发现其理论拟合与实验数据符合得非常好。

习 题

1.溶液镀膜法相比其他镀膜技术有什么优点?

2.简述电镀的原理和特点。

3.电镀液分为哪几类?各有什么特点?电镀前一般要经过哪些处理?

4.什么是化学镀?它与化学沉积镀膜的区别是什么?

5.简述自催化镀膜的特点。

6.简述溶胶-凝胶镀膜技术的特点和主要过程。

7.简述溶胶-凝胶法对膜材有什么要求?

8.简述阳极氧化制备氧化铝薄膜的特点。

9.简述什么是 LB 技术?简述 LB 薄膜的特点。

10.简述 LB 薄膜的种类。

第10章 自组装膜

　　自组装(self-assembly)技术指的是分子在氢键、静电、范德华力、疏水亲脂等弱作用力推动下,自发地形成具有特殊结构和形状的分子集合体的过程。这种技术为人们提供了一种有效地从分子水平上构建各种不同结构体系的新方法,在过去将近20年内取得了巨大的发展,在许多研究领域如非线性光学、分子器件、分子生物学、生物传感器、表面材料工程、金属防腐蚀方面都有广泛的应用前景。利用自组装原理实现的自组装膜技术具有原位自发性、热力学稳定、构成方法简单并且不受基底材料形状的影响均可以形成均一稳定、分子排列有序、低缺陷以及尺寸纳米级等诸多优点,是自组装领域的主要研究对象。

10.1　自组装技术

10.1.1　自组装的定义

　　自组装现象在生物体系中普遍存在,是形成千姿百态复杂的生物物质的原因之一。图10-1所示是细胞膜的自组装结构,各个分子基团有序的组装在一起,可实现细胞内外特定物质的传输。自组装研究对于理解生命的形成是十分重要的。目前,自组装已成为最热门的科学词汇,广泛被化学家和材料学家所采用,已有越来越多的不同领域的科学工作者都在自己的研究中注入自组装的新思想。

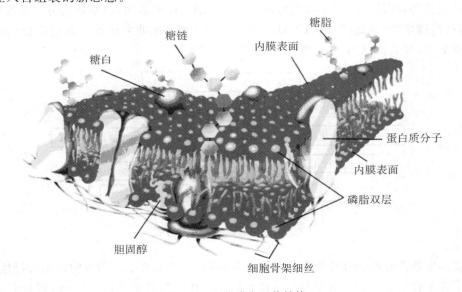

图10-1　细胞膜自组装结构

　　自组装的概念主要来自于超分子化学的进展。超分子是1937年最早由 Wolf 首先提出来的，它用来描述由配合物所形成的高度组织的实体。它源自自然，使化学家开始构造非自然的、能够模拟生物体中的某些功能的分子组装体和超分子聚集体成为可能，例如底物结合、离子输运、分子传感和信息存储组装与超分子化学有着深刻的联系。

　　Lehn 给自组装的定义，几种或多种组分自发聚集，按照空间限制方向形成非共价作用的、超分子层次的分离与连续客体的过程称为自组装。更普遍的定义为，自组装是一种无外来因素条件形成超分子结构或介观超结构的信息化形成过程。自组装过程是人类不主动介入的过程，一旦开始运行，过程就将按照它自己内部的计划进行，可能朝着一个更为有力的稳定状态，或者向着某个系统，其形式和功能已经在它的部件中编码。

　　这里给出更简要的定义：自组装技术是指分子及纳米颗粒等结构单元在没有外来干涉的情况下，通过非共价键作用自发地结合成热力学稳定、结构稳定、组织规则的聚集体的过程。其按照作用的尺度来分，可分为分子自组装和介观及宏观自组装；按工作原理来分类，可分为热力学自组装和编码自组装。所谓热力学自组装是指由热力学定律支配的超分子组装过程。目前的编码自组装只存在于生物系统中。

10.1.2　自组装的驱动方式

　　形成自组装或超分子体系的两个重要条件：一是有足够量的非共价键或氢键存在；二是自组装体系的能量较低。分子识别是主体对客体选择性结合并产生某种特定功能的过程，它是实现自组装的前提和关键。

　　这里分子识别并不是单纯地指分子之间的相互识别，也指组装体各个部件之间的相互识别，分子识别包括两方面的内容：一是分子（或模块）之间的尺寸，几何形状的相互识别；二是分子对氢键、正负电荷、π-π 相互作用等非共价键相互作用的识别。

　　自组装能否实现取决于基本结构单元的特性，即外在驱动力，如表面形貌、形状、表面官能团和表面电势等，使最后的组装体具有最低的自由能。研究表明，内部驱动力是实现自组装的关键，包括范德华力、氢键、静电力等只能作用于分子水平的非共价键力和那些能作用于较大尺寸范围的力，如表面张力、毛细管力等（见图10-2）。

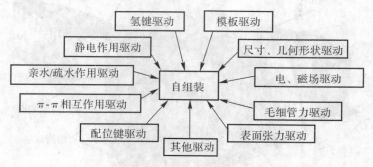

图10-2　自组装的驱动方式

　　组装体中各部分的相互作用多呈现加和与协同性，并具有一定的方向性和选择性，其总的结合力不亚于化学键。自组装过程就是这种弱相互作用结合的体现，分子识别是形成高级有序组装体的关键。

利用自组装技术进行不同几何形状图案的构建以及对材料表面的修饰是自组装技术最简单、最初步的应用。选择一定结构、形状的分子,通过自组装技术可以构筑不同几何形状的图案,如通过富勒烯衍生物的自组装,构建了以 C_{60} 为中心以衍生物的长链为外壳的稳定的纳米球,以及由这样不同的纳米球所形成的纳米网。

通过自组装技术可以得到许多具有新奇的光、电、催化等功能和特性的自组装材料,特别是广泛关注的自组装膜材料。自组装膜材料是生物膜及生物矿化机制的模拟物,利用自组装的原理仿生合成出性能优良和具有多级结构的膜材料,包括单层膜、多层膜、复合膜。由于自组装膜材料的结构容易表征,又是走向实用化器件的原型,其在非线性光学器件、化学生物传感器、信息存储材料以及生物大分子合成方面都有广泛的应用前景。

10.2 自组装单分子膜

10.2.1 自组装单分子膜的发展与特点

自组装单分子膜(Self - Assembled Monolayers,SAMs)是有机功能分子通过分子间及其与基体材料间的物理化学作用而自发形成的,是一种热力学稳定、排列规则的界面分子组装体系,具有均匀一致、高密度堆积和低缺陷等特性(注:前面所述的自组装技术定义是针对超分子领域来说的,而在薄膜制备领域,我们把通过共价键结合的组装技术也称为自组装)。早在1946 年 Zisman 等人就报道了表面活性物质在洁净金属表面上吸附形成单分子膜的现象,不过这项工作的真正兴起起始于 80 年代,1980 年 Sagiv 报道了第一个真正的自组装单分子层,其将玻璃片、聚二醇、氧化聚乙烯及喷火铝薄化基底浸入正十八烷基三氯硅烷($ots - C_{18}HSiCl_{13}$)的有机溶剂中,极短时间得到自组装单分子层。1983 年 Nuzzo 和 Allrar 开创性的自组装膜实验,制备出了有机硫化物分子靠化学吸附作用形成的有序膜。从此,自组装引起人们的重视,并且得到了深入的研究。

自组装单层膜是利用固体表面在稀溶液中吸附活性物质而形成的有序分子组织,其基本原理是通过固-液界面间的化学吸附或化学反应,在基片上形成化学键连接的、取向紧密排列的二维有序单层膜。一个简单的自组装单层膜的组装,只需要一种含有表面活性物质的溶液和一个基片。将预先清洗或预处理活化过的基片浸泡在溶液中,经过一定反应时间后,表面活性物质就可以在基片上形成一个排列致密有序的自组装膜(见图 10 - 3)。

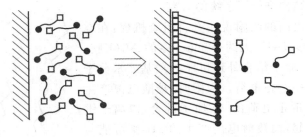

图 10 - 3 自组装单层膜的形成示意图

SAMs 从组成结构上可分为三部分:一是分子的头基,它与基底表面上的反应点以共价键

（如 Si — O 键及 Au — S 键等）或离子键（如 —CO$_2^{-\,+}$）结合，这是一个放热反应，活性分子会尽可能占据基底表面上的反应点；二是分子的烷基链，链与链之间靠范德华作用使活性分子在固体表面有序且紧密的排列，相互作用能一般小于 40kJ/mol，分子链中间可通过分子设计引入特殊的基团使 SAMs 具有特殊的物理化学性质；三是分子末端基团，如 —CH$_3$，—COOH，—OH，—NH$_2$，—SH，—CH＝CH$_2$ 及 —C＝CH 等（见图 10 - 4），其意义在于通过选择末端基团以获得不同物理化学性能的界面或借助其反应活性构筑多层膜。

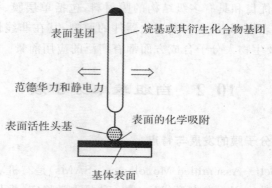

图 10 - 4　自组装分子膜结构和作用力

　　由于自组装单层膜是通过固/液或气/固界面间的化学吸附而形成的，从形成的过程可以看出它具备以下特点：①原位自发形成、热力学稳定；②无论基底形状如何，均可形成表面均匀一致的覆盖层；③高密度堆积、低缺陷；④分子排列有序；⑤可人为设计分子结构和表面结构来获得预期的界面物理和化学性质；⑥利用有机合成，使成膜有很大的灵活性和方便性。

　　LB 法虽然是第一个在实验室里实现分子有序组装的技术，但与自组装技术相比有许多不足：比如分子结构必须是双亲性分子；结合力一般为物理吸附力，稳定性较低；需要专用的拉膜机，操作复杂。相对于 LB 技术而言，自组装技术的方法简单，无须复杂贵重的仪器，并提供了在分子水平上方便地构造理想界面的手段，得到的膜在有序性和稳定性方面均优 LB 膜。

10.2.2　自组装单分子膜种类

1. 脂肪酸及其衍生物类 SAMs

　　在近十几年中，人们对脂肪酸及其衍生物在 Al，Ag，Cu 等金属氧化物表面的 SAMs（见图 10 - 5）的形成机理和结构进行了系统的研究。

　　现以脂肪酸在铝表面的吸附说明其自组装机理：在空气中，Al 的表面极易形成一层大约 4～6nm 厚的 Al$_2$O$_3$ 膜，Al 原子除了直接与 O 原子结合外还可能与羟基或水分子结合，此时 Al 原子带一个正电荷。吸附时，羧酸电离产生带负电荷的羧基并与带正电荷的 Al 原子键合，以离子键形式牢固地结合在一起，而羧酸电离产生的 H$^+$ 则可能与 Al$_2$O$_3$ 表面的 O 结合成 —OH 或与 —OH 结合生成 H$_2$O。掠角 X 射线衍射研究二十一酸在氧化银表面的 SAMs 表明，羧基的吸附 p（2×2）型晶格结构分布，晶格间距为

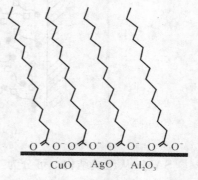

图 10 - 5　脂肪酸及衍生物类 SAMs

0.578nm。

  动力学研究结果表明,成膜过程中羧酸在 Al_2O_3 表面的单分子膜是动态结构,被吸附的分子会被溶液中或实验室环境中同类分子所取代,只要取代分子的浓度足够高,长链酸可以取代短链酸。

  近些年来,在脂肪酸 SAMs 的形成机理方面的研究取得了一些进展,但由于 SAMs 自身的复杂性,多位研究者在脂肪酸类 SAMs 的取向、相对有序性、头基键合方式等问题上的看法也不完全一致,其规律性还有待于进一步的探究。

  2. 有机硅烷衍生物类 SAMs

  有机硅烷类 SAMs 所用单体多采用氯取代或烷氧基取代的长链有机硅烷分子,基底表面一般多为羟基化的 SiO_2、Al_2O_3、石英、玻璃、云母、硒化锌、氧化锗和金等表面。SAMs 中硅烷分子与基底以共价键结合,分子之间相互聚合,因此很稳定,能抵抗较强的外界应力或侵蚀,在色谱、光学纤维、微电子装置、防腐及润滑等领域中有较大的应用前景。其自组装机理现在基本有了一致的看法:首先,头基－$SiCl_3$ 吸收溶液中或固体表面上的水发生水解生成硅醇基 $[-Si(OH)_3]$,然后与基底表面－OH 以 $Si-O-Si$ 共价键结合,单分子膜中分子之间也以 $Si-O-Si$ 聚硅氧烷链聚合(溶液中还存在硅烷分子之间的自聚竞争反应)(见图 10-6)。

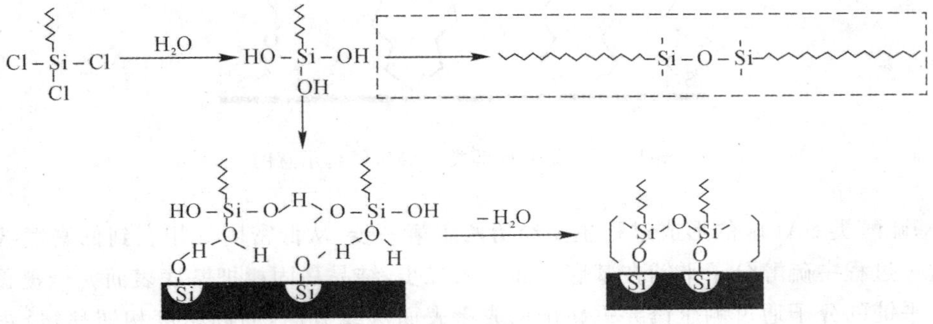

图 10-6 硅烷衍生物在羟基化硅衬底上的化学吸附

  大量研究结果表明,在成膜过程中水的含量、温度、基底表面的处理方法、分子链长、反应时间对 SAMs 的质量有严重的影响。溶液中水的含量过少,膜不完整,含量过大会引起有机硅烷水解后自聚成聚合物。有机硅烷试剂的头基(反应基团)不同,其反应活性亦不同,故水的含量对其成膜的影响存在差异,其中三氯硅烷的反应活性最高,其反应条件也最难控制。

  温度会影响硅烷分子的成膜及自聚两种反应的竞争。温度升高,自聚副反应增强;温度降低,表面成膜反应会增加,成膜速率也同时降低,减少了单分子膜的热无序性,可获得足够的范德华能,形成有序的组装。已经发现 SAMs 的临界温度与链长有关,十八烷基为 18℃,十四烷基为 10℃。

  有机硅烷类 SAMs 成膜过程中低聚体的生成限制了硅烷分子的流动性,因此,此类单分子膜一般要比脂肪酸类及烷基硫醇类 SAMs 的有序性差得多。其制备条件也难以控制,溶液中水的含量及基底表面－OH 密度的极小差别都会引起 SAMs 质量的很大差异。但由于其特殊的稳定性,方便的分子设计及其应用前景,此类 SAMs 仍是表面改性和表面功能化的理想材料。

3. 烷基硫醇类 SAMs

硫化物在金属表面形成的自组装膜是研究最深入的一类，特别是金与硫化物形成的自组装膜，Au 位于 ds 区，是第六周期 IB 族元素，其价层电子结构为 $[\text{Xe}]4f^{14}5d^{10}6s^1$，电子流动性好，变形性大，金表面无自然氧化膜，稳定性好，所以容易利用空的价层轨道与具有孤对电子的原子形成配位键，也易利用其价层电子与具有空轨道的原子发生电子云交盖，形成反馈配键，故以金为基底的 SAMS 体系最具有代表性(见图 10-7)。有机硫化物研究比较多的是烷基硫醇和二烷基二硫化物，它们在金表面形成 SAMs 的机理是完全相似的，都极有可能形成了金的一价硫醇盐：

$$RS-SR+2Au_n^0 \longrightarrow 2RS^-Au^+Au_{n-1}^0 \tag{10-1}$$

$$RS-H+Au_n^0 \longrightarrow RS^-Au^+Au_{n-1}^0 + \frac{1}{2}H_2 \tag{10-2}$$

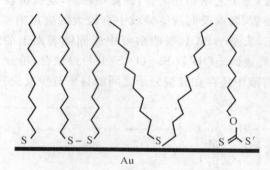

图 10-7　烷基硫醇类 SAMs 结构示意图

烷基硫醇类 SAMs 的形成过程主要经历两步第一步，从低密度气相态到低密度结晶岛的凝聚，这一过程中硫醇分子平铺在基底表面。第二步，结晶岛固相把基底表面完全覆盖而达到饱和时，平铺的分子通过侧压诱导重新排列成沿表面法线方向，向高密度相转移，最终形成单分子膜。图 10-8 描述了烷基硫醇 SAMs 的形成过程，(a)在低覆盖度下硫醇分子以高流动晶格气相存在；(b)在表面覆盖度达到饱和之前，"波纹相(striped-phase)"岛、多相成核及其生长与晶格气相达平衡，硫醇分子平铺在基底表面；(c)表面"波纹"相覆盖度达到饱和；(d)在"波纹"相畴界，通过高密度岛的成核，表面进行侧压诱导的固-固相转移；(e)"波纹"相逐渐消失，高密度岛逐渐生长，直到表面达到饱和。

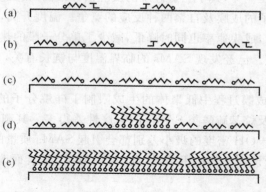

图 10-8　烷基硫醇在 Au 上的自组装原理图

烷基硫醇稀溶液在金表面的吸附动力学研究表明,成膜过程中存在两步动力学过程:第一步,一开始组装速率非常快,只需几分钟,接触角便接近其最大值,膜厚达到 $80\%\sim90\%$,这一步可认为是扩散控制的 Langmuir 吸附,组装速率强烈依赖于烷基硫醇的浓度,浓度为 1mmol/L 时这一步的完成只需 1min,$1\mu\text{mol/L}$ 时则需 100min;第二步,组装速率非常慢,几小时后接触角、膜厚才达到其最大值,这一步为表面结晶过程,在这一过程中烷基链从无序状态进入到单胞中形成二维晶体。第一步动力学过程主要是烷基硫醇与表面反应点的结合,其反应活化能可能依赖于吸附硫原子的电荷密度。第二步动力学过程主要和分子链的无序性、分子链之间的作用形式(范德华力和极性力等)、分子在基底表面的流动性等因素有关。二次谐波、XPS、NEXAFS 证实了这两步动力学过程。研究还发现长链硫醇分子($n>9$)与短链($n<9$)的动力学有显著区别,这可能与分子之间范德华作用能的强弱对第二步动力学速率的影响有关。

电子衍射和 STM 研究表明烷基硫醇在 Au(111) 表面表现为周期性的六方晶系分布,形成一个 $(\sqrt{3}\times\sqrt{3})$R30° 的外延叠层结构。相邻 S 原子之间的距离约为 0.497nm,每个分子所占的面积约为 0.214nm^2。这种晶格结构在扫描隧道显微镜(STM)中探针扫描下或者热处理条件下都会发生转型,变成 $C(4\times2)$ 的超晶格结构(见图 $10-9$)。

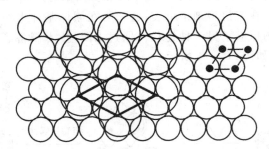

图 $10-9$　硫醇吸附在 Au(111)晶面形成的点阵结构

金属表面的稳定性、S-Au 键的结合强度、反应条件的易控制性、膜的高度有序性等特点使目前 SAMs 研究工作的 70% 集中在此类体系。可见烷基硫醇类 SAMs 在自组装技术研究中占有重要地位。

此外还有醇、胺及吡啶类 SAMs,这些含强极性基团的醇、胺、吡啶类分子容易在铂等金属表面上发生较强的化学吸附,形成单分子自组装膜。

10.3　层层自组装多层膜

层层自组装(LBL SAM)法是利用逐层交替沉积的原理,通过溶液中目标化合物与基片表面功能基团的强相互作用(如化学键等)或弱相互作用(如静电引力、氢键、配位键等),驱使目标化合物自发地在基体表面结合形成结构完整、性能稳定、具有某种特定功能薄膜的一门技术。LBL 技术最常见的组装驱动力为静电吸附作用,即基于表面带有相反电荷的不同物种之间的交替吸附,实现正负电荷的过度补偿,从而得到具有特定厚度的薄膜(见图 $10-10$)。

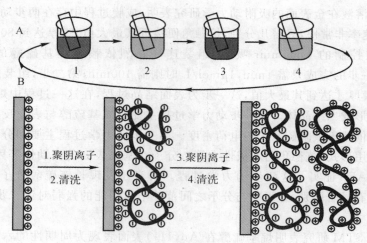

图 10-10　层层吸附自组装技术示意图

1. 氢键自组装

L. Wang 报道了利用聚(4-乙烯吡啶)(PVP)和聚丙烯酸之间形成的氢键,完成了交替多层膜的组装。这种膜可以在有机溶剂中组装,这就为在固体基片上组装和设计一些功能分子的多层膜如电活性聚合物提供了另一种途径。通过 LBL 技术制备了疏水性药物的纳米级载体共聚物胶囊,组装过程如图 10-11 所示。

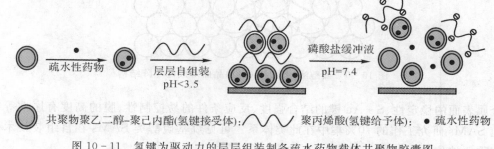

图 10-11　氢键为驱动力的层层组装制备疏水药物载体共聚物胶囊图

在酸性条件下,PAA 作为氢键给予体,生理条件所能分解的嵌段共聚物聚乙二醇-聚己内脂胶囊作为氢键接受。利用氢键薄膜在疏水基板的弱的相互作用,形成自由的薄膜,由于氢键对酸性敏感,在生理学条件下,薄膜能迅速分解,从而释放出胶囊。

2. 静电自组装

1992 年,Decher 首先从带相反电荷的聚电解质通过静电相互作用在基片上交替沉积形成超薄膜,这种通过静电作用制备超薄膜的方法称为静电自组装。目前,在聚合物自组装膜的研究中,聚阳离子和聚阴离子相互以静电吸引形成的自组装膜占有很大的比例。这种技术与其他自组装膜技术相同,只需将离子化基片交替浸入带有相反电荷的聚电解质溶液中放置一段时间,取出冲洗干净,循环以上过程就可得到多层体系。改变聚合物浓度及离子浓度,膜厚就可在纳米尺度上微调。这种膜的有序度虽不及 LB 膜高,但由于其制备简单,热稳定性及机械稳定性好,近年来已被广泛接受。

要制备规整的有序膜,有两个主要的因素:①离子化基片上电荷分布应该是均匀的,第一层相反离子吸附上去之后,同性相斥的斥力随之消失,形成有序的排列;②两种交替组装上的相反离子中至少有一种含刚性介晶基团,这种基团相互缔合,形成液晶态的层状结构,从而保证膜的有序性和规整性。

影响静电吸附的主要因素有成膜材料、溶液浓度、清洗和吸附时间等。成膜材料一般是水溶性的聚电解质,该聚电解质在静电吸附过程中需要具有足够数量的离子键。在典型的静电吸附自组装过程中,聚电解质溶液的浓度一般要达到 g/mL 以上。此浓度比朗缪尔吸附等温线平稳段所需的浓度大,以确保在组装几十甚至上百层薄膜时,有足够的聚电解质。在组装过程中,吸附时间和吸附后的清洗对于顺利实现多次组装非常重要。充分的吸附时间可以保证物质吸附,而具体的吸附时间取决于溶液的性质、浓度和均匀性等;清洗可以避免多次组装过程中造成的污染。

以无机原子簇化合物与有机化合物通过正负电荷相互吸引制备了很多具有发光、光致变色等性质的超薄多层膜。Sasaki 等通过层层自组装技术制备了 $Ti_{0.91}O_2$、$Ca_2Nb_3O_{10}$ 和 $Mg_{2/3}Al_{1/3}(OH)_2$-LDHs 多层功能薄膜材料。由于组装单元无机纳米层具有特征的光学性质,因而组装薄膜在紫外可见区产生特征吸收,且吸光度随着薄膜层数的增加而有规律的递增,证明了吸附物质呈均匀的增加。组装层状薄膜材料的层间距符合两种组装单元无机纳米层厚度理论值之和,表明在薄膜组装过程中组装单元无机纳米层是均匀交替配列的。该工作的实现对加快如氧化石墨、无机磷酸盐、黏土等二维纳米材料在电学、光学和催化学等方面的应用具有积极意义。

除了聚电解质进行自组装外还可以用分子量较小的有机分子。譬如,已成功组装的具有光致变色性质的超晶格多层膜 $H4[PW_{12}O_{40}]$,102DAD(1102 diaminodecane)。但是,目前此类自组装膜大多采用缺少功能的聚电解质阳离子或质子化的有机胺为抗衡阳离子。另一方面,具有诱人的基态和激发态光化学、光物理及氧化还原性质的 $Ru(II)$、$Pt(II)$ 和 $Re(I)$ 配合物引入超薄膜,是光电分子器件的重要研究内容。

10.4　自组装膜制备的影响因素

自组装膜的结构和特性受多种因素的影响,如基底表面性质、溶液性质(浓度、pH 值等)、被组装分子性质、基底浸入溶液的时间、溶剂等。

1. 基底性质的影响

基底表面的化学组成与化学性质对自组装的成膜情况有很大影响。金具有化学惰性,这是它作为有机硫化合物最常用的自组装基底的主要原因。而在一些活泼金属表面如银、铜、镍、铁上,由于这些金属在周围环境下容易被氧化,烷基硫醇的自组装膜的性质不同。如对 1,2-苯二硫醇在金表面上形成单层膜,而在银表面上只能形成多层膜,由红外反射吸收谱分析得知,银表面的成膜活化能比金表面的成膜活化能小得多,成膜要比在金表面容易得多,所以更倾向于形成多层膜。Tao 研究了脂肪酸在不同金属表面银、铜、铝表面上的 SAMs 结构,发现不同的基底表面上,SAMs 中羧基与基底的键合方式、分子链的取向及存在的缺陷等都有很大的差别。

Krausch 等人研究表明,在不同的基片温度下沉积而成的晶粒尺度和形状均不同,从而引起膜的均匀性不同。基片表面状态也会影响到自组装膜的有序性，Whitesides 和其合作者发现在乙醇溶液中吸附到铜表面上和金表面上的烷基硫醇单分子层表现出不同的润湿性质。Sung 等人研究了氧化铜表面组装烷基硫醇单分子膜的热稳定性，并与纯铜的结果进行了比较，结果表明在氧化铜表面上的自组装膜的热稳定性较差。

2.分子结构的影响

分子结构对自组装膜的结构和性质产生重大影响。多位研究者报道，烷基硫醇的碳链长度对膜的质量有很大的影响。刘忠范等在研究喹啉衍生物在金基底上的 SAMs 的结构时发现，喹啉琳分子在 SAMs 中以相对法线倾斜 24 度左右，并沿碳链轴线扭转 50°左右的形式在膜中排列，而他们在研究含有酰胺基团的 SAMs 时却发现分子与基底近似垂直。这说明在 SAMs 中，分子的取向受分子中所含大基团性质的影响。

Tao 研究了一系列不同的脂肪酸在银、铜、铝表面的 SAMs 结构表明，分子中碳原子的个数不同（奇数和偶数），末端基团（$-CH_3$）的取向也不同。Nakagawa 等研究链长对烷基三氯硅烷在云母表面上成膜的影响时发现，长链（$n>8$）SAMs 成膜时，硅烷分子首先吸附在云母表面的水膜上，随后发生水解、聚合等过程，碳链中的范德华作用使硅烷分子聚集在一起，形成稳定的单分子膜。短链（$n<8$）时，由于碳链较短，范德华作用较小，而且低聚体中某些分子可能发生倾斜，表现为无序性，阻碍了其继续生长而不能相互连成一体，这样形成的膜缺陷多，覆盖度低。

3.表面预处理的影响

基底表面的洁净程度直接影响膜的质量，所以为了组装出缺陷少、有序性高的分子膜，在组装前需要对基底表面进行处理。以金基底为例，可将其分为两类，即金电极和镀金石英基片，国内文献报道的处理方法大致相同。若使用的是金电极，需要先进行物理清洗，后进行化学除杂除去表面的有机酸碱物质，然后用循环伏安法进行电极活化（一般用 $0.1\ mol\cdot L^{-1}$ 的硫酸），再进行超声清洗，最后用超纯水冲洗，高纯氮气（或氢气）吹干，迅速放入待组装体系进行组装；若使用的是镀金石英基片，则一般在 90℃的 piranha 溶液（体积比，浓硫酸：过氧化氢＝7：3）中浸泡 4～30min，以除去表面杂质，然后依次用超纯水和待组装溶液的溶剂润洗，最后将其浸入待组装液进行组装。

Hsieh 等人用不同的方法（打磨、盐酸浸蚀、硝酸浸蚀）预处理铜后，再组装十八烷基硫醇单分子层，研究了它们对铜在 NaCl 溶液中的缓蚀性能，发现硝酸浸蚀后所得的单分子层性能最好。这主要是因为硝酸浸蚀后有利于得到新鲜的铜表面和除去铜表面上污染物。Aronoff 等在制备脂肪酸 SAMs 时，对 Al_2O_3 表面用四叔丁氧化锆进行了预处理，并用石英晶体微天平技术及红外光谱研究了成膜过程及其结构。首先，四叔丁氧化锆与 Al_2O_3 表面的 2 个－OH 基结合，然后，羧基取代另外两个叔丁氧基生成有序的 SAMs。实验结果表明，烷氧化锆增强了 SAMs 与基底的结合力，提高了稳定性。

4.溶剂的影响

Laibinis 等人比较了烷基硫醇在两种不同溶剂（异辛烷和乙醇）中，吸附到铜表面上形成单分子层的性质，发现在异辛烷中的再生性更好，并认为是因为硫醇在异辛烷中的溶解度更高。Bain 等人研究了各种不同溶剂（乙醇、甲苯、四氯化碳）对于金表面上单分子层厚度和润湿性的影响，其结果和在铜表面上的结果不同。这可能是由于乙醇和铜表面有更强的界面反应所致。

总之,SAMs 的结构是由基底表面特征、分子头基与基底作用方式、分子链之间作用强度和分子的体积效应,以及环境等因素综合平衡的结果。

10.5　自组装膜的表征

自组装膜技术的发展与现代分析检测手段的更新和发展是相辅相成、密不可分的。几乎所有的表面分析方法都可以用来表征自组装膜的结构和性能,而应用最广泛的有电化学法、IR 法、XPS 法、STM 法和 AIM 法等。

1. 电化学法

电化学以带电相之间界面(尤其是电子导体/离子导体界面)的结构性质与表征、界面电荷传递及相关的过程和现象为主要研究对象,极化曲线、电容法和电化学阻抗谱普遍应用于 SAMs 的研究过程中。这些方法可以给出关于 SAMs 的双电层结构、表面覆盖度、SAMs 对金属电极的防腐性能等诸多方面的信息。电化学方法研究自组装膜的另一个主要优点就是可以现场给出自组膜中缺陷的大小、形态分布等。而金属的腐蚀过程与电极的电化学性能也是密切相关的,因此,用电化学方法研究自组装膜对金属的缓蚀性能是公认的最有效的方法。

2. X 射线光电子能谱(XPS)和俄歇谱(AES)

作为一种有效的表面分析手段,XPS 具有如下特点:①它是一种非破坏性手段;②是一种表面灵敏的手段。它提供的信息有样品的组合、表面吸附、表面态、能带结构、原子和分子的化学结构、化学键合情况等。对于分析基底表面物质存在形态以及成键方式等方面更有其独到之处。用 XPS 结合俄歇电子能谱(AES)表征自组装膜,可以得到膜的组成和厚度等信息。

3. 扫描隧道显微镜(STM)和原子力显微镜(AFM)

STM 和 AFM 的高分辨率显微技术可以测出物质表面纳米级的有关信息,这在自组装膜的研究中是非常必要的。它具有以下优点:①可分辨出单个原子;②可研究自组膜中的扩散等动态过程;③可观察到自组膜中单个分子的局部结构,直接研究自组装膜表面缺陷、表面重构、表面吸附体的形态和位置;④可在大气、常温等不同环境下工作,不需要特别的制样技术,检测过程对样品无损伤。正是由于这些优点,使得这一技术在自组装膜的表征方法中占有重要的地位,在原子级单晶金属上得到的排列有序的自组装分子图像也是"自组装有序单层膜"这一概念的有力佐证。

4. 红外光谱(IR)

红外光谱是研究 SAMs 中分子堆积和取向的常用手段,用 Fourier 变换红外光谱(FTIR)技术研究 SAMs 主要有衰减全反射红外光谱和掠角反射红外光谱。例如,通过班吸收峰的位置和强度,在分子水平上研究烷基硫醇 SAMS 的结构与烷基链长的关系。红外光谱常用于分子自组装的结构分析。

5. 石英晶体微天平(QGM)

石英晶体微天平技术是根据石英晶体的可逆压电效应发展起来的,由于石英晶体微天平技术具有较高的灵敏性(可以测得 ng 级的质量变化)和直观性,而在许多研究领域得到广泛的应用。石英晶体微天平的频率变化反映的是电极上的质量变化,通过测量石英晶体微天平的频率变化就可以实时监测电极上发生的吸/脱附反应或电极的质量衰减,因此它可以用做实时检测工具。QCM 目前已用于化学修饰电极的表征,也成功应用于电化学领域。石英晶体微天平,实时监测表面吸附物质的质量。

除以上几种表征技术外,被用于 SAMs 表征的其他技术手段还有:椭圆偏振,用于测定膜厚度;接触角,用于研究润湿性界面上分子间的作;拉曼(Raman)及表面增强拉曼散射(SERS),用于分子取向、分子间相互作用力的研究。

10.6 自组装膜应用

自组装薄膜近年来不仅在上述领域中广泛应用,在表面修饰和金属表面处理和保护、生物医学、催化剂和药物传送等方面也是其重要的应用方向。

1. 纳米薄膜

纳米尺寸薄膜材料被广泛地应用于制备耐磨镀层、装饰膜和耐蚀膜、薄膜光路元件、光存储器件、薄膜电阻、太阳能电池及薄膜传感器等。自组装纳米超薄膜传感器是纳米自组装技术应用最多、潜力很大的一个领域。如 Saito 等报道了利用自组装技术在苯基三氯硅烷单分子层上成功地制备出了具有微观图案的氧化锌纳米晶态超薄膜,如图 10-12 所示。首先将苯基三氯硅烷到基板上,然后施加紫外线照射,紫外线改性使得苯基转变为轻基,这样把催化剂就会定向地沉积在苯基基团上,而羟基基团不会吸附把催化剂,这样 ZnO 晶粒的生长就会选择性地定位于那些具有催化剂的基团表面,从而形成图案化的晶态超薄膜。是迄今能做到的分辨率最小的纳米超薄膜。这也是近年来自组装薄膜技术研究和应用领域的一项重要进展。

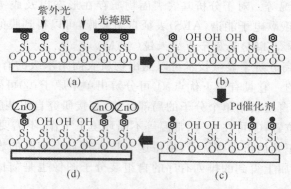

图 10-12 自组装氧化锌纳米晶态超薄膜制备过程示意图

2. 表面修饰

分子自组装膜层可以有效改善基材的表面特性,纳米 TiO_2 薄膜是良好的紫外屏蔽及防老化材料,并且具有光催化降解作用,在涂料添加剂、抗菌涂层及气敏传感器等方面已有广泛研究。近来,制备 TiO_2 薄膜的研究日益受到关注。如杨宏等报道了用巯丙基三甲氧基硅烷自组装膜层修饰基材表面,继而通过氟钛酸铵的配位交换平衡反应,在低温下以液相沉积操作制备出与基底结合紧密的纳米 TiO_2 晶态薄膜。实验表明,磺酸基修饰的基材能够对 TiO_2 膜的沉积产生明显的诱导作用,沉积的膜层与表面结合牢固,且沉积的 TiO_2 晶态薄膜具有良好的透光性。

此外,谈国强等报道了由自组装功能膜诱导合成铁酸铋薄膜,采用分子自组装技术在玻璃基片表面制备了十八烷基三氯硅烷自组装单层膜,并在功能化的基板表面诱导生成铁酸铋薄膜。薄膜表面平整光滑,结构致密均一。

3.金属防护

自组装膜是一种最有潜力的可替代磷化及铬酸钝化的金属表面处理方法,此外它也可以作为缓蚀剂对金属起到暂时保护作用。采用磷酸盐 SAMs,硅烷类复合膜、脂肪酸 SAMs 证明是一条取代传统表面处理的途径,以及咪唑啉类 SAMs、席夫碱类 SAMs 及氟化的 SAMs 等体系。同时 SAMs 也为研究和开发新型缓蚀剂及研究其机理提供了可行的路线。如 K. Aramki 的小组在自组装膜对金属的防腐蚀方面做了大量工作,先后研究了 SAMs 对 Cu,Fe 的保护。组成复合双层膜,复合双层膜的形成减少了膜中的缺陷,膜的厚度也大大增加,有效地提高了膜的防腐蚀能力。

4.生物医学

通过分子自组装,多肽分子可结合成具有不同功能的蛋白质分子,从而可进一步设计成具有特殊结构和功能的纳米材料,在仿生医学、生物材料表面工程等方面有着巨大的应用潜力。如 Vauthey 等研究的一种由双亲多肽链构建的双壁闭口多肽纳米管。

5.催化剂和药物传送方面

Mohwald 等首次利用层层组装技术将聚电解质沉积到胶体颗粒上,然后将作为模板的中心离子溶解或分解,制备了高分子微胶囊,自组装微胶囊结构上接近生物体系,有良好的生物相容性,能够更好地模拟细胞行为。将聚电解质复合层装在过氧化氢酶晶体模板上,实现了酶表面的可控聚电解质的微胶囊化。聚合物包覆的酶对蛋白酶的降解是稳定的,孵化 100min 后仍保持 100% 的活险。而未经包覆的酶在相同条件下孵化 100min 高达 90% 的过氧化氢酶消失。这一性质在催化剂和药物的传送方面有潜在的应用前景。

目前,自组装膜技术由于其特殊结构导致界面奇异的组装行为及功能,吸引了国内外研究者极高的兴趣,已经在各个领域显示出强大的应用潜力与前景,特别是在各种表面改性工程中得到愈来愈多的应用。目前虽然对于许多体系在界面的组装行为以及应用领域进行了大量的研究,仍然有许多问题有待于进一步研究解决,如混合体系以及复杂表面活性剂在界面中的相行为与分子间或分子内作用力的相互关系还不是很明确;某些复合膜的结构以及组装形式与已有的理论和模型能否适用还有待于实验的验证。

今后,自组装膜技术的发展趋势是尽快实现功能化、实用化,通过对合成-结构-性能之间的关系的深入了解,进一步深入认识自组装膜的成膜机理,了解自组装体系中缺陷的产生及控制方法,设计和制备新的高度有序的自组装单层膜或多层膜体系。这需要国内外各学科科研工作者的共同努力,才能取得更进一步的发展。

习　　题

1.何谓自组装? 结合熟知的自组装的例子,说明其核心特点。

2.为何能实现自组装? 搜索相关资料,提出一种本书未提到实现自组装的途径。

3.自组装单分子膜其结构如何,各部分有何作用?

4.自组装单分子膜主要有哪些种类,各有何特点。

5.试叙述烷基硫醇类 SAMs 的形成过程。

6.层层自组装是如何实现的?

7.影响自组装膜的因素有哪些？

8.自组装膜用途广泛,试想出一种新的应用途径。

9.你认为现今自组装膜亟待解决的最突出的问题是什么？

参 考 文 献

[1] 田民波,李正操,等. 薄膜技术与薄膜材料. 北京:清华大学出版社,2011.

[2] 唐伟忠. 薄膜材料制备原理技术及应用. 北京:冶金工业出版社,2010.

[3] 陈仁烈. 统计物理导论. 北京:人民教育出版社,1959.

[4] 达到安. 真空设计手册. 北京:国防工业出版社,1991.

[5] Obring M . The materials science of thin films. Boston:Academic Press,1992.

[6] Smith D L. Thin film deposition. New York:McGraw – Hill Inc. , 1995.

[7] 杨世明. 传热学基础. 北京:高等教育出版社,1991.

[8] Varian Vacuum Products. 1997/1998 Catalog,Varian Associates,Inc. ,USA,1997.

[9] Vacuum Products. Catalog 6, Kurt J. Lesker Company,USA,1998.

[10] 郑伟涛. 薄膜材料与薄膜技术. 北京:化学工业出版社,2008.

[11] 乔琦,季静佳,张光春,等. 用真空蒸镀法制备 Al 背场的研究. 太阳能学报,2008,29 (5):555 – 559.

[12] 杨凯,吴锋,陈实,等. 金属钴对储氢合金电极的表面修饰研究. 功能材料,2005,36 (11):1740 – 1743.

[13] 杨凯,吴锋,陈实,等. 金属 Cu 对 MH/Ni 电池储氢合金电极的修饰. 北京理工大学学报,2005,25(12):1109 – 1112.

[14] 罗炳池,罗江山,李恺,等. Be 薄膜制备及其生长动力学性质研究. 稀有金属材料与工程,2012,41(9):1684 – 1688.

[15] 孙大明. 真空蒸发 Ag – Cu 薄膜晶体结构的透射电镜的研究. 真空,1993,3:26 – 30.

[16] 李文漪,周之斌,茅及放,等. 蒸镀 Cu – In 合金硒化制 $CuInSe_2$ 薄膜. 上海交通大学学报,2002,36(5):616 – 619.

[17] 钱士强,吴建生. 真空蒸镀 TiNiPd 形状记忆合金薄膜研究. 机械工程材料,2005,29 (8):26 – 29.

[18] 李学丹. 真空沉积技术. 杭州:浙江大学出版社,1994.

[19] Lopez – Otero A. Hot wall epitaxy. Thin Solid Films, 1978,49: 3 – 57.

[20] 白大伟,李焕勇,介万奇,等. ZnSe 薄膜的化学反应辅助热壁外延法生长及特性研究. 人工晶体学报,2007, 36(1):57 – 65.

[21] 王杰,吕宏强,刘咏,等. GaAs (100)衬底上 ZnSe 薄膜的热壁束外延生长. 物理学报,1992,41(11):1857 – 1861.

[22] Foxon C T, Joyce B A. Interaction kinetics of As_4 and Ga on {100} GaAs surfaces using a modulated molecular beam technique. Surface Science, 1975, 50(2): 434 –450.

[23] Foxon C T, Joyce B A. Interaction kinetics of As_2 and Ga on {100} GaAs surfaces. Surface Science, 1977, 64(1): 293 – 304.

[24] Fischer R, Klem J, Drummond T J, et al. Incorporation rates of gallium and alumin-

ium on GaAs during molecular beam epitaxy at high substrate temperature. Journal of Applied Physics, 1982, 54(5):2508 – 2510.

[25] Osbourn G C. Strained – layer superlattices from lattice mismatched materials. Journal of Applied Physics, 1982, 53(3): 1586 – 1589.

[26] Umansky V, de – Picciotto R, Heiblum M. Extremely high – mobility two dimensional electron gas: evaluation of scattering mechanisms. Applied Physics Letters, 1977, 71 (5): 683 – 685.

[27] Park G, Shchekin O B, Huffaker D L, et al. Low – threshold oxide – confined 1. 3 – um quantum – dot laser. IEEE Photonics Technology Letters, 2000, 12 (3): 230 –232.

[28] 敖育红,等. 脉冲激光沉积薄膜技术研究新进展. 激光技术,2003,12(5):454 – 459.

[29] 蒋娜娜,等. 利用脉冲激光真空弧沉积技术制备类金刚石薄膜. 无机材料学报,2005,20 (1):187 – 192.

[30] 童杏林,等. 脉冲激光双光束沉积掺 Mg 的 GaN 薄膜的研究. 中国激光,2004,31(3): 332 – 336.

[31] 杨慧敏,等. 双光束复合脉冲激光辐照沉积纳米金刚石薄膜. 中国激光,2014,41 (5):5 – 7.

[32] 陈凡,等. 激光分子束外延制备高质量的 YBCO 超导薄膜. 中国科学(A 辑),2001,31 (5):34 – 438.

[33] 葛培林. 非平衡磁控溅射离子镀沉积 Cr – Me – N 涂层高温承载能力研究. 太原:太原理工大学,2012.

[34] 熊光连. 镁合金上电弧离子镀金属氮化物薄膜的研究. 沈阳:沈阳工业大学,2012.

[35] Zhang L, Ma G, et al. Deposition and characterization of $Ti – C_x – N_y$ nanocomposite films by pulsed bias arc ion plating. Vacuum, 2014, 106: 27 – 32.

[36] Panomsuwan G, Takai O, Saito N. Effect of growth temperature on structural and morphological evolution of epitaxial $SrTiO_3$ thin films grown on $LaAlO_3$(001) substrates by ion beam sputter deposition. Vacuum, 2014, 109: 175 – 179.

[37] 小沼光晴. 等离子体及成膜基础. 张光华,译. 北京:国防工业出版社,1994.

[38] 赵玉清. 电子束和离子束技术. 西安:西安交通大学出版社,2002.

[39] Bugaev S P, et al. Deposition of highly adhesive amorphous carbon films with the use of preliminary plasma – immersion ion implantation. Surface & Coating Technology, 2001, 156: 311.

[40] 陈宝清. 离子镀及溅射技术. 北京:国防工业出版社,1990.

[41] 唐伟忠. 薄膜材料制备原理、技术及应用. 北京:冶金工业出版社,1990.

[42] 田民波,李正操. 薄膜技术与薄膜材料. 北京:清华大学出版社,2011.

[43] 郑伟涛. 薄膜材料与薄膜技术. 北京:化学工业出版社,2008.

[44] 麻蒔立男. 薄膜材料技术基础. 北京:化学工业出版社,2005.

[45] 胡昌义,李靖华. 化学气相沉积技术与材料制备. 稀有金属,2001, 25 (5):364.

[46] 孙希泰. 材料表面强化技术. 北京:化学工业出版社,2005.

[47] 钱苗根. 现代表面技术. 北京:机械工业出版社,1999.

[48] 赵峰,杨艳丽. CVD 技术的应用和进展. 热处理,2009,24(4):7 - 10.

[49] 戴文进,欧阳慧平. 热丝化学气相沉积法低温制备立方碳化硅薄膜. 南昌大学学报, 2005, 29 (2):173 - 175.

[50] Pierson H O. Handbook of chemical vapor deposition(CVD) principles, technology, and applications second edition. New York: Noyes Publications,1999.

[51] George S M, Ott A W. Surface chemistry for atomic layer growth. Journal of Physical Chemistry B, 1996, 100: 13121 - 13131.

[52] Suntora T. Atomic layer epitaxy. Thin Solid Films, 1992, 216: 84 - 89.

[53] Demmin J C. The search continues for high - k gate dielectrics. Solid State Technology, 2001, 44(2): 68 - 72.

[54] Sneh O, Clark - Phelps R B, Londergan A R. Thin film atomic layer deposition equipment for semiconductor processing. Thin Solid Film, 2002, 402: 248 - 261.

[55] Riihel D, Ritala M, Matero R. Introducing atomic layer epitaxy for the deposition of optical thin films. Thin Solid Films, 1996, 289: 250 - 255.

[56] Ritala M, Leskelä M. Atomic layer epitaxy - a valuable tool for nanotechnology. Nanotechnology, 1999, 10: 19 - 24.

[57] Suntola T, Antson J. Method for producing compound thin films. US 4058430 A, 1977.

[58] Leskelä M, Niinisto L, Suntola T, Simpson(Eds.) M. Atomic Layer Epitaxy. Blackie,Glasgow, 1990, 155.

[59] 魏呵呵,何刚,邓彬,等. 原子层沉积技术的发展现状及应用前景. 真空科学与技术学报,2014,4:413 - 420.

[60] 袁军平,李卫,郭文显. 原子层沉积前驱体材料的研究进展. 表面技术,2010,39(4): 77 -82.

[61] 何俊鹏,章岳光,沈伟东,等. 原子层沉积技术及其在光学薄膜中的应用. 真空科学与技术学报,2009,29(2):173 - 179.

[62] Rossnagel S M, Sherman A, Turmer F. Plasma - enhanced atomic layer deposition of Ta and Ti for interconnect diffusion barriers. Journal of Vacuum Science & Technology, 2000, 18: 2016.

[63] 曹燕强,李爱东. 等离子体增强原子层沉积原理与应. 微纳电子电子技术,2012,49: 483 - 490.

[64] Kwon O K, Kwon S H, Park H S, et al. PE - AlD of a ruthenium adhesion layer for copper interconnects. Journal of The Electrochemical Society, 2004, 151: C753 -C756.

[65] Kwon O K, Kwon S H Park H S, et al. Plasma - cahaneed atomic layer deposition of ruthenium thin films. Electrochem Solid - State Letters, 2004, 7: C46 - C48.

[66] Gregory B W, Stickney J L. Electrochemical atomic layer epitaxy (ECALE). Journal of Electroanalytical Chemistry and Interfacial Electrochemistry, 1991, 300: 543 -561.

[67]　侯杰,杨君友,朱文,等. 电化学原子层外延及其新材料制备应用研究进展. 材料导报,
2005,19(9):87－90.

[68]　Chui C O, Kim H, McIntyre P C, et al. Atomic layer deposition of high－k dielectric
for germanium MOS applications substrate. IEEE Electron Device Letters, 2004, 25:
274－276.

[69]　Ye P D, Wilk G D, Kwo J, et al. GaAs MOSFET with oxide gate dielectric grown by
atomic layer deposition. IEEE Electron Device Letters, 2003, 24: 209－211.

[70]　Tsai W, Carter R J, Nohira H, et al. Surface preparation and interfacial stability of
high－k dielectrics deposited by atomic layer chemical vapor deposition. Micmelec-
tronic Engineering, 2003, 65: 259－272.

[71]　Yu X, Zhu C, Hu H, et al. A high－density MIM capacitor (13 fF/μm^2) using AID
HfO$_2$ dielectrics. IEEE Electron Device Letters, 2003, 24: 63－65.

[72]　Ding S J, Hu H, Lim H F, et al. High－performance MIM capacitor using ALD high
－k HfO$_3$－Al$_2$O$_3$ laminate dielectrics. IEEE Electron Device Letters, 2003, 24: 730－
732.

[73]　Ding S J, Hu H, Zhu C, et al. Evidence and understanding of ALD HfO$_2$－Al$_2$O$_3$
Laminate MIM Capacitors Out－performing Sandwich Counterparts. IEEE Electron
Device Letters, 2004, 25: 681－683.

[74]　Lee H M, et al. High performance Cu interconnects capped with full－coverage ALD
TaN$_x$ layer for Cu/Low－k (k－2.5) metallization. Proceedings of the IEEE 2004 In-
ternational, 2004, 6: 72－74.

[75]　Cheon T, Choi S H, Kim S H, Kang D H. Atomic layer deposition of RuAlO thin
films as a diffusion barrier for seedless Cu interconnects. Electrochemical and Solid－
State Letters, 2011, 14: D57－D61.

[76]　Hoivik N D, Elam J W, Linderman R J, et al. Atomic layer deposited protective
coatings for micro－electromechanical system. Sensors and actuators A: Physical,
2003, 103: 100－108.

[77]　Baumert E K, Theillet P O, Pierron O N. Fatigue－resistant silicon films coated with
nanoscale alumina layers. Scripta Materialia, 2011, 65: 596－599.

[78]　Baumert E K, Pierron O N. Interfacial cyclic fatigue of atomic－layer－deposited alu-
mina coatings on silicon thin films. ACS Applied Material Interfaces, 2013, 5: 6216－
6224.

[79]　Wang C C, Kei C C, Yu Y W, et al. Organic nanowire－templated fabrication of alu-
mina nanotubes by atomic layer deposition. NANO Letters, 2007, 7: 1566－1569.

[80]　Ferguson J D, Weimer A W, George S M. Atomic layer deposition of Al$_2$O$_3$ films on
polyethylene particles. Chemistry of Materials, 2004, 16: 5602－5609.

[81]　Pourret A, Sionnest P G, Elam J. W. Atomic layer deposition of ZnO in quantum
dot thin films. Advanced Materials, 2009, 21: 232－235.

[82]　Graugnard E, Roche O M, Dunham S N, et al. Replicated photonic crystals by atom-

ic layer deposition within holographically defined polymer templates. Applied Physics Letters，2009，94：263109.

[83] 姚宗妮. 高 k 介质薄膜的原子层沉积制备及纳米器件应用. 西安：西北大学，2007.

[84] Riihela D，Ritala M，Matem R，et al. Introducing atomic layer epitaxy for the deposition of optical thin films. Thin Solid Films, 1996，289：250 − 255.

[85] Hausmann D M，Rouffignac P I，Smith A，et al. Highly conformal atomic layer deposition of tantalum oxide using alkyl amide precursors. Thin Solid Film, 2003，443：1 − 4.

[86] Sechrist Z A，Schwartz B T，Lee J H，et al. Modification of opal photonic crystals using Al_2O_3 atomic layer deposition. Chemistry of Materials，2006，18：3562 − 3570.

[87] Zaitsu S，Motokoshi S，Jitsuno T. Large − area optical comings with uniform thickness crown by surface chemical reactions for high − power laser applications. Japanese Journal of Applied Physics，2002，41：160.

[88] King D M，Weimer A W，Liang X. Synthesis of core/shell composite particles for blocking UVA/UVB transmission. The 2007 Annual Meeting，2007.

[89] 张健泓，陈优生. 溶胶−凝胶法的应用研究. 广东化学，2008，35(39)：47.

[90] 崔昌军，彭乔. 铝及铝合金的阳极氧化研究综述. 全面腐蚀控制，2002，16(6)：12 − 17.

[91] 陈琛，袁立丽. LB 膜技术的应用综述. 合肥师范大学学报，2009，27(3)：94 − 97.

[92] 冀鸽，等. LB 靠技术制备 ATO 超薄膜. 稀有金属材料科学与工程. 2007，36(增刊 1)：900 − 903.

[93] Pastorino L et al. Biocatalytic Langmuir − Blodgett assemblies based on penicillin G acylase. Colloids and Surfaces B：Biointerfaces, 2002, 23(4)：357 − 363.

[94] 陈佺，张旭家. 中国生物膜研究新进展. 科学学报，2003，48(9)：988 − 990.

[95] 曾昊，高峰，马世红. 新型花菁染料 Langmuir − Blodgett 膜的椭偏光谱研究. 物理学报，2008，57(5)：3113 − 3118.

[96] Lehn J M. Supramolecular chemistry：Concepts and perspective. VCH Weinheim，1995：3 − 9.

[97] 邢媛媛，焦体峰，周靖欣，等. 自组装膜技术及应用研究进展. Plating and Finishing, 2011，33(3)：12 − 16.

[98] 邢丽，张复实，等. 自组装技术及其研究进展. 世界科技研究与发展，2007，29(3)：39 −44.

[99] 张俊苓，杨芳，等. 自组装单分子膜及其表征方法. 化学进展，2005，17(2)：203 − 208.

[100] 杨生荣，任嗣利. 自组装单分子膜的结构及其自组装机理. 高等学校化学学报，2001，22(3)：470 − 476.

[101] 徐常龙，曹小华，等. 自组装单层膜的研究. 江西师范大学学报：自然科学版，2009，33(2)：170 − 174.

[102] 刘宗怀，乔山峰，等. 层层自组装技术在功能薄膜材料制备中的应用. 陕西师范大学学报：自然科学版，2010，38(4)：65 − 71.

[103] 王春涛. 金属铜腐蚀的防护——分子自组装膜的缓蚀作用. 北京：中国石化出版

社,2006.

[104] 张会臣,严立. 纳米尺度润滑理论及应用. 北京:化学工业出版社,2005.

[105] B. Jayant Baliga. 硅外延生长技术. 任丙彦,李养贤,等,译. 石家庄:河北科学技术出版社,1992.

[106] 崔继峰. UHV/CVD 外延生长薄膜及锗硅单晶薄膜. 杭州:浙江大学,2004.

[107] 徐伟中. MOCVD 方法生长单晶 ZnO、p 型掺杂及同质 ZnO – LED 室温电致发光研究. 杭州:浙江大学,2006.

[108] 张玉,高博,李世伟,等. 用 Cat – CVD 方法制备多晶硅薄膜及结构分析. 液晶与显示,2006,6:668 – 673.

[109] Meadows H J, Bhatia A, Depredutand V, et al. Single second laser annealed $CuInSe_2$ semiconductors from electrodeposited precursors as absorber layers for solar cells. Joumal of the American chemical Society, 2014, 118(3): 1451 – 1460..

[110] Wu W B, Jin Z G, Hua Z, et al. GrowIh mechanisms of CuSCN films electrodeposited on ITO in EDTA – chelated copper (II) and KSCN aqueous solution. Electrochimica Acta, 2005, 50(11): 2343 – 2349.

[111] 佟浩,王春明,力虎林. p 型 Si(100)化学镀 NiP 薄膜的制备及性能研究. 南京航空航天大学学报,2007,39:343.

[112] 李海华,朱全庆,冯则坤,等. $NaBH_4$ 对化学镀 CoFeB 薄膜的制备和磁性能的影响. 功能材料,2005,36:1002.